以思想为远橹

商务印书馆（杭州）有限公司出品

06 | 社会思想丛书
刘 东 主编

Darwin and Design

Does Evolution Have a Purpose?

达尔文与设计

演化有目的吗？

〔加〕迈克尔·鲁斯（Michael Ruse） 著
张刘灯 译

商务印书馆
The Commercial Press

DARWIN AND DESIGN: Does Evolution Have a Purpose?

by Michael Ruse

Copyright © 2003 by the President and Fellows of Harvard College

Published by arrangement with Harvard University Press

through Bardon-Chinese Media Agency

Simplified Chinese translation copyright ©2025

by The Commercial Press, Ltd.

ALL RIGHTS RESERVED

总 序

刘 东

就这套丛书的涉及范围而言，一直牵动自己相关思绪的，有着下述三根连续旋转的主轴。

第一根不断旋转的主轴，围绕着"我思"与"他思"的关系。照我看来，夫子所讲的"学而不思则罔，思而不学则殆"，正是在人类思想的进取过程中，喻指着这种相互支撑的关系。也就是说，一副头脑之"学而时习"的过程，正是它不断汲取"他思"的过程，因为在那些语言文字中结晶的，也正是别人先前进行过的思考；而正是在这种反复汲取中，这副头脑才能谋取相应的装备，以期获得最起码的"我思"能力。可反过来讲，一旦具备了这样的思考力，并且通过卓有成效的运思，开辟了前所未有的新颖结论，就同样要付诸语言文字，再把这样的"我思"给传达出来，转而又对他人构成了"他思"。——事实上，在人类的知识与思想成长中，这种不断自反的、反复回馈的旋转，表征着一种最基本的"主体间性"，而且，也正是这种跨越"代际"的"主体间性",支撑起了我们所属的文明进程。

正因为这个缘故,思想者虽则总是需要独处,总是怕被外来的干扰给打断,可他们默默进行的思考,从来都不是孤独的事情,从来都不属于个人的事业。恰恰相反,所有的"我思"都无一例外地要在交互的思考中谋求发展,要经由对于"他思"的潜心阅读,借助于周而复始的"对话性",来挑战、扩充和突破心智的边界。正因如此,虽然有位朋友好意地劝我说,"五十岁之后,就要做减法",可我却很难领受这类的告诫。毕竟,我心里还有句更要紧的话,那正是夫子就此又说过的:"朝闻道,夕死可矣。"——有了这种杜鹃啼血的心劲儿,就不要说才刚活到五十岁了,纵是又活到了六十岁、七十岁,也照样会不稍松懈地"做加法",以推进"我思"与"他思"的继续交融。

这意味着,越是活到了治学的后半段,就越是需要更为广博的阅读和更为周备的思虑,来把境界提升得更为高远。事实上,正是出于这种内在的企求,自己多少年来的夜读才得以支撑,以便向知识的边界不断探险。因此,跟朋友对于自己的告诫不同,我倒是这样告诫自己的学生:"为什么文科要分为文学、史学、哲学,和经济学、政治学、法学,还有社会学、人类学,乃至语言学、心理学、人文地理学?本是因为人类的事务原是整体,而人类的知识只能分工前进。这样一来,到最后你们才能明白,在所有那些学科中间,你只要是少懂得一个,就势必缺乏一个必要的视角,而且很可能就是那种缺乏,让你不可能产生大智慧。"

接下来,第二根连续旋转的主轴,则围绕着"个人阅读"与"公共阅读"的关系。自从参与了"走向未来丛书"和"文化:中国与世界"丛书,乃至创办了"海外中国研究丛书"和"人文与社会译丛",我就一直热衷于这种公共的推介。——这或许与自己的天性有关,即天生就热衷于"野人献曝",从本性上看不惯"藏着掖着":"以前信口闲聊的时候,曾经参照着王国维的治学三境界,也对照着长年来目睹之怪现状,讲过自己所看到的治学三境界……而我所戏言的三种情况,作为一种不太精确的借用,却在喻指每况愈下的三境界,而分别属于'普度众生'的大乘佛教、'自求解脱'的小乘佛教和'秘不示人'的密宗佛教。"(刘东:《长达三十年的学术助跑》)

不过,这个比喻也有"跛足"之处,因为我在价值的选择方面,从来都没有倾向过佛老。因此,又要把这第二主轴转述一下,将它表达为纯正的儒家话语。一方面,如果从脑化学的角度来看,完全可以把我们从事的教育,看成"催化"着乐感元素的"合成":"先要在自由研讨的氛围中,通过飞翔的联想、激情的抗辩、同情的理解,和道义的关怀,逐渐培训出心理学上的变化,使学生在高度紧张的研讨中,自然从自己的大脑皮层,获得一种乐不可支的奖励。只有这样的心理机制,才会变化他们的气质,让他们终其一生都乐学悦学,从而不光把自己的做学问,看成报效祖国的严肃责任,还更把它看成安身立命的所在。"(刘东:《这里应是治学的乐土》)可另一方面,一旦拿到孟子的思想天平上,又马上就此逼出了这样的问答:"曰:'独乐乐,与人乐乐,孰乐?'曰:'不若与人。'曰:'与少乐乐,与众乐乐,孰乐?'曰:'不若与众。'"(《孟子·梁惠王下》)——这自然也就意味着,前面所讲的"个人"与"公共"的阅读,又正好对应着"独乐"与"众乐"的层次关系。

无论如何，只有经由对于一般学理的共享而熔铸出具有公共性的"阅读社群"，才能凝聚起基本的问题意识和奠定出起码的认同基础。缘此就更应认识到，正因为读书让我们如此地欢悦，就更不应只把它当成私人的享乐。事实上，任何有序发展的文明，乃至任何良性循环的社会，都先要来源和取决于这种"阅读社群"。缘此，作者和读者之间的关系，或者学者和公众的关系，就并不像寻常误以为的那般单向，似乎一切都来自思想的实验室，相反倒是相互支撑、彼此回馈的，——正如我曾在以往的论述中讲过的："一个较为平衡的知识生产体系，似应在空间上表现为层层扩大的同心圆。先由内涵较深的'学术界'居于核心位置，再依次扩展为外延较广的'知识界'及'文化界'，而此三者须靠持续反馈来不断寻求呼应和同构。所以，人文学术界并不生存和活跃于真空之中，它既要把自己的影响逐层向外扩散，也应从总体文化语境中汲取刺激或冲力，以期形成研究和实践间的良性互动。"（刘东：《社科院的自我理由》）

再接下来，第三根连续旋转的主轴，则毋宁是更苦痛和更沉重的，因为它围绕着"书斋生活"与"社会生活"的关系。事实上，也正是这根更加沉重的主轴，才赋予了这套丛书更为具体的特点。如果在上一回，自己于"人文与社会译丛"的总序中，已然是心怀苦痛地写到"如此嘈嘈切切鼓荡难平的心气，或不免受了世事的恶刺激"，那么，再目睹二十多年的沧桑剧变，自然更受到多少倍的"恶刺激"，而这心气便觉得更加"鼓荡难平"了。既然如此，虽说借助于前两根主轴，还是在跟大家分享阅读之乐，可一旦说到了这第三根主轴，自己的心也一下子就收紧了。无论如何，"书斋"与"社会"间的这种关联，以及由此所带来的、冲击着自己书房的深重危机感，都只能用忧虑、愤懑乃至无望来形容；而且，我之所以要再来创办"社会思想丛书"，也正是因为想要有人能分担这方面的忧思。

歌德在他的《谈话录》中说过："要想逃避这个世界，没有比艺术更可靠的途径；要想同世界结合，也没有比艺术更可靠的途径。"换个角度，如果我们拿"学术"来置换他所讲的"艺术"，再拿"社会"来置换他所讲的"世界"，也会得出一个大体相似的句子。也就是说，"做学问"跟"搞艺术"一样，既可以是超然出世、不食人间烟火的，也可以是切身入世、要救民于水火的。至于说到我自己，既然这颗心是由热血推动的，而非波澜不起、死气沉沉的古井，那么，即使大部分时间都已躲进了书斋，却还是做不到沉寂冷漠、忘情世事。恰恰相反，越是在外间感受到纷繁的困扰，回来后就越会煽旺阅读的欲望，——而且，这种阅读还越发地获得了定向，它作为一种尖锐而持久的介入，正好瞄准千疮百孔的社会，由此不是离人间世更遥远，反而是把注视焦点调得日益迫近了。

虽说九十年代以来的学术界，曾被我老师归结为"思想淡出，学术淡入"，但我一直不愿苟同地认为，就算这不失为一种"现象描述"，也绝对不属于什么"理性选择"。不管怎么说，留在我们身后的、曲曲弯弯的历史，不能被胡乱、僭妄地论证为理性。毕竟，正好相反，内心中藏有刚正不阿的理性，才至少保守住了修正历史的可能。正因为这样，不管历史中滚出了多少烟尘，我们都不能浑浑噩噩、和光同尘。——绝处逢生的是，一旦在心底守住了这样的底线，那么，"社会生活"也便从忧思与愤懑的根源，转而变成"书斋生活"中的、源源不断的灵感来源。也就是说，正是鼓荡在内心中的、无休无止的忧思，不仅跟当下的时间径直地连接了起来，也把过去与未来在畅想中对接了起来。事实上，这套丛书将稳步移译的那些著作，正是辉煌地焕发于这两极之间的；而读者们也将再次从中领悟到，正如"人文与社会译丛"的总序所说，不管在各种科目的共振与齐鸣中，交织着何等丰富而多样的音色，这种"社会思想"在整个的文科学术中，都绝对堪称最为响亮的"第一主题"。

最后要说的是，就算不在这里和盘地坦承，喜爱读书的朋友也应能想到，我的工作状态早已是满负荷了。可纵然如此，既然我已通过工作的转移，相应延长了自家的学术生涯，当然就该谋划更多的大计了。而恰逢此时，商务印书馆的朋友又热情地提出，要彼此建立"战略合作"的关系，遂使我首先构思了这套"社会思想丛书"。几十年来，编辑工作就是自己生命的一部分，我也从未抱怨过这只是在单向地"付出"，——正如我刚在一篇引言中写到的："如今虽已离开了清华学堂，可那个梁启超、王国维、陈寅恪工作过的地方，还是给我的生命增加了文化和历史厚度。即使只讲眼下这个'办刊'的任务——每当自己踏过学堂里的红地毯，走向位于走廊深处的那间办公室，最先看到的都准是静安先生，他就在那面墙上默默凝望着我；于是，我也会不由自主默念起来：这种编辑工作也未必只是'为人作嫁'吧？他当年不也编过《农学报》《教育世界》《国学丛刊》和《学术丛刊》吗？可这种学术上的忘我投入，终究并未耽误他的学业，反而可能帮他得以'学有大成'。"（《中国学术》第四十三辑卷首语）

的确，即使退一步说，既然这总是要求你读在前头，而且读得更广更多，那么至少根据我个人的经验，编辑就并不会耽误视界的拓宽、智慧的成长。不过，再来进一步说，这种承担又终究非关个人的抱负。远为重要的是，对于深层学理的潜心阅读、热烈研讨，寄寓着我们这个民族的全部未来。所以，只要中华民族尚有可堪期待的未来，就总要有一批能潜下心来的"读书种子"。——若没有这样的嗜书如命的"读书种子"，我们这个民族也就不可能指望还能拥有一茬又一茬的、足以遮阳庇荫的"读书大树"，并由此再连接起一片又一片的、足以改良水土的"文化密林"。

正所谓"独立不迁，岂不可喜兮……苏世独立，横而不流兮"。——唯愿任何有幸"坐拥书城"的学子，都能坚执"即一木犹可参天"的志念。

2022年12月16日于浙江大学中西书院

献给我的妻子,莉齐

目 录

前 言　i

导 言　1

第一章　两千年的设计史　9

第二章　佩利与康德的反击　31

第三章　播下演化论的种子　52

第四章　问题层出不穷　69

第五章　查尔斯·达尔文　88

第六章　一项伟业　107

第七章　达尔文主义者的内讧　129

第八章　演化论的世纪　150

第九章　适应进行时　170

第十章 理论与检验　193

第十一章 形式论的回归　222

第十二章 从功能到设计　248

第十三章 设计隐喻　270

第十四章 自然神学的演变　288

第十五章 溯时而回　311

参考文献与建议阅读书目　336

致　谢　361

索　引　363

前　言

《达尔文与设计：演化有目的吗？》是我所著三部曲中，继《从单子到人：演化生物学中的进步概念》（*Monad to Man: The Concept of Progress in Evolutionary Biology*）和《奥秘中的奥秘：演化是一种社会构建吗？》（*Mystery of Mysteries: Is Evolution a Social Construction?*）之后的第三本。通过这三本书，我的目标始终是将来自几个学科——哲学、历史和宗教——的理解汇聚起来，以回答关于科学本质的问题，或是反过来用科学回答我所探讨的这些的主题中的问题。这本书中，贯穿始终的核心关注点是科学与产生它的文化之间的关系，以及两者是否相互作用，如何相互作用。我关心的是价值观和利益问题，它们是如何、又在何种程度上出现在科学中，以及它们是否会随着时间的推移而减少或被消除——或者，从某种意义上说，科学是否总是充满了价值观。作为一个坚定的自然主义者，我相信解决问题的方法是观察现实生活中的问题，因此，我以一个具体的案例研究来展开我的讨论：自18世纪以来直至今日的演化思想——一个关键性事件是查尔斯·达尔文于1859年出版的《物种起源》。

在《从单子到人》中,我追踪了演化思想与文化进步概念之间的共生关系。我想要了解为什么这么多人为演化思想所吸引,以及为什么即使到了今天,仍然有很多人觉得它令人不安——如果不是彻底令人不快的话——尤其是它的达尔文版本。在《奥秘中的奥秘》中,我采取了相反的方法,即用演化的历史来探讨一个广为讨论的问题:科学是对客观现实无偏见的反映,抑或仅仅是文化的一种主观表现形式、一种社会构建。在《达尔文与设计》中,我回到西方文明的开端,审视了一种强大的思维方式——目的论思维。这种思维不仅在传统上对于理解我们所居住的世界产生了重要影响,对创造者或神的概念也具有重要意义。人们普遍认为,达尔文主义破坏了或者至少是扰乱了这种传统的思维方式,而我的目标是看看是否确实如此。

近年来,一些具有哲学倾向的思考者提出,物理世界的性质可能需要用目的论和神性来理解。这些所谓的人择原理的热情支持者为一系列主张辩护,从相对无害的观察——任何支持生命的世界必须是能够支持生命的世界,到更强烈的结论——我们所居住的、支持生命的世界是如此不可能,以至于它的存在不可能仅仅是巧合,因此必定是超乎自然的力量的证据。这些主张的批评者至少和支持者一样多。在本书中,我完全避免了对这些不同主题的讨论,并且将对于物理科学的引用仅仅限制在它们与生物学相交的点上。虽然我不反对争议,但在这三本书中,我的主题一直是演化论:现在不是扩大我的视野的时候。要充分公正地讨论人择问题,我们将不得不进入现代科学的某些方面,这些方面不仅超出了不同历史语境下各种物理科学的范围,也超出了与现代生物学相关的目的论问题。

在我的这三本书中,我希望我的发现本身就足够有趣,并且能在更为形而上的层面阐明科学与文化之间的整体关系。虽然我希望这些卷册足够吸引人,以至于读者会想从一本跳跃到下一本,但我已将它们写得彼此独立,可以单独阅读。在此过程中,我获得了巨大的乐趣,也学到了很多。演化是一个奇妙的想法,演化论者(及其批评者)都是迷人的人物。能与他们共度时光是一种乐趣和荣幸。

导 言

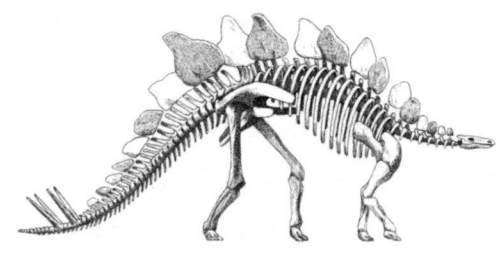

"知识是我们探究的对象，人们只有掌握了一件事物的'为什么'（即把握它的主要原因），才会认为自己了解了这件事物。"

伟大希腊哲学家亚里士多德的这番话，无论是在公元前4世纪还是在今天都一样正确。在尝试理解我们周围和我们内在的世界时，我们试图找到那些使其他事物或事件发生的事物或事件：我们试图找到原因。例如，在试图理解阿道夫·希特勒于1933年掌权的原因时，我们会寻找这一事件背后的原因：战胜国在1919年凡尔赛会议上对战败国强加的屈辱条款，许多有权势的德国人对魏玛共和国民主的厌恶，20世纪20年代末经济萧条的沉重打击，希特勒个人的狂热，等等。所有这些情况和其他情况都被认为是纳粹胜利的原因。

现在注意，这些假定的原因有一个显而易见却重要的特点：它们都发生在被解释的事件之前。《凡尔赛和约》的签订大约在希特勒成为德国总理的14年前。对民主的厌恶至少也是那么早，或者更早。其他原因也是如此。原因不会在效果之后出现。这种不对称是怎么回事？

有一个简单但重要的解释，通常被称为"缺失目标对象"（missing goal object）问题。如果原因在效果之前，那么你就永远不会陷入必须解释没有原因的效果的困境。凡尔赛会议发生了，然后希特勒执政也发生了。如果效果可以在原因之前出现，你就会解释凡尔赛会议（在这种情况下是"效果"）是由希特勒上台造成的。但假设希特勒在1923年的慕尼黑政变中被杀，那么他就永远不会成为总理，因此凡尔赛会议就没有原因了。或者更糟,你理论上会有两个相同的凡尔赛会议("效果"),相同的事件导致了它们,原因却截然不同。我不确定这是否是一个逻辑上不可能的情况,但从理解的角度来看,这肯定非常不便。

原因在效果之前。但总是如此吗?以一名试图获得博士学位的研究生为例。她必须参加一些课程和考试,然后撰写一篇论文并参加答辩。她的人生目标是获得那个学位。在此,我们当然可以说,未来正在回溯并影响现在。她将来会获得的学位是她今天上课的原因。但这真的可能吗?经常有学生退学、放弃学位。或是他们考试失败,被踢出项目。我们的学生在法语资格测试中遇到了困难,她的计划破灭了。我们在此怎么能说未来导致了过去的事件呢?

一个解决办法是重新整理论点,认为她今天的行为的原因不是将来实际获得学位的事实(这可能会,或者可能不会实现),而是她希望或期望或渴望获得那个学位这一事实。这些心理动机可能参照了一个想象的未来,但它们存在于今天。因此,即使没有通过法语考试的学生也有通过考试、进入毕业论文写作阶段并最终获得学位的愿望。无论是成功的学生还是不成功的学生,愿望可能都是一样的。鉴于生活变化无常,没有人说相同的原因必然会有相同的结果。

事实上,在这种面向未来的理解中,未来的结果显然影响了现在的事件,其范围包括人类的渴望直至人类制造的工艺品。我和我的家人喜欢当地面包店的新鲜面包,但当我们试图用普通刀子来切仍然热乎乎的面包时,效果不是很好。面包太软了。但我们有一个解决方案,即买一把可以锯开新鲜面包的锯齿刀。在此,我们也可以看到对未来的参照:我现在买刀是为了将来可以切面包。现在的刀是通过参照未来的面包切割来解释或理解的。即使刀在使用前断了,它也没有缺失目标对象。我过去和现在的意图转移到了刀上,导致它因为锯齿而被购买;即使刀没有按预期使用,这一点也成立。刀的目的或功能或目标是切割软的、橡胶状的物体。它是为了切新鲜面包而制造的。这是它的制造者的意图。

现在问题来了,或者至少是我们问题的背景来了。撇开人类及其工艺品不谈,奇怪的是,在没有任何人类意图干预的情况下,似乎适合运用面向未来的理解——哲学家称之为目的论理解(teleological understanding)——并且在这种情况下似乎依然合适。以剑龙为例,这种恐龙因其脊椎上交替排列的一系列骨板而引人注目。剑龙为什么会有这些骨板?是什么导致了它们的出现?在一个层面上,我们可能会说,其原因是动物本身的胚胎发育。各种蛋白质由携带遗传信息的核酸产生,然后由这些蛋白质构建了骨板。但在另一个层面上,人们的兴趣是面向未来的。这些骨板是为了什么?这些骨板的功能是什么?

人们为此提出了许多答案,我们稍后会深入讨论。今天流行的答案是,这些骨板可以帮助这种冷血恐龙调节体温。剑龙有骨板是为了更有效地控制体温。在此,并没有人类意图的干预,但我们仍然觉得使用面向未来的语言——一种通过参照未来结果来解释过去的语言——是有意义的。这些骨板是为了调节热量而存在的。

剑龙的骨板代表了生物学家归因于适应的生物属性的一个巨大类别。适应有助于其拥有者很好地生存;它们服务于某个目的。我们人类有许多适应性器官:眼睛、鼻子、耳朵、牙齿、阴茎、阴道。其他生物同样拥有丰富的属性。例如,达尔文在加拉帕戈斯群岛上研究的小雀鸟,它们有着各种各样形状和大小的喙,都非常适合其主人吃的特定食物。拥有非常厚实强壮的喙的雀鸟以仙人掌、坚果和浆果为生。其他拥有非常细腻、精致的喙的雀鸟专门吃昆虫。还有其他拥有不同大小和形状的喙的雀鸟,则吃各类食物。甚至有些物种的喙适合捡起并携带树枝,帮助它们在树皮和灌木丛中寻找隐藏的昆虫和幼虫。

植物也有适应性。想想枫树的叶子,它们对于我们的眼睛而言是美丽的,但对于枫树来说,捕捉阳光并利用光能来生产食物才是至关重要的。叶子在树的生命周期中起着至关重要的作用。然而,不幸的是,在所有这些情况下,"缺失目标对象"的问题再次凸显其丑陋的一面。如果恐龙在有时间利用其骨板之前就遭遇了不幸怎么办?如果一个人成为牧师,从未用他的生殖器官进行繁殖怎么办?如果加拉帕戈斯发生了干旱,所有的鸟,无论喙是什么样的,都饿死了怎么办?如果酸雨杀死了所有的枫树怎么办?

传统的回答是,这一切都表明,我们人类不是唯一有意图的生物。适应是上帝的创造,旨在帮助有机体(包括人类)在地球上发挥功能。例如,从未使用过的骨板、未得到锻炼的生殖器官、雀鸟倒地死去时所拥有的喙、时节未至就已经枯萎的叶子,仍然是上帝出于未来的目的或情况而创造的。这里有一个关于上帝存在的标准论据,即所谓的源自设计的论证(argument from design),或目的论论证。眼睛(以人们最喜爱的例子来说)类似于望远镜:望远镜有制造者,因此,眼睛也必须有制造者。我们人类有我们的意图和目的,所以上帝也有他的意图。

直到 1859 年,英国生物学家查尔斯·罗伯特·达尔文发表了《物种起源》。在书中,他主张所有有机体,包括人类,都是长时间的、缓慢的、有法则的(自然的)从"一个或几个形式"开始的演化变化过程的最终产物。他提出一个解释这种变化的机制:自然选择,也称适者生存。其工作原理如下:由于出生的有机体数量超出了能够生存和繁殖的数量,因此产生了生存竞争,而在这场斗争中获胜的功能正是成功有机体所具有的特征。这一自然过程类似于饲养员实施的人工选择,他们从每一窝幼崽中挑选出具有所需特征的幼崽。只要有足够的时间,自然选择也会导致彻底的变化。最终结果是生命浩如烟海的多样性,不同物种的每个特征都有其作用,这使每个生命与众不同;特征能发挥功能,因为它是适应性的。

达尔文无疑是正确的,他的理论似乎为生物学中的未来导向性思维方式敲响了丧钟。已经很少有人会认为无机世界——恒星、行星、山脉、海洋——具有证明造物主设计的目的。很少有人会问月亮有什么功能(除了那些声称其目的是为喝醉的哲学家照亮归家之路的玩笑者)。没有人会说尼亚加拉瀑布的存在是为了某个特定的目的。的确,这道瀑布(又被称为加拿大瀑布)产生了类似彩虹的喷雾,很多蜜月酒店经营者和其他人因此赚了很多钱。但瀑布的存在并不是为了产生彩虹,当然也不是为了给当地酒店特许经营者增加收入。

类似地,在达尔文之后,生物学家可能会认为,把剑龙身上的骨板说成是为了调节热量而存在是错误的。骨板可能确实调节了热量,就像尼亚加拉瀑布产生了彩虹。但在《物种起源》之后,大多数生物学家不再尝试用上帝的意图来解释或理解骨板的调节功能,即使他们相信上帝存在。对他们来说,生命世界和非生命世界一样,都是自然的、有法则的——也就是说,并非超自然的——领域。生物学中的功能性讨论最好的情况也不过是多余的,糟起来则可能是具有误导性的。

然而,无论有没有达尔文,我们所有人——包括生物学家——仍在使用功能性语言。我们谈论剑龙骨板的目的和眼睛或手的功能。我们仍然说,雀鸟有强壮的短粗喙是为了咬破坚果。换言之,我们仍在使用达尔文时代神学家所使用的语言。最达尔文式的生物学家,理查德·道金斯(Richard Dawkins)——一位杰出的科学作家和狂热的无神论者——为他致力于目的论思维方式的研究而感到自豪。在他最受欢迎的书籍之一《盲眼钟表匠》(*Blind Watchmaker*,1986)的开头,道金斯谈到了他的信念,"我们自己的存在曾是所有谜团中最大的一个",更让人惊讶的是,很多人"在很多地方实际上根本没意识到首先存在着这样一个问题"。那么这个谜团是什么呢?"问题就在于复杂设计的谜团"(ix)。道金斯并不是唯一持有这种信念或使用这种语言的人。在一本由仍然在世的演化论者撰写的备受推崇的书中,美国鱼类学家乔治·威廉姆斯(George Williams,他开玩笑说他从教区牧师那里得到的唯一好建议是关于去教堂前门的方向)明确表示:"每当我相信某种效果是作为被自然选择所完善的一个适应性功能而产生的,我就会使用与人工技艺和有意识的设计相匹配的术语来描述。将某物描述为某一特定目标或功能或目的的手段或机制,将意味着所涉及的机制是通过选择、为其所归因的目标而制造的。"(Williams 1966,9)

这就是《达尔文与设计》一书所针对的悖论。达尔文似乎已经将设计从生物学中驱逐出去,但我们仍然继续使用并似乎需要这种思维方式。我们仍然使用适合有意识意图的术语,无论我们是否相信上帝。在生物学中,我们仍然使用一种在物理学或化学中被认为不恰当的面向未来的语言。这是为什么呢?这又说明我们人类的思维方式是什么样的呢?作为一名演化论者,我相信关于现在的问题的答案可以从过去之中找到,这一原则将在此指导我。我将首先回顾前达尔文时代面向未来的或目的论语言的历史,然后继续审视达尔文自己的思考,包括他所推广的一般立场及其对于我们研究的具体含义。我还将察看在后达尔文时代,自然选择演化的支持者和批评者各自有何作为。

有了这个基础,我们就能探问,如今类似设计的思维的立场如何——从活跃的演化论工作者的想法,到科学哲学家的思考,再到当今神学家的信仰、希望和论点,面对《物种起源》,这些神学家可能会也可能不会顽抗到底。我认为我们的悖论存在解决方案,并且我将提供它。不仅如此,我相信设计问题打开了一个通向自然世界与我们对它的思考,以及二者间关系的重要而迷人的窗口。

第一章

两千年的设计史

雅典与耶路撒冷,希腊人与犹太人:西方文化的许多方面都可以追溯至这两个古老的文明,而我们关于演化和设计的故事也是如此。我们回顾希腊人,是因为他们是理性的源头——理性的思考,哲学、数学和科学;我们回顾犹太人,是因为他们是信仰的开端——启示、一神论、虔诚和感情。伟大的希腊道德家苏格拉底(前5世纪)和创立基督教的犹太人耶稣,都因为触怒了当权者而被处决,也都为信仰坚持到死,拒绝撤回言论、道歉、抵抗或逃跑。然而,二者之间的差异是鲜明的。苏格拉底在被处决前一小时还在讨论上帝和不朽。相比之下,耶稣从不太愿意公开讨论。在他的一生中,他通过寓言说话,并发布关于正确信仰和行为的指令;而在最后,他在十字架上表现出来的顺服代表了信仰和接受的终极行为。当然,我们应该警惕这种概括性的语言。古希腊人并非对情感的力量无动于衷(人们会想到欧里庇得斯),犹太人也并非完全不能接受理性(人们会想到圣保罗)。不过,在这两大思想体系中,不同的态度、方法和目标是显而易见的。

我们的故事始于公元前5世纪的希腊一派,那些被称为原子论者的哲学家。早在世纪初由留基伯(Leucippus),随后不久由德谟克里特(Democritus)领导,这些思想家主张,整个现实都是由坚硬的小颗粒(原子)组成的,它们在无限空旷的空间(虚空)中飞驰。除了这些颗粒以外,没有其他东西存在,也没有其他东西是真实的,这些颗粒只有大小和形状;颜色、味道等都是感知者发明的次要品质。这些颗粒随机移动,只要有足够的时间和空间——无限的时间和空间——它们有时会相撞并凝聚。宇宙就是这样偶然形成的，而在这些宇宙中，较小的实体——生命体——最终会产生。原子论者认为，生物的各个部分会首先形成，然后这些部分又会相撞并凝聚。一些构造，那些能形成功能性有机体的构造，会存活下来。而那些不完整、不匹配或位置错误的部分——这里一只眼、那里一个鼻子的，三条腿的，没有肛门的——则不会存活。这一切都符合原子论者所理解的自然法则——盲目的法则，纯粹是偶然性，没有计划。

当然，这在希腊最伟大的哲学家苏格拉底的学生柏拉图（前427—前347）以及柏拉图自己的学生亚里士多德（前384—前322）看来都是疯话。对于这两个人来说，即使有无限的时间和空间，随机移动的惰性物质也不可能创造出一个功能性的宇宙。但是还有什么其他选择呢？柏拉图和亚里士多德提供了他们自己的答案——带有不同重点的答案——这些答案一直持续至达尔文的时代，甚至可能一直持续至我们这个时代。

柏拉图的源自设计的论证

柏拉图以对话的形式表达了他的观点，许多对话是在模拟苏格拉底和他的年轻男性追随者之间的对话，这些追随者是雅典的贵族，他们会聚集在苏格拉底座下聆听、辩论和学习。早期的对话可能是真正苏格拉底的——对苏格拉底和他的追随者及对手之间实际讨论的相当准确的记述。但是从某个时刻开始，尽管柏拉图仍然使用对话形式，他开始插入自己的想法。苏格拉底本人可能提出了这个论证的一个版本，但是在这些后期的对话中，柏拉图关于设计问题的独特思考影响了后世。

首先需要了解一些关于柏拉图对存在或本体论的本质信仰的关键

背景。柏拉图的本体论理论集中于永恒的理式(Forms),它代表普遍范例的模式或模板,而这个世界的事物只不过是这些理式在现实世界的副本或投影。这些理式属于某种终极理性的、只与数学法则共享的元世界,众多的理式在至善(Good)的理式那里达到了其实在的顶点,它产生了生命和启示。在我们的世界,至善的理式如同太阳。既然我们的经验领域只是部分真实的——真实只是由于"分有"了理式的世界——那么我们所拥有的就是有形成有衰败的、有变化有时间性的、有错误也有正确的领域。尽管有这些缺陷,我们的领域并不是仅有偶然和混乱的——我们有秩序,就像在天体的运动中所看到的那样。在柏拉图的天堂中(某种意义上是人类灵魂的真正住所,这些灵魂本身是永恒的),星星永远在完美、无尽的圆圈中追寻它们的路径和图案。

在《斐多》(*Phaedo*)这一记载了苏格拉底之死的伟大作品中,柏拉图对无意识的简单行为的原因(我们称之为动力因, efficient causes)与脑海中有目标结果、依据计划、有目的的行为的原因做出了鲜明的区分。考虑一下为什么人会生长的问题。"我以前认为,每个人都清楚他是通过吃喝来生长的;新的肉体和骨头依赖于食物而产生,从而得以修补原本的躯体。通过同样的方式,每种事物依赖于适合它的新物质而得到补充。只有在这种情况下,原本小的质量才会变大,同样地,小个子男人也会长大。"(*Phaedo*, 96d)但是,柏拉图(用苏格拉底作为他的传声筒)继续说,这种对于生长的独立的生理解释是行不通的。它不是错误的,但它是不完整的。

正如柏拉图清楚地看到的,理解这种因果关系的真正关键是价值和目的:某人或一些人想要并采取措施实现的东西。"有序的心灵安排了一切,并将每件事物各自安置妥当;所以如果有人想要发现任何事物的原因,发现它是如何产生、灭亡或存在的,他只需发现对它来说哪种存在是最好的,或者它最好做什么或被做什么。"(97b–c)坐在监狱里的苏格拉底不能被解释为盲目的偶然,也不能被解释为他的肌肉和肌腱等的生理法则的简单运作。我们必须讨论关于意图的问题,例如,关于为什么他在本可以逃跑时没有逃跑。"如果有人说,没有骨头和肌腱以及所有这些东西,我就无法做我决定做的事,他是对的,但可以肯定的是,如果说它们是我所做之事的原因,而不是我选择了最佳路径,即使我是运用我的心智来行动的,那么这种说法是非常懒惰和随意的。"(*Phaedo*,99a–b)我们依据某些事物对于我们的内在价值来认识它们,并且我们也把其他事物视为能在未来成功实现(导致)我们的价值目的。我想在以后的某个时间点获得博士学位(我把它当成有价值的),所以我努力通过语言考试(我当下也认为它有价值)。我想要一片新鲜的切片面包,所以我买了一把锯齿刀。

在柏拉图关于生长的例子中,吃和喝导致未来的生长和发展。因为这些是我们珍视的事物,所以我们可以说,吃的目的是为了促进生长和发展。如果我们不想生长和发展,满足于永远保持在六岁,那么我们就不会讨论或者思考"吃"的目的了。给出关于吃和喝如何导致生长的第一种解释就足够了。当我们说你脚趾撞伤导致指甲变黑脱落时,则不再需要进一步的解释。你不是为了指甲脱落而踢你的脚趾。你踢了,它掉了。仅此而已。

根据柏拉图的观点,当我们试图解释原因时,我们面临的问题就是这样的。我们面对的似乎是一种奇怪的因果关系,其中因和果在时间上是颠倒的。原因是未来的事物,它导致现在或过去的效果,例如对生长的渴求导致吃和喝等等。但这不是我们现在正在考虑的那类因果关系的本质。真正重要的是价值,而在价值发挥作用的地方——人们渴望的事物——我们需要一种不同的解释,一种涉及事物目的和目标的解释。愿望和欲望意味着意识和意图;价值观念意味着心智。溪流中的石头不会把流过它的水当成有价值的,但我确实会把长大长壮当成有价值的。

这里我们就到了有争议的部分:是谁的心智让一切运动起来,并为了所有事物未来的利益而安排事物?完全不可能是我们自己的心智。至少,我们完全不可能用超出我们自身意图和欲望的视角去看待事物。我们不能裁定吃喝在获得生长和成熟方面的重要性。相反,按照柏拉图的观点,这是神的想法。这位神不一定是犹太人的或基督徒的上帝,即从无中创造世界的那一位,但肯定是一个设计者神,其本质在柏拉图后期关于宇宙运作的对话,即《蒂迈欧篇》(*Timaeus*)中得到了明确。我们并不知道这部作品的详细推测是否被柏拉图本人认可,但它的总体哲学肯定是符合他的理念的。

《蒂迈欧篇》区分了仅仅使事情发生的原因和真正带有意义的原因。柏拉图说:"这两种原因都值得被我们接受,但我们应该尤其区分那些被赋予心智并创造出美好事物的原因,以及那些缺乏智慧并总是无序、无设计地产生偶然效果的原因。"(*Timaeus*, 46d–e)柏拉图将这种心智与一位创造者,即他所谓的造物主联系了起来。这不一定是从无到有创造事物的造物主(即从无中 [*ex nihilo*] 创造的上帝),但一定是属于并且受到理性世界、理式世界和至善的世界指引的这个世界的整理者。

哪些事物需要用目的、价值或目标来解释?柏拉图给出了许多生活中的例子,但无生命世界也需要用目的来解释,因为它同样是设计的对象。在某种意义上,柏拉图将整个宇宙视为一种超级有机体,拥有自己的灵魂。无论他是在谈论有生命的还是无生命的世界,柏拉图关于创造中的智慧心智的论证有两个主要步骤。第一个步骤是证明世界上有一些需要解释的事物,这些事物不能简单归因于盲目的偶然。人类的成长和整个宇宙都不是无方向和无序的。它们的结构和运作显示了高度的秩序。这第一步被称为设计论证(argument to design),因为它从我们的视角出发,引导我们认识到世界有设计的痕迹。作为论证的这一部分,柏拉图曾试图宣称设计的存在是为了被解释。

我承认,在这一背景下使用这个术语让我感到不舒服,因为它似乎预先判定了本书正在处理的一个基本问题,即世界真的表现出设计吗?也许是,也许不是。或者也许其中一部分是,一部分不是;人们不想被迫将一切都黑白两分——要么全部是设计,要么全部都不是。人们可能会得出结论,有机体的适应需要特别关注,但一般的机械体的法则及其效果不需要。人们可能会用"秩序论证"(argument to order)这个术语替代"设计论证",但这还不够强烈。元素周期表是有序的,但它是否具有我们试图指出的特征仍是有争议的。柏拉图相信无机世界表现出了设计——记住,对他来说,最终有机世界与无机世界合而为一——他可能会争辩说,元素周期表也表现出了所需的特质(假设他知道元素周期表的话)。但即使是他似乎也同意,并非所有自然现象都具有我们在此试图识别的东西。

另一个术语,"复杂性论证"(argument to complexity),我认为在复杂性的各种含义上失败了。雷暴可能被认为是复杂的,但它并不需要特别的理解。理查德·道金斯(1983)曾用有组织的复杂性(organized complexity)或适应性复杂性(adaptive complexity)来谈论它,但即使在这里,我们也几乎没有摆脱人类中心的术语。谁组织了有组织的复杂性？也许我们最好的说法是"表面上有组织的复杂性"。这可能是我们能做到的最好的了。只要在上下文中能被理解，表面上有组织的复杂性或适应性复杂性可以简单地缩写为秩序（order）或复杂性（complexity）。这里的重点是，柏拉图论证的第一个步骤是认识到某些事物的独特性质——我会称之为复杂性——的存在需要某种特殊的解释。

在复杂性论证（使我们认识复杂性存在的论证）之后，柏拉图的第二步是从复杂性，即事物的独特性质，转向对这种独特性质的解释。这有时被称为源自设计的论证——从承认设计到承认某种设计者的论证。我对这第二个术语感到更不舒服，因为这一步骤本身在我看来几乎是微不足道的。如果我们都同意确实发生了字面意义上的设计，那么按照定义必须有一个设计者（尽管设计者的性质当然是另一回事）。但仅仅因为复杂性存在，我们就应该认为设计真的发生了吗？我们在这本书中关心的问题就是——我们在转向复杂性之后，是否必须随后转向设计。

我更愿意把上一段中提到的这第二步称为设计论证，即一种从认识到世界的独特复杂性到承认这种复杂性意味着需要设计（而且按照定义，也需要某种设计者）的论证。我们能否阻止这第二步，无论是通过阻止第一步，还是切断一二两步的联系？也就是说，我们能否令人信服地争论说不存在复杂性？如果不行，我们能否令人信服地争论说复杂性确实存在，但它并不意味着设计？

这一论证的第二部分，即从世界的复杂性到其背后的心智——设计心智的推理，是柏拉图真正迷恋的地方。他在论证的第一部分，即考察世界的独特性质以及是什么使其独特上花费的时间很少。在柏拉图的目的论中,目的是外部的目的,它由外部因素强加于事物,在此种情况下外部因素也就是设计者神。

亚里士多德的目的因论

亚里士多德从柏拉图那里借鉴了很多东西,但在许多方面又与他不同——尤其是在宇宙的设计和目的这些观念上。亚里士多德的观点是他对因果关系整体分析的一部分。他声称,现象引起或导致其他现象,有四种不同的因素。我们感兴趣的是第四种,即目的因(final cause):事物发生是为了实现期望的目标。在亚里士多德的《物理学》(Physics)中,正如在柏拉图那里一样,我们可以发现对人类意图性的讨论:我们自己做某事,或者制造工具来做某事,都以我们的目的为出发点。但亚里士多德在他一生的部分时间里是一名实践生物学家,虽然他用人类模型来解释他的观点,但在他的生物学讨论中,他引入了目的因,而没有直接提到意图性。

亚里士多德批评了原子论者的观点,即一切都是偶然发生的、不需要与目的相关。他将家具与生物的特征进行了类比。就像我们认为家具是由工匠为了某个目的而用特定方法制造的一样,我们也应该认为有机生物是为了某个目的而用特定方法制造的。亚里士多德区分了手的模型和真实的手,并批评了那些认为只须提到特征的直接原因的生理学家。亚里士多德指责道:"是什么力量使手或身体成形?"在谈论一个模型的时候,一个木匠可能会说,它是由斧头或钻子制成的。但仅仅提到工具及其效果是不够的,我们必须引入目的。木匠必须说明为什么他这样打击以达到这个效果,以及他这样做是为了什么;即,木头最终应该发展成这样或那样的形状。同样地,针对生理学家,"真正的方法是说明区分动物的特征是什么——解释它是什么,它的特质是什么——并以同样的方式处理它的各个部分;实际上,我们应该像处理沙发的形式一样来处理它们"(*Parts of Animals*, 641a7–17)。

我们看到,亚里士多德心中有一个工匠的模型。柏拉图也是如此,但他的论证并不是为了证明一个智慧设计者的存在。对他来说,目的导向,也即目标是更为自然主义的——它更是自然工作方式的一部分。他所强调的是复杂性论证,而不是设计论证。他在讨论中强调了事物目的导向的性质。但柏拉图所痴迷的设计者是怎样的呢?设计论证又是怎样的呢?没有背后的意识,谈论利益或欲望是否有意义?没有价值评判者,我们可以判定价值吗?显然,在某种意义上,亚里士多德认为我们可以。良善或目的因是个体有机体的福祉。一个有机特征的存在是为了它的拥有者的福祉。这种目的性更多是存在于事物本身之中,而不是由某个外在存在所期望和强加的价值。一个有机的特征是事物本质的一部分。它构成了对象。它属于它们的本体。在这个意义上,亚里士多德的目的因解释是内在的,与柏拉图的外部目的论相对。

也正因如此,尽管亚里士多德在《物理学》中做了一般性的讨论,他关于目的和设计的哲学仍然更直接地聚焦于有机世界。事实上,有些人认为他的目的论完全集中于有机体。柏拉图看到整个宇宙有一个目的,而亚里士多德则在个体、物理的层面上展开工作。无生命物体似乎没有目的或终点——例如,在《气象学》(*Meteorology*)中根本没有提到目的因。然而,在他的系统中,有机体确实有目的或目的因。

我们并不是说亚里士多德是认为目的因没有形而上学基础的彻底的自然主义者。你不能简单地从这个图景中去除意识,然后相信基于价值的思考仍然不受影响。最终,亚里士多德认为,整体图景是,各部分是为了整体(有机体)而运作,使得这些整体能够繁荣和繁殖,从而参与到永恒之中;对于亚里士多德来说,永恒与神性或神圣相同。然而,这一切并没有什么帮助,也不令人感到欣慰,因为亚里士多德最终的神——不动的推动者——对我们毫不在乎,他只顾沉浸于对自身完美的沉思。令人欣慰而有帮助的是,亚里士多德为关于目的和设计的谜题增添了另一部分。柏拉图阐释了价值成分,并看到这与心智和预谋有某种联系。亚里士多德——他既是生物学家又是哲学家——看到智慧设计者本身在科学中没有位置。然而,至少在有机体领域,我们不能没有类似目的性的理解。在某种程度上这种生活世界中的目的或设计必须在个体层面来理解,包括其所有的适应性。

亚里士多德在调和外部和内部方面为其他人留下了许多工作,但基础已经打好。我们可以说得更挑衅一些:这个悖论已经被提出。依据目的思考就意味着依据价值的思考,而价值意味着有意识。然而,科学中没有这样的意识。我们应该怎么办?

基督徒

当我们离开雅典前往耶路撒冷时,我们需要将时钟往后拨,越过耶稣的诞生,进入基督教时代。但在这样做时,我们应该注意,希腊思想并没有消亡或缺席。实际上,随着古代世界的权力中心往西移向罗马,我们发现目的因的观念——包括复杂性论证和设计论证,两者合在一起,我更愿意称之为源自设计的论证——被接受、珍视并得到发展。伟大的拉丁演说家西塞罗(Cicero,前106—前43)在他的《论诸神的本性》(*De Natura Deorum*)中为生命世界的复杂性和眼睛等事物的匠造性质辩护,并得出结论,这种似乎有目的或目标的复杂性不可能是盲目或偶然产生的。两个世纪后,极具影响力的解剖学家和生理学家盖伦(Galen,129—约200)对生命世界采取了明确的亚里士多德式态度。"亚里士多德在坚持所有动物都被恰当地装备了最佳可能的身体,并试图指出每一个身体构造中所使用的技巧时,他是正确的。"(Galen 1968, 1.108)遵循自己的处方,盖伦从目的因的角度考察了所有解剖部分。例如,手有手指是因为"如果手保持不分指的状态,它只能抓住与它接触的同样大小的物体,而分出手指的手则能够轻松地抓住比自己大得多的物体,或者准确地捏起极小的物体"(Galen 1968,1.72)。

那么基督教思想家呢?出于方便,我们可以关注他们在基督降临后1500年内的贡献;待到16世纪后,我们才与他们分道扬镳:彼时艺术和文学迎来文艺复兴(其中很大一部分回归至希腊人),天主教会迎来改革,新教兴起,科学革命爆发——哥白尼将把太阳置于宇宙中心,而其他许多科学家则会完善、扩展他的发现。

早期基督教时代——基督教的第一个1500年里——最伟大的神学家们是一些源自犹太教的宗教实践者。然而,他们深受希腊人影响,并努力将哲学家的合理结论与他们的犹太-基督教信仰的启示真理相融合。首先是圣奥古斯丁(Saint Augustine,354—430),他深受柏拉图哲学吸引,然后,八个世纪后是圣托马斯·阿奎那(Saint Thomas Aquinas,1225—1274),他致力于将基督教与新发现的亚里士多德作品相调和。

奥古斯丁和阿奎那都在古代的洞察力中看到了一种能够导向理解基督教上帝之存在和本质的方式。对于两人来说,设计论证是真正重要的观点。复杂性论证对于他们来说相对无趣;他们不是像亚里士多德那样的实践科学家,也不像柏拉图那样接近科学和数学。他们首先是神学家，其次才是哲学家。因此，揭示经验世界的复杂性对于他们来说几乎没有吸引力。无论这些人为"自然"神学（即基于理性的关于神圣设计者的论证）赋予多高的地位，它相对于"启示"的理解或信仰必然是次要的。对于柏拉图来说，设计论证本身就是独立的；它引导人们相信神或众神的存在。对于奥古斯丁和阿奎那来说，基督教的启示，尤其是在《圣经》中所呈现的，才是信徒的基本出发点。

奥古斯丁在这一点上是明确的："在所有可见的事物中，世界是最伟大的；在所有不可见的事物中，上帝是最伟大的。"但我们如何知道这一点呢，既然我们看到了世界，却只能相信上帝？答案很简单："我们可以从上帝自己那里最安全地相信上帝创造了世界。我们在哪里听到了他？没有比在《圣经》中更清楚的了，那里他的先知说：'起初，上帝创造了天地。'"（1998，452）就是在这一背景下——奥古斯丁和阿奎那已经知道上帝是天地的创造者，而他的印记将留在他的创造上——设计论证出现了。

首先是奥古斯丁，在他最伟大的作品《上帝之城》(*The City of God*)中，他写道："世界本身，通过其变化和运动的完美秩序，以及所有可见事物的壮美，已经以某种无声的见证宣告它被创造的事实。而且，除了一个伟大、美丽、无法言喻和无法看见的上帝，世界不可能被创造出来。"（452–453）这就是全部内容。这只是被夹在数百页讨论其他话题的文字中的一段话的一部分。奥古斯丁在这个主题上的简洁并不是因为他认为这个论证是糟糕或薄弱的。毕竟，它显示了上帝的存在，并展示了他的一些主要属性——他是强大的，并且具有美感，等等。相反，奥古斯丁匆匆越过这个主题是因为，对他来说，真正的神学行动在别处：在信仰和启示中。

阿奎那也是如此，尽管他比奥古斯丁更关注启示和理性的整合。

对他来说，源自设计的论证的真正力量——他为上帝存在提供的五个著名证明之一——并不真的是在无信仰者面前证明上帝的存在。阿奎那并没有生活在一个充满怀疑论者、不可知论者和无神论者的社会中。相反，作为一个曾经强烈反对上帝的概念必然证明上帝存在的论证（所谓的本体论论证，ontological argument）的人，阿奎那现在需要设计论证来表明，人可以通过理性而不是单靠启示来获得对于上帝存在的认识。

但也不是单靠理性就行。理性发自对于这个世界的经验——不仅是对于有机体世界的经验，也是对于整个世界的经验。"第五种方法来自对世界的治理。我们看到，像自然界中的物体这样缺乏智慧的事物，是为了某个目的而行动的，这一点从它们总是或几乎总是以相同的方式行动以获得最佳结果来看是显而易见的。因此，很明显，它们不是偶然地，而是有设计地实现了它们的目的。"然后从这一前提（秩序论证）出发，他转向事物背后的创造者（设计论证）。他说："凡是缺乏知识的事物，除非由具有知识和智慧的某种存在指引，否则不能朝向目的行动；就像箭需要被射手射向目标一样。因此，存在一种智慧生物，由它指引所有自然事物朝向它们的目的；我们称这个存在为上帝。"（Aquinas 1952, 26–27）

作为一个虔诚的基督徒，阿奎那和奥古斯丁一样，绝不会声称我们人类可以对上帝有完全和彻底的了解。上帝是无限和完美的，而我们是有限的，带着罪恶。上帝为神秘所笼罩；"我们透过昏暗的镜子看到他"。但我们必须对上帝有一定的理解，而不仅仅是知道未来我们将"面对面"地见到他的承诺。否则，崇拜行为本身就变得毫无重点、毫无价值。为了回应这一需求，阿奎那制定了一种理论，即我们对上帝及其属性的理解是类比性的，而不是直接的。我们可以恰当地称上帝为"父亲"，不是因为他是生产了精子、使我们的母亲受孕的生物，而是因为他有父亲般的属性——他关心我们,当我们遇到困难时会担心我们,当然,还有,他创造了我们所有人。设计论证在这幅图景中是一个重要的部分,不是因为它本身证明了上帝的存在——这不是必需的——而是因为它有助于我们对上帝属性和能力的类比性理解。这样的一个世界——我们生活的世界——提供了指向它的创造者和设计者的线索。我们生活在一个有秩序的世界中,事物根据它们的目的运作。因此,我们可以合理地得出结论,上帝是一个智慧的存在,他安排宇宙是出于对我们的福祉的考虑。

这样的神学开始引入一种古希腊思想中不存在的目的论。亚里士多德的工作集中于直接的目的:有机体的需求以及自然界如何满足这些需求。阿奎那引入了历史维度,从上帝创造的起点开始,人类——按照上帝的形象创造但生来带有罪孽——是绝对的中心;上帝通过自己化身为耶稣基督,拯救我们脱离罪恶,并将我们引向名为永生的终极希望。我们形成了一种末世论,从有机体的日常需求和目的延伸至人类的长期规划和终极目的。在阿奎那的体系中,历史本身获得了目的。它的成功结果对上帝和我们人类都有价值。现在,我们可以忽略目的的这一历史维度,但稍后它将进入我们的讨论。

科学革命

古代晚期和中世纪时期的伟大基督教思想家吸收了希腊人对于目的的关注——尤其是设计论证。在过去的千禧年中期发生的知识和社会动荡中,这些问题以爆炸性的力量重新浮现。新教改革强调普通人,而不仅仅是有学问的人,拥有直接接近上帝的途径。人们唯独通过信仰(*sola fide*)找到上帝,并唯独通过《圣经》(*sola scriptura*)被引导到他那里。当阅读上帝的话语并向他的福音敞开心扉就足够时,我们还需要设计论证做什么呢?在某种意义上,理性只会妨碍这种直接的渠道。

然而,尽管宗教改革的神学家对自然神学并不欢迎,但他们并不反对对理性的运用,而后者对于自然神学的影响是复杂的。正如约翰·加尔文(John Calvin)特别强调的,甚至原罪也无法在这场讨论中完全根除理性或是使之失去价值,因为理性是上帝的礼物(*Institutes* II.ii.12, Calvin 1962)。新教信仰声明(即"信条"[Confessions])中清晰反映了对自然神学的勉强接受,因为圣保罗本人在他写给罗马人的书信中就认可了某种形式的自然神学方法——"自世界的创造以来,他不可见的本质,即他永恒的力量和神性,在所造之物中已经清楚地被感知到。"(Romans 1.20)然而,新教改革者从未完全满意于诉诸理性,并且希望降低它较之于《圣经》本身的重要性。1561年的早期加尔文主义声明《比利时信条》(Belgic Confession)就明确表达了这一点:"为了他的荣耀,为了带来救赎,他通过他圣洁和神圣的话语更公开地向我们显示自己,这些话语如我们此生所需的那样多。"(Müller 1903, 223)

不仅在新教教会中,在科学领域,对目的因的热情也开始下降。哥白尼(在他去世的那一年,即1543年,他的主要作品《天球运行论》[*De Revolutionibus Orbium Caelestium*]出版)式的世界是一个动力因的世界,而不是目的因的世界。我们想知道是什么让行星围绕太阳运转,而不是这种无休止的循环服务于什么目的。把世界比作有机体的隐喻很快受到了冷落,新的隐喻——世界作为一台机器,无思无感,只是盲目地按程序运行——开始占据主流。17世纪中期,英国化学家和科学家罗伯特·波义耳(Robert Boyle)是这一看法的主要代言人。但他并不孤单,因为他的观点与描述和规定新科学方法的方法学家的观念非常契合。

弗朗西斯·培根（Francis Bacon, 1561—1626）率先攻击古希腊的目的论，他巧妙地将目的因比作维斯塔贞女（vestal virgins）：奉献给上帝但不结果实。他并不想否认上帝的设计，但他确实想要将这种思维方式排除在科学之外。培根断言，在科学中，尤其是在非生物语境中，复杂性论证并不是很有用。他还说，无论一个人可能想对生物世界的复杂性论证说些什么，并以此推断出一个有意识的设计者，这在科学中是站不住脚的。"在物理探究中处理和其他部分相混合的目的因，已经阻拦了对于所有真实的、物理性的原因严谨而勤奋的探究，使人们停留于这些令人满意和看似合理的原因，从而极大阻碍了进一步发现的机会。"（Bacon 1605, 119）培根将物理和生物交叉起来，显然假设一旦你确定了适应性复杂性，那么设计便作为一揽子交易的一部分随之而来，他继续说，在哲学上推测眼睫毛是为了保持眼睛的清洁，或者皮肤是为了保护动物免受冷热的影响，或者骨骼是为了保持动物直立而不倒塌，或者树叶是为了保护树上的果实，甚至地球的坚实是为了让动植物有地方生活，是一回事，但将这种论证引入科学却是"不恰当的"（119），他写道。

法国物理学家、数学家和哲学家勒内·笛卡尔（René Descartes, 1596—1650）也有类似的感觉。他引入了一个既有神学又有哲学或科学意味的论证，警告说"在处理自然事物时，我们将永远不会从上帝或自然在创造它们时可能持有的目的中得出任何解释，并且我们将在我们的哲学中完全放弃对目的因的搜寻。因为我们不应该如此傲慢，以为我们能窥见上帝的计划。"笛卡尔选择坚持动力因，"从上帝的属性出发，根据上帝的意愿，我们对此有一些了解，我们将看到，借助上帝赐予我们的自然的光明，应该得出关于那些显而易见的感官效应的结论"

（Principle 28, *Principles of Philosophy*; Descartes 1985, 202）。笛卡尔一直对教会的权力保持警惕（他是在伽利略的时代写作的），他警告我们永远不应不揣冒昧地违背启示的真理。但最终，像培根一样，笛卡尔看不出设计论证在我们对经验世界的科学理解中有什么作用。还是留待神学家和哲学家来进行整体的设计论证吧。

这种态度与原子论（或称为微粒理论）的复兴非常契合。早在罗马时代，原子论就经历了一次重大复兴，并导致意图论和设计论的淡化。晚期雅典哲学家伊壁鸠鲁（Epicurus，约前 341—前 270）不仅采纳了德谟克里特的本体论——无限空间或虚空中的小颗粒在无休止地、没有意图地翻滚——并且将其与一种强调众神的疏远和冷漠、倡导满足和节制生活的一般生活哲学联系起来（因为没有超越的存在），从而消除了对于死亡的恐惧。在《物性论》（*De Rerum Natura*，英文名为 *On the Nature of Things*）中，罗马诗人卢克莱修（Lucretius，约前 95—前 52）用 7500 行六音步诗赞美了这一看法（Lucretius 1969, 32–33）：

> 万物的本质是双重的——物质
> 和虚空；或是颗粒和空间，
> 前者在其中休息或移动。我们有感官
> 告诉我们物质的存在。否认这一点吧，
> 我们无法，在探索隐藏之物时，
> 找到任何理性的基础。

有组织的复杂性就此止步。超脱于物质之外的心灵或心智也是如此。更不用说试图对超越当下的任何事物做出最终的解释了。

17世纪的科学家比罗马诗人更成熟,像波义耳这样的人真正尝试将他们关于原子的思考与他们正在进行的物理和化学实验联系起来。但这里无疑有一种从意义转向盲目、无目的法则及其所蕴含的一切的趋势。

大卫·休谟

那么,神学家和哲学家如何看待目的因呢？到了18世纪末,答案似乎是"不太重视"。大卫·休谟(David Hume,1711—1776),这位被他的同胞大卫·布鲁斯特(David Brewster)机智地描绘为"上帝赐予不信者的最伟大礼物"的苏格兰人,是一位经验主义者和怀疑论者。他将所有知识归结于感觉,然后怀疑我们是否能够获得确定的知识。我们最好的安慰是我们的心理不会让我们相信我们的哲学,因此我们能够继续进行日常生活。情感和情绪驱动着我们,理性永远只能是激情的奴隶。休谟认为宗教不过是用来对抗生活的考验以及对死亡与未知的恐惧的东西。他本人并非彻底的无神论者——他认为绝对的不信仰所需要的承诺并不比基督教更有道理——但他对任何信仰主张都持有深刻的怀疑态度。

那么对于上帝存在的论证,尤其是设计论证呢？休谟在他的《关于自然宗教的对话》(*Dialogues Concerning Natural Religion*)中对神学以及任何形式的宗教信仰展开了有史以来最为持久的攻击。首先,通过对话的参与者之一克莱恩西斯(Cleanthes),休谟以经典形式建立了论证。他首先论证了世界的特殊性质(复杂性论证),然后推断背后有某种创造性的东西(设计论证)。

> 看看周围的世界，思考它的整体和每一部分：你会发现它只不过是一台大机器，它被划分成无数台较小的机器；而这些小机器又可以继续细分，直到人类感官和能力无法追踪和解释的程度。所有这些不同的机器，甚至它们最微小的部分，都以一种令人赞叹的精确度相互适应，使得所有曾经对它们仔细加以思考的人都不由地惊叹。自然界中适当的手段和目的的精巧匹配，完全类似于，并且远远超越了人类的设计、思想、智慧和智能的产物。因此，由于效果相似，我们为所有类比的规则所引导，认为原因也相似，并且认为大自然的作者与人类的心灵有些许相似；他只是拥有更大的能力，从而能够与他所执行的工作之宏伟相称。通过这个由后验得出的论证，也仅仅通过这个论证，我们同时证明了一个上帝的存在，以及他与人类心智和智慧的相似性。（Hume 1779，115–116）

然后，通过另一个参与者菲洛（Philo），休谟将其全部推翻，就像推倒一座纸牌房子一样。他问，如果我们将世界比作一台机器，那么我们是否为多台机器的规划者和许多以前不够完善的世界敞开了大门？"如果我们研究一艘船，我们对造船工匠的才智会有多高的评价，即使他构建了如此复杂、有用和美丽的机器？当我们发现他是一个愚蠢的技工，只是模仿他人，复制了一个经过许多代的尝试、错误、纠正、深思熟虑和争议后方才逐渐改进的技艺时，我们会多么惊讶？"更一般地说："在永恒的时间里，可能有许多世界被粗制滥造、被搞砸，直到这个体系被创造出来；大量劳动被浪费了，有过许多徒劳的尝试，而世界制造这门技艺，在无限的时间里，是以缓慢而持续的方式改进的。在这样的主题上，谁能确定真理在哪里；不，谁能猜测可能性在哪里呢？——如果

我们可以提出大量的假设,并且可以想象出更多的假设。"(140)

这是对设计论证的第二个阶段,即从复杂性到创造者论证的反驳。我们可能会认真对待这些观念。休谟还针对复杂性论证本身进行了反击,该论证试图证明有一些特殊的东西需要解释。在休谟看来,我们在做出任何此类推论时应该小心谨慎。我们可能会质疑世界是否真的带有有组织的、适应性的复杂性标志。例如,它是像机器一样,还是更像动物或植物?在这种情况下,整个论证是否会坍塌成某种循环论证或回归论证?确实,我们似乎拥有大自然的平衡,一部分变化影响着另一部分变化并由其补偿,正如我们在有机体中所见到的。但这似乎意味着一种非基督教的泛神论。"因此,我推断,世界是一个有活性的对象(an animal),神性是世界的灵魂,激活它,同时也被它激活。"(143–144)

如果这还不够——再次回到设计者论证——那就是邪恶的问题。它否定了从苏格拉底以来的设计论热情分子对设计背后的神性的乐观结论。如果上帝设计并创造了世界,休谟问,你如何解释其中的所有错误?如果上帝全能,他本可以防止邪恶的存在。如果上帝全爱,他本应防止邪恶。那么为什么邪恶还存在呢?休谟带着对于18世纪生活的一些感触,意味深长地问,"另一方面,痛风、肾结石、头痛、牙痛、风湿病所带来的剧烈疼痛是怎么回事?在此,对有活性的对象还是机械体(animal-machinery)的探究要么是微不足道的,要么是无法解决问题的"(172)。他暗示,在这里没有展现出多少"上帝的仁慈"。

在科学中不被需要,在哲学中充满矛盾,在宗教中阻碍真正的信仰——如果说它证明了什么的话,那就是它证明了一种人们不愿其出现在周围的上帝的存在——目的论思维似乎注定要被丢弃到已被抛弃的观念矿渣堆中,就像同样在18世纪末出局的燃素一样。没有为世界的特殊性提出良好的论据,也没有让人们感到需要推断背后存在着创造性智慧的必要,即使有这样的需要,也没有可行的方式去推断它。经过2000多年的发展,依靠目的因、目的或设计的理解方式似乎已经走到了灾难性的终点。

第二章

佩利与康德的反击

休谟太成功了：这一点，他自己也意识到了。在《对话录》(*Dialogues*)的最后提出一系列犀利论据后，怀疑论者菲洛（今天的学者认为他代表了休谟本人）承认，世界上的某些事物似乎表明它不仅仅是纯粹的偶然。源自设计的论证（包括复杂性论证和设计论证）并没有像其支持者认为的那样发挥作用，但它确实指向了一些未解释的奥秘；这个论证仍然有一定的力量。它可能不如从前了，但是它并不会走向终结。如果"宇宙秩序的原因可能与人类智能有某种遥远的相似性"，那么"最好奇、最沉思、最虔诚的人能做的不过是在这个命题出现时给予朴素的、哲学上的认同，并相信建立在其上的论据超过了反对它的意见"。(Hume 1779, 203–204)

对于休谟和其他人来说，真正的问题似乎集中在有机体上。目的因并不被认为与物理世界强烈相关，也不被认为是理解它的必要条件。记住，亚里士多德本人在写作《气象学》时，甚至一次都没有诉诸目的因。但当涉及有机体时，功能论却在他笔下出现了，而且似乎是不可或缺的。一块石头可能没有目的，但眼睛有。眼睛和手并非毫无原因地出现。柏拉图和亚里士多德对原子论者在解释世界起源方面的不充分的担忧，无论是在休谟之后还是之前，都一样有效。我们必须有更多的解释。但又能是怎样的解释呢？对于像休谟这样的批评者，我们能给出什么回应，又必须给出什么回应呢？

有两个主要的回应，一个来自英国卡莱尔的副教区长威廉·佩利（William Paley），另一个来自德国最受尊敬的现代哲学家之一伊曼努尔·康德（Immanuel Kant）。他们以不同的方式主张目的因及其推论在休谟的质疑之下仍有一席之地。让我们依次考虑这些回应。在这个过程中，让我们始终牢记两个基本问题。首先，这个世界是否具有一定的复杂性，这种复杂性又是否需要一种特殊的解释？即使无机世界不是这样，那么生物世界呢？是否仍有使用目的因来进行解释的空间？其次，假设我们可以找到这种复杂性层次，这是否要求我们以神的形式进行解释？即目的因是否意味着神的存在，这个神是否是基督教的上帝？用第一章的术语来说，这两个基本问题就是复杂性论证和设计论证。

英国圣公会的妥协

威廉·佩利（1743—1805），这位在 19 世纪初编写了关于源自设计的论证的标准作品的人，可不是凭空出现的。他在英国传统中占据了一席之地，这一传统可以追溯至几个世纪前的宗教改革和从罗马天主教中分离出来的新教。当时，苏格兰在加尔文的副手约翰·诺克斯（John Knox）的努力传教下转向了长老会。除了北爱尔兰，爱尔兰的其他地区仍然保持天主教信仰，而北爱尔兰则在苏格兰长老会信徒到来后转而信仰新教。威尔士最终接受了非国教派的各种变体——浸礼宗、独立教会派、卫理公会派——它们都源于新教改革的各个方面。英格兰本身产生了一种特有的信仰：圣公会（Anglicanism），包含在英格兰教会（Church of England，也称盎格鲁教会［Anglican Church］）中。美国的圣公会（The Episcopal Church）是它的一个分支。

圣公会是一种奇特的混合体。它坚定地反对罗马教皇的权威和其他各种很典型的天主教特征，如神职人员必须独身。然而，作为英格兰的"国教",它不仅坚持君主必须是圣公会教徒,还保留了许多天主教的仪式、等级制度、装饰,甚至是大教堂。尽管这种"中间道路"(*via media*)至今仍使许多新教徒感到不适,但它反映了教会的起源,这些起源在政治上的因素与神学上的因素一样多。

这段历史的大致轮廓是众所周知的:亨利八世(1509—1547 在位)希望与他的第一任妻子阿拉贡的凯瑟琳离婚,以便能迎娶怀孕的安妮·博林,并生下一个合法的儿子和继承人。当罗马教皇拒绝批准他们的离婚时,亨利干脆将英格兰从罗马教廷中分离出来,自行其是。修道院被摧毁,其财产被没收,像托马斯·莫尔爵士这样的反对者被砍头,国王也迎娶了他的新妻子(她最终也被迫把自己的脖子放到断头台上)。从此,英格兰成为新教国家。

当然,故事还有更多。与罗马断绝关系并不是一件简单的事情。亨利去世后,他唯一的儿子、坚定的新教徒爱德华六世(亨利第三任妻子简·西摩的孩子,前者在分娩时去世)成为国王,之后早逝。随后在亨利的长女玛丽(阿拉贡的凯瑟琳的女儿,西班牙强硬天主教徒腓力二世的妻子,从小就是虔诚天主教徒)的统治下(1553—1558)出现了天主教复兴。玛丽迫害新教徒,把 300 多名新教徒定为异端罪并烧死在了火刑柱上。其他许多人逃到欧洲大陆的安全港口,一直躲到血腥玛丽死去、下葬以后。最后是亨利的小女儿伊丽莎白,安妮·博林在嫁给亨利八世时就怀着她。在这位"处女女王"的长期统治下(1558—1603),新教改革终于在英格兰牢固确立。

然而,英格兰东部诺福克和北部兰开夏等地区的一些老家族仍然忠于天主教。这些"顽固分子"经常得到国外势力的帮助。此后,教皇与西班牙结盟,而后者是一个有巨大领土野心的天主教国家。旧秩序对伊丽莎白构成了持续的威胁。另一方面,她面临着新教极端分子的压力。他们在玛丽一世统治期间流亡欧洲大陆时受到加尔文的影响,并在回到英格兰后推广了一种比家乡教会更为严格和苛刻的信仰,与原本轻松的信仰道路形成了反差。他们想从传统的、常识性的观点——善行最重要——转向更加严厉的信仰,认为只有信仰才能拯救罪人免受永恒的诅咒;他们还希望将至高无上的神圣经文置于国家元首(即教会的领袖)及其法律和部长之上。这些狂热者希望废除诸如礼拜音乐和洗礼池等舒适配备,代之以无休止的、教化性的布道。

因此,伊丽莎白一方面面临着旧天主教的威胁,即耶稣会士和其他一些力量正竭尽全力破坏英国国教改革;另一方面,她必须应对所谓的清教徒,后者以自己的方式阻碍着进步。她必须在天主教权威的斯库拉和清教徒《圣经》主义的卡律布狄斯之间找到一条安全的中间通道。伊丽莎白和她的教会找到了这样一条中间通道,这是他们的天才之处。

在社会和政治上,伊丽莎白通过挫败虔诚而可鄙的西班牙人的敌对入侵企图,将天主教烙上了耻辱印。在理智和神学上,伊丽莎白时期的教会淡化了清教徒对《圣经》经文和个人救赎的信仰,指出理性和证据的使用在《圣经》中是有依据的。这是教会支持自然神学的主要原因。

这一策略被牛津毕业的神职人员理查德·胡克(Richard Hooker)在他的《教会政体法》(*Laws of Ecclesiastical Polity*)中采纳。通过转向理性和证据,人们不需要依赖天主教的权威和传统。真理就在那里。它就在大自然中。只要带着理性、观察心和善意去寻找,每个人都可以看到。而且,与另一个极端相反,人们不需要依赖单独的《圣经》之言。事实上,胡克说,认为"上帝赋予人类的唯一法则"就是《圣经》之言是一个错误（*Works*, I.224）。

　　理查德·胡克准备将自然神学远远推广到过去神学家所设定的界限之外。这些神学家认为自然神学仅仅是对启示真理的支持。对于胡克来说，自然神学能够独立，它不仅仅是作为一种支撑，而是作为基督教戏剧中的一个关键角色而存在。《圣经》没有瑕疵，但如果我们正确地理解，上帝的创造也是无瑕疵的。胡克争辩说，研究上帝的创造是我们对造物主的一种义务，而这只能通过感官和理性来理解。他说："自然和《圣经》以如此充分的方式服务，以至于它们能够融为一体而无须二分看待。它们中的任何一个都是如此完整，以至于我们不需要知道比这两者更多的东西，就能轻易地获得永恒的幸福。"（I.216）

生物学的巧妙设计

　　随着看似无懈可击的论证服务于迫切的政治需求，英国国教自然神学即将迎来三个世纪的辉煌统治。它为信徒们提供了背景和动力，让他们去寻找上帝设计规划在生命世界中的证据，这导致了对有组织的复杂性和目的因等更为科学的问题的迷恋——即使这些问题没有在物理科学中被提出，它们也一定被认为是理解有机体的关键。

　　起初，正如人们所预料的，旧的做事方式与新科学的方法和隐喻之间存在相当长的时间差和重叠现象。亚里士多德式的观念不可能一夜之间消失，但他的思想方式并非对所有新工作都完全不利。威廉·哈维（William Harvey）——他因认识到心脏是一个循环血液的泵而闻名——在帕多瓦接受培训。那里是亚里士多德医学的堡垒，而这种影响贯穿了哈维的一生。从亚里士多德那里，哈维继承了心脏的首要性概念；相比之下，盖伦教导说，肝脏是人类生理学中的关键器官。哈维关于循环问题——对静脉中的瓣膜和心脏不同腔室的关注——充满了功能性的讨论:强调对有机体及其部分最有利或最有价值的东西。

随着强调分析和经验主义的新科学的发展,目的因的吸引力开始下降,这在物理科学领域尤其明显。但这种下降并非立即、完全和绝对的。在法国,尽管笛卡尔反对目的因,但他依然准备引用最小作用原则这样的目的论概念,数论家皮埃尔·德·费马(Pierre de Fermat, 1601—1665)也是如此,他的名字如今象征着这一原则:"我们的论证依赖于一个假设:自然以最简单和最迅速的方式和手段运作。"(Fermat 1891-1912, 3.173)此外,尽管这种含有价值判断的思考方式作为物理科学的工具正在衰退,但大多数物理学家仍然基本相信一个上帝隐藏于其后并亲自设计的宇宙。艾萨克·牛顿(Isaac Newton, 1642—1727),万有引力定律的发现者,几乎沉醉于上帝的概念。尽管大部分时间里,他将这方面的思考排除在他的科学著作之外,但在其他情境下,他准备将他的物理学与一个他认为指向神性的有目的性的理解联系起来。在一系列写给他年轻的同时代人,伍斯特主教牧师理查德·本特利的信件中(1692—1693),牛顿明确以柏拉图的方式谈论宇宙。我们所知的宇宙中的一切,"太阳和行星的各个天体中的物质量,以及由此产生的引力",更不用说"主要行星与太阳的距离,以及次级行星与土星、木星和地球的距离",还有"这些行星围绕中心天体的物质量旋转的速度",都指向一个结论(且只有这一个结论)。一切背后的原因"不是盲目和偶然的,而是基于机械和几何学的"(*Opera Omnia*, 4.431–432)。

当目的因思考似乎有用时,英国科学家非常乐于接受它,尤其是在生物科学领域。关键在于,将世界看作一台机器,并强调它如何根据盲目的法则运行,这是很好的,但是机器有机器制造者,而且机器越是复杂精细，就越迫切需要假设有一个制造者。经常被提到的一个例子是斯特拉斯堡大教堂上的精巧钟表，它由瑞士数学家康拉德·达西波迪乌斯（Cunradus Dasypodius）在1571至1574年间建造，有小人在整点时旋转和跳舞。在那里，人们无法摆脱意图的存在，对生物体而言也是如此。

尽管罗伯特·波义耳承认意图在物理科学中的作用不大，但他仍然强烈主张其在生命科学中的重要性和适当性。尤其是在笛卡尔遭到了严厉的批评、人眼被作为反驳"笛卡尔学派"的例子后，英国博物学家感到有一种积极的道德义务去研究自然并解释其适应性；用波义耳的话说，"因为自然界中有一些事物被如此巧妙地构造了，并且如此精确地适用于某些操作和用途，以至于如果承认有一位智慧的造物主（与笛卡尔主义者认为的一样），而不得出尽管这些事物可能是特意为了其他（也许更高尚的）用途而设计的，但它们也确实是为这种用途设计的这样一个结论，那简直就是盲目"（Boyle 1688, 397–398）。从这种科学领域的复杂性（波义耳称之为"巧妙设计"）中，他轻松地过渡到了神学领域的设计："从某些事物对宇宙或动物的目的或用途的明显的适合性来推断，它们是由一个有智能和设计能力的主体所构造或指定的说法是合理的。"（428）

这种方法为博物学家们打开了一扇门，让他们可以充分发挥想象力——既将他们在生物世界里的发现与上帝的意图联系起来，也将上帝细致的计划和执行用作一种工具，来更详细地理解生物世界。其中最主要人物的是神职人员兼博物学家约翰·雷（John Ray, 1628—1705）。在他的《在创世作品中显现的上帝智慧》（*Wisdom of God, Manifested in the Works of Creation*, 1691; 1709）中，他清楚地陈述了复杂性论证。他说:"通过显微镜观察,一切自然之物都呈现出精致的构造,装饰着所有想象得到的优雅和美丽。在植物最小的种子中都有着无法模仿的色彩装饰,更不用说在动物的局部,比如小鱼的前额或眼睛中;又如虱子或螨虫,即使是最微小的生物,它们的构造都展现出如此的精确、有序和对称,没有人能在不看它们的情况下想象得到。"与我们在自然界中发现的一切相比,我们人类制造和生产的一切都显得粗糙和业余。接下来是设计论证。生物世界被比作设计的产物。机器意味着有建筑师或工程师,同样地,生命世界既然像机器一样,也意味着有一个远远超越于我们的存在,就像生命世界远远超越于我们的人工制品和创造物。"没有比在天堂和地球这一宏伟结构的构造和组成、秩序和布局、目的和功用中所展现的令人赞叹的艺术和智慧更强的,至少是更令人信服的证明上帝存在的论证了。"(Ray 1709, 32–33)

这是一种将生物学中的目的论思维与对神圣存在的证明联系在一起的严密的推理方式:非常典型的源自设计的论证。此外,这种设计本身无比精妙卓绝,因此对其背后的智慧也必须如此评价。这指向了一个值得崇拜的存在,而不是异教徒自我贬低而信奉的一些虚无缥缈、局域化的神灵。

19 世纪

在经历了 17 世纪的社会和宗教动荡之后——内战以及天主教国王詹姆斯二世的废黜——自然神学在安抚意识形态方面扮演了重要而活跃的角色,这种意识形态由英国国教会确立。雷的观点被他的同僚威廉·德勒姆(William Derham)采纳和传播,后者的《物理神学》(*Physico-Theology*)在 1768 年前已经出版了 13 版。与此同时,在 17

世纪下半叶,设计论证的第二部分由道德理论家约瑟夫·巴特勒(Joseph Butler)——他是首任布里斯托尔主教,后来成为了杜伦主教——在其1736年出版的《宗教类比》(*Analogy of Religion*)中打磨和拓展。他对于论证本身的兴趣不大——设计的事实被他视为定论,而是更关注神学含义,尤其是关于我们如何从此生的痛苦、惩罚和奖赏中推断出来世可能遇到的情况。因为总而言之,无论作为科学(复杂性论证)还是作为神学(设计论证),目的论思维都至关重要。

随着18世纪的结束和下一个世纪的开始,尽管苏格兰人大卫·休谟可能会争辩,但在英格兰,自然史观比以往任何时候都扮演着更为关键的社会角色。一方面,来自法国的天主教威胁比以往更大,尤其是在拿破仑的铁蹄踏遍欧洲大陆之后。另一方面,来自内部的压力也不容小觑。这包括工业化带来的混乱,比如人们离开乡村来到城市寻找工作,以及传统机构尤其是教会影响力的减弱,还有来自爱尔兰天主教徒的激进行为——这些教徒的抗议导致了19世纪20年代末的天主教解放法案,而该法案允许天主教徒担任公职和国会议员。

自然神学代表了一种平和、适度、统一、中庸的立场。人们害怕休谟的怀疑论以及法国启蒙哲学家彻底的无神论;他们认为,科学与这些威胁一路同行。越强调力学的普遍定律,神迹(休谟对神迹的批评不亚于对设计的批评)等事物就变得越遥远,强调感觉的基督教就越受到攻击。这对科学家来说并非小事,尤其是在英国,那里的教育完全受教会的控制——尤其是在牛津和剑桥这两所大学,几乎所有的教员不仅要是教会成员,还必须是神职人员。想要在这些大学中谋职的科学家们越来越需要一些反驳论点,以证明科学的追求远非威胁真正的信仰,而是大力支持它。自然神学,尤其是设计论证,便是完美的答案。人们可以从事科学研究,同时声称通过对经验世界的奇妙本质和运作机制的发现,正在为上帝的存在及其完美、全能之本质提供最有力的论证。

已经在宗教事务上为自己树立了名声的佩利对休谟做出了官方回应。首先,他在反击休谟对神迹的批评的同时捍卫了启示宗教——关于信仰的宗教。然后,随着《基督教的证据》(*Evidences of Christianity*)的出版,佩利转向了自然神学——理性和论证的领域。他1802年的《自然神学》(*Natural Theology*)是源自设计的论证的经典陈述。关于发现一只手表之含意的开篇已经非常著名(Paley 1819,1):

> 在穿越荒野时,假设我的脚踢到一块石头,如果有人问这块石头是怎么来的,我可能会回答,据我所知,它可能一直躺在那里。这个回答听起来并不奇怪。但假设我在地上发现了一只手表,当询问这只手表是怎么来的时,我不太可能给出我之前的答案,即据我所知,手表可能一直在那里。然而,为什么这个答案不能适用于手表,而适用于石头呢?原因只有一个,也是唯一一个,即当我们检查手表时,我们会发现——在石头中发现不了的——它的各个部分是为了一个目的而制造和组合在一起的,例如,它们的结构和调整是为了产生运动,而这种运动又被如此调控,以指出一天中的时间;如果不同的部分形状不同,或以任何其他方式或任何其他顺序放置,那么机器中就不会有任何运动,或者不会产生现在的用途。

一只手表意味着有一位制表匠。同样,生物世界的适应性暗示着有一个适应性的创造者,即上帝。这便是设计论证。否认这一点就会陷入荒谬。"这是无神论；因为存在于手表中的每一处精心设计的迹象、每一种设计的体现，在大自然的作品中同样存在，而且自然界的复杂性和精妙程度远超一切计算的可能。"（14）这正是约翰·雷一个世纪前所表达的确切观点。因为自然的运作和设计超越了我们人类所能创造的任何东西，所以我们必须推断这些造物背后的原因优于我们人类。

但现在，当然，佩利意识到他必须论证他的观点，而不仅仅是陈述它。再一次，眼睛成了通向机器灵魂的窗口。"我不知道有什么更好的方法来介绍如此宏大的主题，因而我选择将一件事与另一件事进行比较：例如，用眼睛与望远镜进行比较。"（14）佩利可能不是一个原创性的思想家，但他的写作很生动。眼睛是一个众所周知的例子，但佩利知道如何让它在另一个时刻发挥作用。他知道如何用引人入胜的描述吸引读者。他首先以精致的细节解释了眼睛本身的工作原理，阐述了它的各个部分。然后，在为有机世界建立了适应性的复杂性论证后，佩利得意洋洋地简单地推断出设计论证。"有什么比这种差异更明显地体现了设计呢？数学仪器制造者还能做些什么来更好地展示他对原理的了解、对该知识的应用、他将手段与目的相适应的能力呢——我不会说展示他技艺的广度或卓越，因为在这些方面所有的比较都是不合适的，但是如果是为了证明计划、选择、考虑、目的呢？"（15）

佩利是否仍然与胡克一样认为源自设计的论证是上帝的存在及其美妙本质的决定性论证，或者他已经回到了早期的思维？他是否仅仅将其视为对信仰的帮助，更多地作为对非理性基础上已经达成的信念的补充，而不是能够说服非信徒的主要论证呢？在这个问题上，佩利是坚定的骑墙派。在一个层面上，佩利毫不含糊地持英国新教立场，将复杂性论证视为决定性的、能够证明上帝存在的证据。这是对信仰的一种替代,而不仅仅是补充。"如果世界上除了眼睛之外没有任何设计的例子,那么它本身就足以支持我们从中得出的结论,即需要一个智慧的创造者。它永远不能被摆脱,因为它无法用任何不违背我们所拥有的知识原则的其他假设来解释——根据这些原则,事物通常可以被带入经验的考验中,证明其是真是假。"(59)

然而,在另一个层面上,佩利看到源自设计的论证有一个持续的功能。它可以继续丰富和启发信徒的生活。一旦我们在其创造中看到造物主的作用,那么"世界从此成为一座庙宇,生活本身成为一个持续的崇拜行为。变化不仅仅是这样:虽然在之前,我们的思考过程很少涉及上帝,但是现在开始,我们几乎不能越过事物与上帝的关系去讨论问题"(Paley 1802, 420–421)。佩利设定了基调,提供了一种模式,并为19世纪追求探究和科学事业的生活提供了宗教上的理由。

佩利的论证之所以受欢迎,有很强的社会原因,但佩利也依赖于让休谟本人感到困扰的问题,即单纯的批判会留下一个不可接受的空白。佩利并没有真正提出一个简单的归纳论证:世界像人工制品,因此很可能有一个设计者。这使得它容易受到休谟的指责,即世界根本不像人工制品。相反,佩利提出了所谓的"归纳"或"最佳解释推理":世界(尤其是有机世界)具有需要解释的特征,而唯一可行的解释是设计。无论你说世界多么不像人工制品,只要它具有需要解释的关键特征,那么你就自然地回到了原点。值得认可的是,佩利确实提出了各种其他可能性,例如适应性是由偶然产生的。但他认为它们是无效的,并加以驳斥。"可能性为我们做了什么?例如,在人体中,可能性,即没有设计的运作,可能产生一个瘤、一个疣、一颗痣、一个疙瘩,但永远不会产生一只眼睛。"(Paley 1802, 49)

此外，佩利并没有摆脱任何形式的类比论证。他必须证明眼睛确实具有需要解释的设计特征。但是，一旦完成这一点，他就可以轻松地得出结论："我们得出结论，自然界的作品源于智能和设计；因为在与目的相关、服务于用途的属性上，它们类似于智能和设计产生的东西，而且除此之外别无他法。"（325）如果设计仍然是唯一可以完成这项工作的解释，那么在某个层面上，休谟提出的所有反驳论点都会消失。正如福尔摩斯对他的朋友华生医生所说的："我对你说过多少次，当你排除了不可能的事情后，无论剩下的有多不可能，都一定是真相。"

显然，从后见之明来看，佩利的观点不过是权宜之计。因为他和其他人都不了解"上帝直接干预"的合理替代方案，而这并不意味着休谟的论点是错误的。只是在当时，他们无法拥有许多今天人们认为应该拥有的决定性力量。一旦出现替代方案——一旦设计不再是唯一的解释——那么休谟式的批判就可以发挥作用，帮助我们决定如何解释造物。但在替代方案缺席的情况下，福尔摩斯的观点依然适用。

佩利燃起的火焰继续闷烧和冒烟，然后在几十年后因第八代布里奇沃特伯爵于 1829 年的遗赠而燃起了明亮的火焰。这位英国圣公会牧师去世时留下了 8000 英镑，用于赞助一系列作品的撰写，"关于上帝在创造中显现的力量、智慧和仁慈"。著名科学家们被招募来，他们尽职尽责，而随着 19 世纪 30 年代八部布里奇沃特论文的相继出现，英国自然神学达到了巅峰——或者，鉴于一些作者在既定的道路上越过了顶峰并落向了另一边，它也达到了低谷（Gillespie 1950）。

典型的论文是牛津地质学教授、牧师威廉·巴克兰（William Buckland）关于矿物学和地质学的作品。巴克兰以他的派对把戏闻名，他喜欢引导大批男女混合的观众进入地下洞穴，在那里他喜欢戴高顶礼帽，身着燕尾服,就化石问题发表大众演讲,并以唱国歌结束。在他的布里奇沃特论文中,巴克兰将上帝、国王和国家混合在一种令人振奋的酿造中。他引导读者关注世界上煤炭、矿石和其他矿物的分布,并得出结论,认为这不仅展示了一个英明上帝的设计本性,并且强调了一个位于欧洲大陆海岸边的小岛特殊的受宠状态。"我们不需要进一步的证据就能显示,煤炭的存在很大程度上是人口、财富和力量,以及在满足人类需求和舒适的几乎每种艺术方面都有所提升的基础。"布置这些地层需要长时间的深思熟虑,但它们的存在,为了"人类未来的使用,是它们在很久以前以极其适合人类种族利益的方式布置设计的一部分"(Buckland 1836, 1.535–538)。当然,有帮助的是,上帝是一个英国人。重要矿物的位置"明确表达了上苍的设计,旨在使大不列颠群岛的居民通过这一恩赐成为地球上最强大、最富有的民族"(Gordon 1894, 82)。

就在巴克兰歌颂英国在上帝永恒计划中的受宠地位时,他的一位年轻的同胞,查尔斯·达尔文正在秘密地研究一种理论,这种理论将使所有这些目的论的吹嘘显得非常苍白。但即使在达尔文发表之前,巴克兰的一些神学家和科学家同行就已经公开表达担忧,认为圣公会人士对他们的自然神学传统的信心是错误的,或至少是被高估了。即使他们忽略了休谟的批评,这些同时代人也开始意识到这个古老的传统看起来有些过时且问题重重。

然而,对于我们的故事来说,这讲得太快了。我们必须首先回到18世纪,看看人们对休谟批评的反应,这与佩利看似自信地重申传统立场的反应大不相同。这为以生物体的目的和功能来解释生物体的不同方法铺平了道路,尽管从长远来看,它也无法阻止达尔文主义的进展;并且在某种意义上,它使得达尔文的方法更加稳固和成功了。

伊曼努尔·康德

德国哲学家伊曼努尔·康德(1724—1804)总是承认大卫·休谟如何"从教条主义的沉睡中唤醒了他",这意味着休谟的批判性思维迫使他寻找替代的答案,来回应这位苏格兰人的怀疑论结论。康德在哲学上的"哥白尼革命"集中在这样一个论证:我们的知识并非从经验中直接读取的,而是在很大程度上由我们自己的心灵赋形和构建的。休谟将一切归结为心理学:没有确定的真理,并且我们的本性里充斥着知识和道德具有客观性的错觉,而我们所能做的就是按照我们的本性去生活。这不仅是我们所能做的最好的事情,而且对于我们的日常需求来说,它已经足够了。康德想要的不仅仅是这些,尽管他完全接受休谟的立场,即我们永远无法回到旧日的确定性,但他认为某种必要性和客观性是可能的。这是通过一个事实表达出来的,尽管我们自己根据某些限制来解释自然,但这种解释行为在某种意义上是任何理性存在者进行任何可能的理性思考的必要条件。

因此,康德超越了休谟。当他同意是我们自己将确定性、真理和客观性放入自然之中,而不是从自然中读取时,他声称我们解释自然的方式对于我们人类的本性来说并非偶然的事实。这种方式本身是特权式的:只有以这种方式,才有可能思考和行动——至少,作为理性存在来思考和行动。例如,因果思考是任何连贯的合理思考的要求,而道德行为只是我们作为社会生物成功生活所必需的。如果我们不是同时遵循因果和道德来思考,那么我们根本无法有所作为。一群完全不道德的人无法生活在一起并存活,因为关系会完全破裂。对于康德来说,因果关系不是逻辑上的必然性；正如认为万有引力定律可能失效并且不构成逻辑矛盾一样，认为因果关系可能失效也不是不合逻辑的。但因果关系不仅仅是感官经验；我们从我们自己内在的法则来解释和构建世界。因此，因果主张在某种意义上不仅仅是在后天（a posteriori）经验中给出的，而是来自先验（a priori）思考。

康德并不认为以传统方式证明上帝的存在能拯救这些问题。作为一个具有深厚宗教敏感性的人——他由虔诚派父母抚养长大——康德尽管承认休谟和其他人已经摧毁了传统论证上帝存在的方式的有效性，包括源自设计的论证，但取而代之的是，康德提出了一个上帝，而我们必须假设他的存在以使我们能够理解我们所经历的许多事物，而这个上帝对于确信道德是有价值的和有效的信念尤为必要。"因此，我发现有必要否认知识，以便为信仰腾出空间。形而上学的教条主义，即在对纯粹理性进行批判之前，形而上学能够取得进展的先入之见，是所有反对道德的、独断论的不信仰的源头。"（Kant 1781, 29）

康德哲学中最重要和最具争议的方面之一——这引发了两百年的讨论和修正——是他在现象世界（现象界）和实在世界（本体界）之间做的区分。我们只能体验前者，但我们必须假设后者（即上帝的世界），以抵抗休谟的怀疑论。这个第二世界——康德称之为"物自体"——在康德解决诸如自由意志和决定论等传统哲学问题的过程中起着至关重要的作用。康德深受科学革命，尤其是牛顿成就的影响，他相信整个物理（现象）世界，包括我们人类，都受到自然的不变法则的支配。因此，我们都是被决定的因果网络的一部分。然而，我们是道德生物，因此在某种意义上必须是自由的。这种道德自由是我们在本体界中体验到的。在这个论证中，康德提供了道德的最终基础以及选择和行使我们的自由的能力。

康德对生物体以及研究生物的科学怀有浓厚的兴趣。他熟悉乔治·勒克莱尔（Georges Leclerc），布封伯爵——18世纪中叶法国著名的博物学家，他知道一些生殖理论，也知道一些他同时代人的演化猜测。他自己在宇宙学中也涉猎过这样的猜测，比如当他帮助制定星云假说时——一个认为宇宙是根据牛顿过程自然地从大量气体质量，即星云中形成的假说。

康德注意到他那个时代的生物学家经常提到目的因，尽管那种对设计论的简单诉求已不再被接受。这促使他提出了一个关于自然界中何时适合使用目的因思维的定义。他试图描述我们所发现的有机世界的特殊之处，以及特别需要解释的内容。他关注的是我们和今天的演化论者所称的"适应性复杂性"。

这种复杂性似乎全部在于某物既是自身的原因又是自身的结果。康德（1790，18）举了一个例子来说明他的意思。一棵树产生了另一棵树，但在这样做的同时，它产生了与自身同属一个种属的另一个样本。因此，这个种属既是原因又是结果，自我生产并由自身产生。"植物首先准备它吸收的物质，并赋予其一种特有的性质，这是外在自然机制无法提供的，而它则通过自己的产物来发展自己。"最后，"一个部分的保持与其他部分的保持相互依赖"。树木产生叶片，但同时树木又依赖于叶片。去掉树叶会使树木面临死亡的风险：原因是双向的。

这并不是说康德现在主张逆向因果关系。我们可能会根据效果来理解原因，但从时间角度来看，因仍然先于果，因产生果，果又可能成为新的因，从而引发进一步的结果，依此类推。这与我们所说的复杂性密切相关，因为只有在复杂系统中，我们才具有足够的因果微妙性或复杂性,使某物能够带来看似最初就对它自身来说"必需"的结果——树木带来树木所需的叶片。

康德对目的因的谈论感到不安,因为这似乎确实暗示了设计,而这在科学中是不可接受的。我们只被允许谈论质料因或机械因(即动力因)。"因此,如果我们通过将上帝的概念引入自然科学的背景中来解释自然的目的性,如果我们这样做之后,又转过头来使用这种目的性来证明上帝的存在,那么自然科学和神学都被剥夺了所有内在的实质性。"(31)但康德认识到,我们根本无法摆脱目的因思维。在生物学中,目的论绝对是必要的。我们需要这个准则:"一个有组织的自然产品是每个部分都互为目的和手段的。"简而言之,我们根本无法在不假设目的因的情况下进行生物学研究。"众所周知,解剖植物和动物的科学家试图研究它们的结构,并探究为什么它们配备了这样那样的部分,为什么这些部分有这样那样的位置和相互联系,以及为什么内部形态正是它所是的,他们将上述准则视为绝对必要。"

在康德看来,科学家无法以其他方式进行生物学研究。目的论思维不是一种奢侈品;它是一种必需品。生命科学家与物理学家一样受到目的论的束缚。"因为正如后者放弃目的论会让他们完全失去任何经验,而前者放弃目的论则会使他们在观察那些曾被认为具有物理目的的自然事物时没有任何线索。"(25)

那么我们如何解决这个问题(康德称之为二律悖反),即需要使用目的因的语言,但又认识到只有质料因在任何声称谈论客观现实的科学中是可接受的?这里就涉及康德的形而上学——在现象上我们在自然界中看不到设计,但在本体上可能存在设计。上帝可能站在一切背后,但这是针对物自体,而不是我们所知的现象世界。我们可能(必须)

假设上帝,但我们无法证明它。"我们人类所允许的狭窄公式是:我们无法想象或使我们自己理解必须作为许多自然事物的内在可能性知识的基础而引入的目的性,除非我们将其与整个世界表现为一个智能原因的产物——简而言之,一个上帝的产物。"(53)

因此,对于康德来说,目的因不是理性思考的条件,就像机械物理学那样。我们无法抛弃因果来思考世界。我们当然可以在不考虑目的因的情况下看待有机体,但一旦我们开始研究它们,理解它们,目的因思考就会发挥作用——它必须发挥作用。像亚里士多德一样,康德认为必须以目的论的方式理解有机世界。对于亚里士多德来说,目的因在那里,是现实的一部分;它们拥有自己的本体地位。对于康德来说,目的因是我们观察和研究世界的透镜。它们是我们的当下所为——我们赋予这个世界类似于因果关系的内容,但比因果关系弱。因为即使不赋予因果关系会使我们无法工作,我们仍能思考。它们是规范性的。"严格来说,我们并没有在自然中观察到设计的目的。我们只是将这一概念作为判断的指南赋予事实,以便思考自然的产物。因此,这些目的并非是由客体给予我们的。"(53)

就复杂性论证而言,康德认为生活世界中的客体既是因又是果。就设计论证而言,我们假设上帝存在,但我们无法证明他的存在。我们必须从目的的角度来思考,但正是我们给自然设定了目的;我们找不到其存在的实体。佩利愿意将神性意识保留在他的世界图景之中或周围。这个世界之所以有价值,是因为它是一位仁慈的上帝所创造的——事实上,佩利(1802)深入研究了一些细节,表明休谟对邪恶和痛苦的担忧并不像人们想象的那么糟糕。在某种绝对尺度上,价值必须是最好的可能性,每一片乌云背后都有希望。("一个痛风的人稍得片刻缓解,暂时享有持续的健康所无法给予的感觉",321。)在康德看来,我们必须将世界视为是有意图地创造出来的。虽然康德相信世界是有价值的,但作为一个理性的、思考着的存在,他发现无法从世界中读出价值。这是一种我们必须授予世界的价值,或者更确切地说,是一种我们必须在事物朝向某种目的发展的过程中看到的价值。

第三章

播下演化论的种子

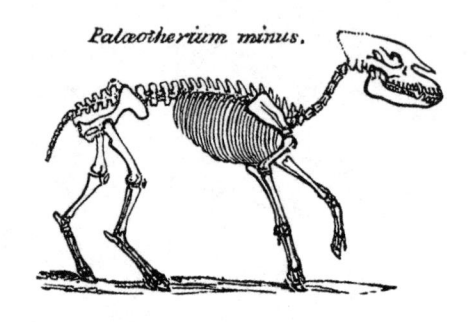

Palæotherium minus.

虽然原子论者相信生物是自然起源的，但他们并不认为生物能从一些原始的形式中逐渐地自然发展而来。因此，他们不能被称为演化论者（evolutionists），而应该被称为原始演化论者（proto-evolutionists）——这个术语足以把他们与柏拉图和亚里士多德区分开来，因为后两者根本没有考虑过自然发展的可能。随后的基督教以《创世记》故事强化了关于生物起源的静止观点。不过，旧约《圣经》也引入了以前不存在的历史维度，迫使人们对万物的起源做出解释。

即使是教父们这些最早的基督教思想家，也没有像现代美国的神创论者那样以字面意思逐字逐句解释《圣经》，但在缺乏有力证据的情况下，圣奥古斯丁及其继任者并没有理由怀疑上帝通过神迹创造了包括人类在内的天地万物。但尤其是奥古斯丁仍然为隐喻性的解释留下了空间。圣奥古斯丁认为上帝存在于时间之外，因此创造的产生、启动和完成在上帝看来是一体的。借此，圣奥古斯丁认为生命是从最初就已经存在的潜能之"种子"中发展而来的。即使如今的天主教已经发展出了一种与演化论相契合的神学，但不可否认的是，圣奥古斯丁本人依然是超越他那个时代的思想者。

神创论的漏洞最终在科学革命后暴露出来了。一方面，由于物理学科的发展，即使是像康德这样的哲学家也开始探讨星球和行星的演化；另一方面，最近的研究中，化石被发掘出来了，并且被认定为古生物的遗骸。同时，植物和动物的地理分布变化也逐渐为人所知，而一些神奇的动物——长得像人的 *pongo*（印度尼西亚语的"大猩猩"）和

jocko（非洲语中的"猴子"），即现在广为人知的猿与猴——也被带到了欧洲。总之，对神迹式创造的信仰在社会经济思潮和哲学发展中逐渐被瓦解，后者正开始破坏传统基督教的信仰。

最重要的是，在18世纪，人们对进步哲学的热情不断增长。大众开始相信，我们人类可以通过努力，提高自己的知识水平，并通过科学技术改善生活状况。人类的计划，而不是上帝的计划，才是目标的导向。因此，纯粹的世俗进步观念与基督教的神授观念之间产生了明显的矛盾；后者认为没有上帝的恩典，任何事情都不会发生，没有上帝的帮助，我们的最大努力也毫无意义。在大众的创造、工作和信念驱使下，这种进步观念不断向前推进、向上发展。自然，人类社会界文化界中这种有关进步的概念被引申到了生物领域，而一旦这种社会、文化的进步被视为演化，就很容易导向这样一个观念，即自然界的演化证实了人类世界的进步。

伊拉斯谟斯·达尔文拥抱演化进程

查尔斯·达尔文的祖父，伊拉斯谟斯·达尔文（Erasmus Darwin），是这个时期典型的英国进步主义者。作为18世纪后半期英国中部的一名医生，他被第一次工业革命震撼了。在这次工业革命中，他看到富有进取心的工程师利用煤炭和蒸汽来运行机器，使得生产的效率远远超过人工。在一次观察新运河隧道建造的旅行中，"我与三位卓越的哲学家一起在地球深处旅居了两天，看到矿物女神赤裸裸地躺在她最深处的密室里"（致约书亚·韦奇伍德的信，1767年7月2日）。在这趟旅途中，伊拉斯谟斯·达尔文还看到了新开采的地壳壁上的化石，并深受影响。在掌握了这些证据后，他对社会、工业进步的信念很快就转化成了对有机世界内部的进步信念。演化一直存在,从原始到复杂,"从单子到人"(按照流行的说法),从帝王蝶到君主(他自己曾经如此说)。"所有恒温动物都起源于一根生命丝,它被伟大的第一推动力注入了生命力,从而得到了获取新部位的能力;于是,在刺激、感觉、意志和联想的指引下,生物体拥有了向新方向自我改进的能力,并能通过世代繁衍将这种改进一直传承下去——这种想法是不是太大胆了?"(Darwin 1801, 2.240)

不过,在生物演化的原因上,达尔文的祖父伊拉斯谟斯·达尔文的观点却不甚明了。他来自英国的农业地区,熟悉马、狗和牛的饲养,他确信"人工配种和意外交配给动物后代带来的变化"是重要的(Darwin 1801, 2.233)。也就是说,获得性状的遗传显然是伊拉斯谟斯·达尔文演化观中的关键因素。此外,他写道,由自然环境或人类行为导致的形态变化在后代遗传中根深蒂固,例如剪短狗的尾巴就会最终导致先天近乎无尾的幼崽出现。

老达尔文总是乐意讲一些趣闻逸事,其中一些哪怕放到《杰瑞·斯布林格秀》上也不突兀。例如,他曾提出过一种生育方法,能够控制孩子的性别,并让他们获得美貌。这种方法不仅需要将人工阴茎戴在头发上,还需要使"精液腺的精细末梢"模仿"视觉或触觉的感官器官的作用"。"不幸的是,对于感兴趣的读者,'此方法无法以足够的精妙向公众呈现'",尽管它"可能值得那些真正想生育男孩或者女孩的人关注"(2.270–271)。

尽管伊拉斯谟斯·达尔文偶尔过激,但在许多方面,他依然是个地道的演化论者。一两年后,在法国,让·巴蒂斯特·拉马克(Jean Baptiste de Lamarck)提出了一种演化世界的观念,而这种观念与老达尔文的观点有惊人的相似之处。拉马克在他1809年出版的《动物学哲学》

(*Philosophie Zoologique*)中引入了许多相同的因果机制,其中包括后天所得性状的遗传。尽管这一思想早就被伊拉斯谟斯·达尔文提出了,而且可以向前追溯到至少是《圣经》的时代,但是在今天,我们依然把这种观念称作拉马克主义(这多少有些矛盾)。

尽管伊拉斯谟斯·达尔文既非基督徒,也不热衷于英国圣公会的神学,但与那个时代的许多人一样,他依然相信存在着一个不动的推动者——一个启动万物运行后便退场的上帝。达尔文是一位自然神论者,这意味着他认为上帝的荣耀和力量体现在通过不间断的法则来完成一切;而在这一过程中,就再也不需要神迹或上帝的干预了。在此,达尔文与有神论者(传统的基督徒、犹太教徒或穆斯林)相对立,后者强调上帝在创世中神迹般的干预的重要性。用现在的话来说,达尔文的上帝已经预设了世界运行的规则,而无须再加以干预。因此,对达尔文来说,在他的宗教观念里,远离演化论反而是一个污点;演化论正是上帝存在的至高证据,是其神圣之所在。这才是一个真正值得崇拜的神。用达尔文的话说:"多么宏伟的构想!那拥有无限力量的制造者!原因之原因!父母之父母!众生之根源!"(1801,2.247)。在达尔文的观念里,上帝力量的证明仅在于法则的运行和产生效果的事实。终其一生,达尔文并未寻找能证明上帝亲自参与创造的神迹,如眼和手这两个精妙的器官。

达尔文并没有否认上帝创造生物时的目的性。事实上,从历史角度来看,没有人比达尔文更深信上帝的目的论(拉马克或许和他不相上下)。在他的整个演化观中,人类都是演化的最终目的。对于他来说,演化并不是一种毫无方向的缓慢漂流;它是深具方向性的,而这一目的便是到达我们目前所在的物种,即人类。在达尔文看来,人类的出现是造物主计划的,只有人类的出现才能为之前发生的一切事情赋予意义。

如果没有人类，这个世界的存在将是无法解释的。在这方面，达尔文对终极目标的期望与那些期待末日审判的基督教徒并没有太大区别。对于他来说，人类的性质和命运具有极高的价值，非常重要。

伊拉斯谟斯·达尔文（和拉马克）并非对适应性以及自然神学家以目的论的方式理解适应性完全无动于衷。铁匠会从他们同样是铁匠的父亲那里继承强壮的手臂，这显然是有适应价值的——这是一种"设计"。在伊拉斯谟斯·达尔文的主要散文作品《动物学》（Zoonomia）中，他勾勒出了一个被他的孙子查尔斯称为"性选择"的思想框架；而在这个框架中，目的论的表述无处不在。伊拉斯谟斯·达尔文写道，雄性动物拥有"武器"来对抗其他雄性，以及"雄鹿的角既足够尖锐，能够攻击其他对手；又被设计出分叉，从而能够抵挡其他兽角的冲击，与其他雄鹿战斗，以获得独占雌性的目的"（Darwin 1801, 2.237）。他得出结论："这种雄性之间的争斗的最终目的似乎是让最强壮、最活跃的动物能够繁殖出更好的物种。"（2.238）

适应性远非伊拉斯谟斯·达尔文关注的重点。在支持演化论时，他明确提到了一类现象（事实上，亚里士多德也早已注意到了这类现象），它们对适应性的普遍性提出了质疑。这些现象是迥然不同的生物在部分结构上强烈的相似性，比如脊椎动物的前肢：人类的手臂、鸟的翅膀、马的前腿、鲸鱼的鳍、鼹鼠的爪子，这些结构虽然用于不同的目的，但都具有相似之处。这些等型（我们现在称之为同源性）的出现似乎并不是目的因的结果：它们的存在并非为了某个特定的目的。

关于适应性复杂性的讨论就到此为止。对于设计论证，以及那位伟大的设计者，伊拉斯谟斯·达尔文又有怎么样的观点呢？作为一名医生、一名进步主义者以及一名演化论者，他对这个从复杂性推出一位有智慧的创造者的论证并不是很感兴趣。他会接受这个观点，但这只是因为他对于宇宙秩序性的整体信仰；这个观点永远不会成为他世界观的核心（在这一点上，他与佩利不同）。毫无疑问，伊拉斯谟斯·达尔文会同意 19 世纪中期神学家和数学家巴登·鲍威尔（Baden Powell，童子军创始人罗伯特·巴登·鲍威尔的父亲）对罗伯特·波义耳立场的修正。他会认为，通过法则创造的世界比通过神迹创造的世界要优越得多。"正如机器制造的织物比手工制造的织物更能证明智慧一样，在一系列物理规则的秩序下不断演化的世界，比没有这种改进痕迹的世界更能证明上帝至高无上的智慧。"（Powell 1855, 272）

当然，一个愤世嫉俗的人可能会指出，即使关于目的因的观点是退步的，鲍威尔也必须肯定它的根本意义，因为他是一位英国国教牧师。对于伊拉斯谟斯·达尔文来说则没有这样的社会压力。作为一位自然神论者、非基督徒，他会赋予造物主一些根本意义上的设计能力，但他表述这一点的压力并不强烈。作为一位演化论者，他淡化了亚里士多德、康德和佩利所持的目的因的种种观点。从拉马克到罗伯特·钱伯斯（Robert Chambers），这一模式不断被后来的演化论者重复提起。其中，钱伯斯是一位苏格兰商人，他曾匿名撰写了《创造的自然史遗迹》（*Vestiges of the Natural History of Creation*, 1844）。这部作品在维多利亚时期初期引起了一场演化论的大争论，并为对达尔文《物种起源》的评判提供了背景。事实上，这些演化论者并没有着迷于"发明物"，即复杂性。他们关心的是人类在地球上的进步，而复杂性论证必须退居次要地位。

伊曼努尔·康德反对演化论思想

尽管伊拉斯谟斯·达尔文对设计论并不感兴趣，然而当时的其他学者对此则颇为着迷。这种着迷是否会对他们对演化观念的思考产生影响呢？答案是肯定的，这是演化论未能被比伊拉斯谟斯·达尔文更受人尊敬的学者接受的主要原因之一。这些学者对于进步的热情并未像伊拉斯谟斯·达尔文那般狂热且不受约束，无论他们面对着何种哲学上的反对理由，他们也不会皈依演化论。伊曼努尔·康德是演化论的一个典型反对者，因为他致力于研究适应性和目的因的学说。因为他对星云假说很感兴趣，人们可能认为康德至少会考虑到生物演化的问题。然而，他不仅未将演化视为有机体本质问题的答案，也未将其视为对目的因的启示，反而将目的因视为演化可能性的一个障碍。

康德并不认为生物演化的观念是荒谬的。实际上，就像伊拉斯谟斯·达尔文一样（他的具体思想似乎并未为康德所知），康德认为不同生物器官之间的同源性似乎指向了演化论的方向。"这些形式的类比，尽管它们在所有的差异中似乎是根据一个共同的原型产生的，却加强了对于它们拥有共同祖先这一实际亲缘关系的怀疑。"康德甚至进一步阐述了这个观点，提到我们能够"带着验证目的论原则的目的，从高级的物种一步步向低级的生物追溯，即从人类回到水螅，从这里再回到苔藓和地衣，最后到达自然界最不可感知的阶段"（Kant 1928, 78–79）。

对于康德而言，生物演化的观念并不涉及先验的自相矛盾："即使是最敏锐的科学家，他们的头脑中也很少出现这种想法。"动物从水中到沼泽，再到陆地，一路上的变化和适应是完全合乎逻辑的。这种演化的概念不像一个圆形的正方形，后者即使在原则上也永远不可能存在。然而，康德认为自然事实与演化论相矛盾。他说："经验并没有提供任何例子。相反，就经验而言，所有生物都会繁殖一个与其非常相似的有机体。"（Kant 1928, 79n–80n）

然而，随后康德明确指出，演化的问题并不在于逻辑上的不可能，而是它与我们在生物学中所使用的目的论思维相矛盾。生物体的组织方式是有原因的，从一种物种过渡到另一种物种会破坏中间体的组织方式，这对其生存是致命的。"在一个有机体的完整内在终极性中，其同类的产生与这样一个条件密切相关：在这样一个目的体系中，不会有任何东西被纳入生殖力量中，除非它也属于其中一种未开发的固有能力。"打破这种内在的目的性将会导致对生存的威胁："目的论原则是，任何在物种繁殖中得以保存的有机体部分都不应被认为是没有目的性的。这一原则将变得非常不可靠，并且只能适用于我们无法回溯到的亲代群体。"(80n)对于康德来说，在选择演化还是目的因的问题上，目的因获得了胜利。自然界的造物复杂性要求我们以适合于设计智能的目的去思考。相比之下，演化使用了一种盲目的法则来解释问题，而任何盲目法则的解释都无法解释那些需要从与智能的目的相关的角度来理解的现象。因此，演化从根本上无法解释造物，因而必然是错误的。

居维叶阐述存在的条件

19世纪初法国最有影响力的科学家乔治·居维叶(Georges Cuvier)出生在法国和德国之间的边界省份，并在德国接受教育。在那里，他深受康德哲学的影响；部分是由于这种影响，他最终成为演化论的最大反对者。

要理解居维叶的思想，我们必须从他长期位列法国科学院两位全权常任秘书之一这一事实开始。作为一名官僚和专业科学家，居维叶决心将生物科学提升至他那个时代最好的科学学科，即物理学和化学的水平。为此，他寻求工具或方法，使生物学家能够将素材分类并使其服从普遍法则,从而为真正统一的世界观打开道路。他认为当时的生命科学研究处于不可原谅的散乱状态(事实上亦是如此),并决心对其进行重新调整,使其表现出最好的科学应有的认识论优点,尤其是对于结果的预测能力。

在某些方面,鉴于居维叶对生物学的崇高目标,康德对他的影响似乎并不那么显著。这位德国思想家不仅基于哲学原因反对演化论,而且可能怀疑生物学能否成为一门完整科学的潜力。他认为生物学最多只能是一组概念,而不是一套正式的法则体系。然而,人们总能以各种方式将他人的观点用于自己的目的,居维叶与康德之间的关系也是如此。这位德国人对这位法国人的影响至少有两个方面:首先,确信认识生命世界的关键在于认识其有组织的、朝向目的的复杂性(生物并非随机组合而成);其次(这与居维叶希望建立专业化科学的渴望相关联,即使这个渴望很矛盾),确信无论个人宗教信仰如何,它们在正式的科学中都没有立足之地。例如,英国博物学家牧师约翰·雷的方法论无论对康德还是对居维叶来说都是无法接受的;科学必须自成体系。

怀着这种思维设定,居维叶对亚里士多德的著作做出了非常积极的回应。在法国大革命的危险时期,居维叶曾在诺曼底地区详细研究过亚里士多德的著作。他从这位希腊哲学家的内在目的论中看到了成熟的、运作良好的生物学的可能性;他给朋友写信说,亚里士多德关于动物的著作[《动物志》(*History of Animals*)和《论动物的组成》(*Parts of Animals*)]是"科学自然史的第一篇论文"(Cuvier 1858,71)。对于在德国接受教育的居维叶来说,正如对于亚里士多德,理解生物体的关键在于,生物体不仅简单地顺应着自然的物理定律,它们还具有组织性,它们的各个部分都在朝着整体功能的最终目的发展——每个个体特征在整体的、朝向目的的事物体系中都发挥着作用。居维叶将这种组织称为"存在条件"（condition of existence）(1817,1.6)：

> 然而，自然史还有一个独有的理性原则，它在很多场合都能大显身手；这就是存在条件，或者通俗地说，目的因。由于任何事物都必须包含使其存在成为可能的条件，因此每个生物体的不同部分必须以某种方式协调，以使整个有机体成为可能；这种协调不仅存在于其自身内部，还存在于其与周围生物体的关系中。这些条件的分析通常会导向基础扎实的一般性法则，这些法则和计算或实验得出的法则一样可靠。

注意，这里提到了一般性法则、计算和实验——这些都是更好的科学研究的特点。但如何将这种哲学应用于实践的可执行科学呢？我们接下来关注居维叶的科学领域和专长——动物形态学（解剖学）。他对众多动物进行了详细研究，认为存在条件为研究者提供了可执行的指导。这一推论，我们可以称之为相关性，居维叶将其称为"器官间的关联"。他主张，为了成为一个有机且功能完备的生物，生物体的每个部分都需要和其他部分和谐结合。他写道："正是在这种功能间的相互依赖和相互支持中，决定器官关系的法则形成了，这些法则具有与形而上学或数学法则相同的必然性。"（67–68）接着，他将这一观点与存在条件联系起来（实际上，器官间的关联只是存在条件的物质体现），他写道："显然，相互作用的器官间的和谐关系是生物存在的必要条件。如果某一功能发生了与其他功能的改变不相容的变化，那么生物将无法继续生存。"（67–68）

关键在于,器官间的关联使解剖学家能够进行预测。例如,假设你只有一颗动物的牙齿,且从牙齿的设计中,你可以判断它是用来撕扯或切割肉类,而非咀嚼植物类食物。由此,你可以继续推断。如果牙齿的主人是食肉动物,那么你可以确定它不会像鹿一样有蹄,也不会像牛一样有复杂的胃,更不会像乌龟一样有盔甲,或者其他与素食猎物相关的特征。相反,它会展示出有爪子、敏捷、智慧等特征。因此,你可以推断出整个动物的样子。居维叶认为,这种论证方法一次又一次地证明了它的价值,因为在几个场合中,他只得到了一块未知生物的化石碎片,就能推断出整个形态——当后来发现了整个动物时,这一预测得到了惊人的证实。

存在条件产生了第二个推论,即"特征的从属关系"。通过这一点,居维叶认为他能够通过把动物世界划分为四个基本类群或主分支来为其带来秩序(Cuvier 1817, 1.10):

> 一个动物的各个部分具有相互适应性:有些特征会排斥其他特征,而有些特征则需要其他特征;当我们了解到动物的某些特征时,我们可以推断出与这些特征共存的特征以及不相容的特征;那些与其他动物有着最多不相容或共存关系的部分、属性或一致特征,换言之,对生物体产生最显著影响的特征,我们称之为重要特征、主导特征;其他特征则为从属性特征。如此,我们便将特征分出了不同的程度。

假设你发现了一条脊椎。通过它,你知道动物世界中的许多特征对这种特定动物来说是不可能的。它现在必然有且仅有脊椎动物所固有的特征。假设你手头上的是一条鲸的脊椎。这种动物不可能具有像老虎这样的陆地捕食者的四肢,也不可能有虎豹的牙齿、胃或大脑等许多其他东西。一旦你走上了海洋哺乳动物的道路,那么对于许多特征的归类就只剩下一个小小的窗口。这就产生了正确的分类方法——当一个生物体在朝着某一功能演化的过程中,它在演化上可选择的范围也会越来越小。

因此,我们得到了动物的四个基本类别(主要分支):脊椎动物(具有脊椎)、软体动物(具有明显的大脑且没有中央神经索)、节肢动物(具有小型大脑和两个明显的中央腹神经丝)和放射动物(具有辐射对称性)。"我发现动物界存在四个核心的形态设计蓝图,它们是所有动物的模板。在它们之下存在的次要分支,无论博物学家用什么名字尊称它们,都只是以其中某一个模板为基础的修修改改,而并不会影响这一动物的本质。"(92)

简而言之,这就是居维叶用来理解动物世界并对其进行分类的杰出方案。毫无疑问,这一方案是亚里士多德式的,但它也非常符合康德的思想。居维叶可能会认为康德的哲学比古希腊哲学更具吸引力,因为他不仅是一位虔诚的基督徒,还是一位新教徒(新教是他故乡省份的主要宗教),他会对康德为上帝——这位自然的设计者——寻找大显身手之地的努力感同身受。然而,尽管居维叶的上帝是一位关爱世人的基督教上帝(与亚里士多德的神不同),他的上帝同样需要通过信仰来接受(就像康德的上帝一样),并且在人们的科学理解中不扮演直接角色。在居维叶对目的因的研究中,秩序和理解是由我们赋予世界的,而不是存在物的组成部分。

无论康德和居维叶在一门成熟生物学的可能性上存在怎样的分

歧,在拒绝认为目的因和演化论能够相容这一点上,他们是一致的。与哲学家一样,居维叶某种程度上乐于诉诸经验证据。拿破仑曾在埃及征战,并和他的学者一起将被制成木乃伊的人类和动物带回法国。这些标本非常古老,但没有演化变化的迹象。埃及人"不仅为我们留下了动物的形象,甚至还将动物尸体进行防腐处理并保存在墓穴之中"(Cuvier 1813, 123)。

如果不是演化,那么有机多样性的解释是什么?物种从哪里来?居维叶承认他不知道。尽管他是一位新教基督徒,但他从未将《圣经》作为科学权威的最终依据,尽管他确实认为地球上的剧变(正如他的英国追随者所称的灾难)偶尔发生,并且依据《圣经》这一历史文献的权威性指出,挪亚洪水可能是其中最近的一次。然而,除了承认生命历史似乎是粗略地按进程(如化石记录所揭示的那样。他本人正在为之开辟道路)发展之外,居维叶没有太多话可说。"我并不是说需要一次新的创造来产生如今的动物种类。我只是强调它们并没有占据同样的地方:它们必须来自地球的其他地方。"(Cuvier 1813, 125–126)

然而,最终导致居维叶否定演化论的,并非实证证据,而是目的因。遵循康德的脚步,居维叶无法看到如何在不破坏生物生存能力的情况下,产生能跨越物种壁垒的生命。适应的错综复杂性是为了帮助生物在其所占据的生态位中生存。杂交种既不是鱼,也不是禽——既不适应水生,也不适应空气——因此根本不可能生存和繁殖。

同源性

尽管居维叶影响深远,但他并非无人能敌。在他思考和写作的同时,挑战他权威地位的人也在或明或暗地等待机会。到了19世纪20

年代,年老失明的拉马克已被居维叶和他的支持者蔑视,但是年轻的科学家们对居维叶的地位和权威感到不满,不打算退让分毫。

争议的关键点是不同物种的动物(和植物)之间的同源性——外表上按照同样的设计或蓝图(在德国被称为"Bauplan",在英国被称为"archetype")建造的特征。对许多人来说,这种相似性是不容置疑的,但从功能角度来看,这种相似性似乎毫无价值,无法用来解释起源和目的。人类的手臂和手用于抓握,马的前腿用于奔跑,蝙蝠的翅膀用于飞行,鼹鼠的爪子用于挖掘,海豹的鳍用于游泳,等等。这些目的通常只能通过粗暴地践踏那些在其他有机体中具有非常明确和独特功能的组成部分来实现。马只有一个脚趾,而人类有五个指头,其中包括至关重要的可旋转的拇指(reversible thumb)。为什么会有这种相似性——为什么会有这种同源性——当它显然没有任何特定的实用目的时?

居维叶淡化了相似之处,绝对否认它们在分支之间存在,并且贬低了它们在分支内的重要性,认为它们只是代表了生命问题不同但偶然的功能性方法。当然,事实是居维叶自己在进行解剖重建时,无论是有意识还是无意识地,都在使用同源性的事实。尽管他声称要从已知部分推断有机体的未知部分,但往往是——更多时候是——在使用自己对类似有机体的深厚知识来推测那些正在研究的标本的未知部分。

无论怎样,他对同源性的否认与他同时代许多人的观点并不一致。在德国,一整个新的形态学系统——称为自然哲学(Naturphilosophie)——正在兴起,使同源性成为核心。这些形态学家认为,潜在的形式或思想塑造了生物的结构,并且确实,由于他们与康德有关,自然哲学家之间在个体的发展和群体或种族的发展之间建立了强烈的类比关系(对一些人来说意味着演化,对另一些人来说则不是)。他们认为,整个自然界通过共享蓝图相互连接,甚至在个体生物的各个部分之间看到了重复和同构(序列同源性)。

诗人约翰·沃尔夫冈·冯·歌德(Johann Wolfgang von Goethe)在这个学派中很有名。他将植物世界简化为一个基本形式——原始植物,并且在脊椎动物世界中,他看到了一切都是一个基本的脊椎骨部分的重复(Goethe 1946)。这支持了所谓的"颅骨的脊椎理论",它声称颅骨由四个或五个基本部分组成,这些部分都是同一原始脊椎骨部分的改变。

接着,居维叶要应对来自他的法国同行,有时是好友的艾蒂安·若弗鲁瓦·圣伊莱尔(Etienne Geoffroy Saint-Hilaire)类似的贬低目的因的立场。若弗鲁瓦总是渴望摆脱他伟大的竞争对手的阴影——这个浪漫主义者曾经和拿破仑一起去过埃及,而清醒的居维叶维则留在家中巩固他的地位——若弗鲁瓦在哺乳动物的耳朵中发现了意想不到的同源性。他说:"严格来说,你只需考虑人类、有蹄动物、鸟类和硬骨鱼类。敢于直接比较它们,你将一举获得解剖学中最普遍而富有哲学性的所有内容。"(Geoffroy 1818, xxxviii)然后,他将其推广至脊椎动物身体的其他骨骼:"一个器官被改变、萎缩或消失的速度要快于被移位的速度。"最初,若弗鲁瓦并没有假设在不同类群之间存在联系,但一个事物自然而然地导致另一个事物,不久后同源性就出现在了脊椎动物/无脊椎动物的分界线上。这引起了居维叶预料中的反应:"你的昆虫骨骼论文从头到尾都缺乏逻辑。"(Geoffroy 1820, 34)

这两位自负的生物学家之间不可避免的公开对抗发生在1830年的法国科学院。居维叶和若弗鲁瓦在一群激动的观众面前展开了激烈的辩论。争论的表面原因是两位不那么重要的生物学家写的一篇论文,他们声称只要你将通常的动物形态扭曲到一定程度，就可以在无脊椎动物鱿鱼和一些有脊椎的生物之间找到类比。这种违反分类的做法足以引起争端，但争论的背后还有一个主要因素。即使一个人承认同源性的重要性，他也不会自动成为一位演化论者。亚里士多德没有，康德没有，尽管有人声称事实相反，但很可能歌德也没有。但是，同源性是一个很好的证据——相似之处是由共同的祖先引起的，而功能上的差异则是由时间的变化引起的——而若弗鲁瓦是拉马克的朋友和崇拜者（更不用说是一个热心的演化论者），他倾向于这种观点。即使他没有在智力上被说服，居维叶反对演化的事实也足以推动他。因此，目的因和演化再次相互对立。

如预期的那样，若弗鲁瓦欣赏这篇关于鱿鱼的论文。居维叶则不喜欢这篇论文——甚至使论文作者们声称他们没有打算说任何可能会触怒这位全能的常任秘书的话。但所有人都度过了愉快的时光，这两位冠军互相斗争；年迈的歌德兴奋地喊道："火山爆发了，一切都在燃烧。"

不久之后，居维叶去世，而若弗鲁瓦则用尽了余生来长篇大论地辩护自己一生的成就，其自谦程度与篇幅成反比。由于他们的努力，到19世纪30年代末，科学界已经充分认识到，有机生命的本质远不止于直接适应——有时被称为功利性适应，即以目的为导向的、具有类似设计的巧妙结构（道金斯所说的适应性复杂性）。同形异构或所谓的同源性显然广泛存在，并且在某种程度上必然具有重要意义。

第四章

问题层出不穷

人类似乎总能针对任何理论提出反例，而 19 世纪初英国的自然神学思想自然也难逃质疑。事实上，并非所有人都像威廉·佩利等自然神学家那样热衷于源自设计的论证。相反，18 世纪英美的福音派满怀宗教热情地认为信仰，纯粹的、向基督和圣言敞开心扉的信仰，而非理智，才是救赎的关键。持有这种信仰的人认为，我们不需要用基于设计的原则来论证上帝的存在，因为这些论据所指向的上帝并不是为人类受苦而死的耶稣，而是一个无个性的、不可知的异教神明。

这些早期从英国教会分裂出来的教派，包括低教派圣公会、思想与之类似的长老会，以及 18 世纪初从英国国教会中脱离出来的卫理公会等，都对佩利等广教派神学家持蔑视态度。苏格兰传道人托马斯·查默斯（Thomas Chalmers）就是一个典型的例子，他在 1812 年向他的会众保证："所有真正的门徒都通过基督来接近上帝。"他继续说："他们所认可的上帝，不是自然宗教中那个可怕的形而上存在，那个让人颤抖的存在；也不是学派中的上帝，那个哲学家凭先验和后验的论点构思出来的上帝。他是决定使自己显现在人前的上帝，是《新约》中的上帝。"（托马斯未发表的 1812 年布道，转引自 Topham, 1999, 157）

当然，现实世界并不像我们想象的那样简单，即使是这片心中的白月光也是如此。他们对启示的热情可能同样会被对自然哲学的热情所取代。比如，"牛津的年轻绅士"约翰·卫斯理在创立卫理公会的过程中，不仅对科学表现出兴趣和同情，还支持发明省力的设备和实用的医疗卫生实践方案。即使是查默斯本人也曾对自己的思想进行过多次修改，以至于他能撰写出布里奇沃特论文集中的一篇。然而,英国社会对自然神学仍然持有一种谨慎的态度,甚至有一种不信任的感觉。在19世纪初期,不止查默斯一个人有这种感觉。

通过历史上一个有趣的巧合,英国福音派对自然神学的敌意被转化为了一种截然不同的宗教理念。这种理念在19世纪30年代爆发(即所谓的牛津运动),之后被誉为19世纪英国教会史上最重要的事件。这一运动的核心人物是一群决心扭转宗教改革、恢复天主教正统的教士。为此,这些高教派圣公会成员写了一系列小册子,称为《时论册集》(Tracts for the Times),并在其中捍卫了自教父时代以来未曾断绝的基督教教义。

最终,这个团体的领袖约翰·亨利·纽曼(John Henry Newman)与他的追随者们决定皈依罗马天主教。作为一名天主教徒,纽曼必须接受托马斯主义的上帝存在论证,但他从未特别在意这些论证(Newman 1870, 1873)。像牛津运动中的许多人一样,他在虔诚的福音派家庭中长大,对自然神学持有谨慎态度,这种态度深深影响了他和其他人的一生。1870年,在他皈依天主教25年后,他在他的重要哲学著作《同意的文法》(Grammar of Assent)中的通信里写道:"我没有坚持从源自设计的论证证明上帝的存在,因为我是在为19世纪写作,而在这个时代,如它的哲学家们所代表的,设计并没有被证明。说实话,尽管我不愿意就这个话题讲道,但在过去40年里,我一直无法看到这个论证的逻辑力量。我相信设计,但这是因为我相信上帝,而不是因为我看到了设计才相信上帝。"(Newman 1973, 97)他继续强调福音派的立场:"设计告诉我能力、技巧和善良,而不是圣洁、仁慈或未来的审判,而后三点才是宗教的本质。"

威廉·惠威尔的转变

我们会在之后重提纽曼和他的同仁，但现在——由于还存在一些其他的观点——让我们重新聚焦于那些直接关心科学进展的人。随着拿破仑战争彻底结束，英国的权威科学家热烈赞赏了居维叶的科学贡献，并对他平息反对意见的尝试表示支持。亚当·塞奇威克（Adam Sedgwick）是一位狂热的圣公会牧师、剑桥大学地质学教授和自然神学的拥护者，他曾写道："若弗鲁瓦·圣伊莱尔的观点及其黑暗的学派似乎在英国获得了一定的支持。我厌恶它们，因为我认为它们是错误的。他们排除了所有关于源自设计的论证的争论和创造性神明的概念。"（Clark and Hughes 1890, 2.86）这是较温和的评论之一。尽管他本人没有从事与适应性事实紧密相关的领域，但他的一些教士同僚正在从事此类工作，他们的发现每天都证明自然神学传统能够为那些有精力和想象力的人带来很高的科学回报。

《昆虫学引论或昆虫自然史要素》（*Introduction to Entomology or Elements of the Natural History of Insects*, 1815–1828）是当时的经典著作，其作者之一是巴拉姆教区牧师威廉·柯比（William Kirby）。这本书的主题平易近人，业余收藏家和专业人士（如养蜂人）都对它有浓厚的兴趣。在书中，作者柯比不自觉地将有组织的复杂性与万物的创造者直接联系起来。在讨论防御手段时，读者了解到昆虫通过"它们的颜色和形态来欺骗、迷惑、警戒或骚扰它们的敌人"（Kirby and Spence, 1815–1828, 2.219）。伪装是一种主要的战术，"因此，一类罕见的英国象鼻虫（*Curculio nebulosus*, L.）通过其灰色带黑点的颜色，来模仿它所栖息的由白色沙子和黑土混合而成的土壤。因此，即使昆虫学家有意寻找它们，它们依然有相当大的机会逃脱"。但不要认为这些现象的原因有任何问题,"这证明了一个事实:这些生物和它们的本能,正在大声传扬着宇宙创造者的力量、智慧和仁慈"(2.217)。锦上添花的是,这本书还"反驳了无神论者和不信者"并"确认了信仰和对神意的信任"。于是这个问题便到此为止。

回顾这两个世纪的历史,人们可能会发现即使是最自信的英国自然神学家也开始认识到简单诉诸适应和设计论已经不足以解释生命世界的复杂性了,即使这些英国人没有被邪恶的德国或法国唯心主义诱惑。他们看到,自然界中简单的、目的导向的复杂性已经不足以解释复杂现象了。当然,一些非功能性的模式可以简单地归因于造物主的品位。造物主的品位显然与普通家庭主妇很匹配。宗教辩论家和业余地质学家休·米勒(Hugh Miller 1856)很高兴地指出,被称为"雷恩之网"(Lane's Net)的兰开夏卡里克斯花纹,在许多年前被上帝用于制造现在在苏格兰旧红砂岩中发现的一些化石珊瑚。"那些精美排列的线条曾让英格兰的女士们如此迷恋,以至于她们每个人都要给自己置办一件饰有该图案的衣裙,而这些图案在亿万年前就已经被印在了岩石上。"(242)

然而,这种奇思妙想显然无法满足那些试图认真理解自然哲学家所强调的类比和同形性的人们。例如,柯比便意识到这些同源性不容忽视。他是众多迷恋本土唯心主义系统(homegrown idealistic system)的人之一,即所谓的威廉·麦克莱(1819—1821)的五重系统(the quinary system of William MacLeay)。麦克莱认为自然界被排列成一系列相似的物种环,然后可以五个一组地组成越来越大的相接的圆,依此类推。尽管这种系统在我们看来很奇怪,但它有助于理解不同物种之间存在的各种同构,这与19世纪英国不断增长的对古希腊思想,尤其是柏拉图思想的热情不谋而合。

这种五重系统被视为上帝设计意图的标志，与适应性不相上下。它展示了上帝如何按照固定的规则——基于完美的图形，即圆——来规划世界。柯比并不觉得这与自己普遍诉诸适应性有什么冲突，因为在他 1825 年的《昆虫学引论》(*Introduction to Entomology*) 后期版本中，他还特别包括了"麦克莱时代"一节。这也不会损害他在公众中的形象。一两年后，柯比甚至像威廉·巴克兰和托马斯·查默斯一样，被邀请为布里奇沃特论文集撰写一篇稿子。

他们在这项任务中得到了塞奇威克的好友、剑桥大学矿物学教授兼三一学院院士威廉·惠威尔 (William Whewell) 的支持。惠威尔也是自然神学的热心支持者，尤其是因为居维叶所做的工作。在查尔斯·达尔文的《物种起源》出版之前，惠威尔是对演化问题有着最复杂思想的思想家之一。起初，他在这个问题上有些谨慎。在他的布里奇沃特论文中，惠威尔无法直接沉浸在有组织的有机体复杂性的壮丽中，因为他要完成的论文是《天文学和一般物理学》(*Astronomy and General Physics*, 1833)。乍一看，有机世界不是他感兴趣和直接讨论的领域。他局限于所谓的宇宙论证（从整个自然界推断设计），而不是所谓的自然神学论证（从具体的生物体中推断设计）。然而，惠威尔作为一位哲学家和科学家（他后来成为剑桥大学的骑士桥哲学教授），惊人地成功完成了他的任务。他对这个系列的贡献实际上比大多数其他作家的贡献要多得多——尤其是和巴克兰相比，后者有许多猜测相当粗糙。

惠威尔非常谨慎，始终提防那些可能用休谟式批判来反驳他的人。因此，在撰写布里奇沃特论文之前，他在开篇就声明自己的自然神学与上帝的启示相比只是次要的。他的目的是展示世界"如何与对最智慧和最仁慈的上帝的信仰相协调"（Whewell 1833, 6）。然而，他强调这只是自然神学能够做到的极限。"这，以及所有关于自然神学的思考能够做到的，与宗教的伟大目的相比都不值一提。后者的目的是改造人们的生活、净化和提高他们的品格，为更高级的存在做准备。正是这种需求，使宗教变得巨大和无与伦比；而我知道，这只能通过我们作为牧师的启示宗教来实现。"（6–7）

惠威尔并非只是在哲学上玩弄诡辩。他是一位实践基督教的人，同时也是英国圣公会的一名牧师，担任剑桥大学学院院士。尽管如此，他总是以耶稣教导的含义去理解，而不是按字面意思解释，他绝不会让一个苏格兰怀疑论者阻止他表达自己的观点，无论对方的资历如何。虽然绝对证据可能不存在，但在自然神学的前沿，仍有许多问题需要探讨。

首先，惠威尔认为，自然法则本身就能证明上帝的存在和伟大。此外，他认为普遍法则的存在与上帝赋予我们的目标相符。我们人类不只是简单地存在于这个世界，我们还有任务和考验，而这些任务和考验都是上帝赋予的。这些考验不仅包含道德层面，也包含智力层面。无论天体运动是否具有直接的实用目的，我们的任务都是去追踪它。他说："物质宇宙的思考向我们展示了上帝作为物质自然规律的创造者；在这些规律的简单性、综合性、相互适应性和广泛多样性中，展现出奇妙的景象，并产生相互和谐的、有益的效应。"（Whewell 1833, 251）

然而，即便如此，惠威尔还是有点狡猾。无论他的主题是什么，最终他在伯爵的遗赠下进行的工作都是推广和装饰源自设计的论证。考虑到非生物世界中关于有组织的复杂性的证据之薄弱——物理定律并不能像适应性那样符合讨论条件——他不得不以某种方式将重心转向动植物的世界。也就是说,他必须从宇宙论的论点转向物理神学的论点。幸运的是,正如惠威尔详细阐述的那样,这种转变是可以实现的——通过许多详细的例子——因为非生物世界被设计为生物世界的家园,反过来,生物世界也适应了非生物世界。如果一年的长度比它现在的更长或更短会怎么样?生长季节想必会陷入混乱。如果植物和动物没有确切的繁殖周期呢?生长季节同样会混乱。这样的巧合不是巧合。它们必定是经过设计的。

世界并不真正类比于设计产品,因此我们不能合理地认为存在朝着最终目标的有组织的复杂性,进而推断背后的设计者——对于休谟的这一论点,惠威尔非常敏感。像佩利和当时的所有其他人一样,惠威尔认为,我们别无选择,最终必须为设计者辩护——在有组织的复杂性存在的情况下,设计者是最好的解释。但他认为我们必须正面解决这个问题,为此他试图绕过休谟的反驳,惠威尔(在一个非常康德化的论点中)认为,这里无须推论:我们不是先证明有组织的复杂性,然后再证明目的因的;相反,我们在一开始就假定目的因是经验的条件。

在惠威尔的叙述中,批评者认为:"宇宙被视为上帝的作品,无法与任何相应的作品比较,也无法通过与已知例子的类比来进行评判。因此,在这种情况下,我们怎么能推断出宇宙艺术家的设计和目的?我们应该依据什么原则、什么公理进行推理,从而能够包括这个必然独特的实例,并因此赋予我们的推理以合法性和有效性呢?"(343–344)对此,惠威尔反驳道:"我们不是通过演绎推理来得出结论,而是通过宇宙的安排所产生的直接和即刻的心灵印象来产生信念。"因此,对于那些认识到这一点的人来说,不必给出任何论证,而对于那些无法认识到这一点的人,则不可能给出任何论证。

基本观念

事实证明，布里奇沃特论文只是惠威尔的预备阶段。在那之后的几年里，他出版了两部著作，令他名声大噪：1837 年的三卷本《归纳科学史》(The History of the Inductive Sciences) 和 1840 年的两卷本《归纳科学哲学》(The Philosophy of the Inductive Sciences)。鉴于他的思想强调法则本身的重要性，惠威尔本可以进一步加强这一点，就像巴登·鲍威尔在几年后做的那样。他本可以充分利用上帝在法则本身中构建设计的能力。在布里奇沃特论文的一个非正式附录中，计算机原型设计者查尔斯·巴贝奇（Charles Babbage, 1838）展示了他如何设置他的机器以产生任何他想要的例外，对于任何正常的系列——例如一系列自然数，直到 1 000 001，然后是系列中的下一个数字 1 010 002，或者任何其他数字。法则可以被调整以产生设计，这本身就是上帝存在的证明——我们无须费力寻找和强调复杂性。

或许是意识到了这种方法可能会成为完全的自然主义方法的薄弱环节，惠威尔采取了完全不同的策略。他现在明确表现出康德主义的影响，尽管他对基督教柏拉图主义的认同与日俱增（这一主义认为上帝本身直接站在世界和我们解释世界的方式背后），但他依然认为某些基本观念构建了我们的科学。我们将这种理解加诸经验事实，这就将我们的知识从随机的感觉转变为了一个有联系的必然真理的框架。"我在这里使用'观念'一词来指代我们感知中由心智行为强加的那些不可避免的关系，它们与我们的感官直接呈现给我们的任何东西都不同。"（Whewell 1840, 1.26）

惠威尔哲学的有趣和独特之处在于，他认为有不同的基本观念在不同的科学中起作用。他从物理学的空间、时间、因果关系等等开始，然后转向更专业的科学中更加专业化的想法。在有机世界中,惠威尔认为独特的概念是组织。他引用了康德的说法,即组织涉及所有部分"互为目的和手段"的问题(2.77)。但是,这还不够(2.78):

> 石头从山坡的岩石上滑落,使山坡表面变得光滑,而光滑的表面又会使更多的石头滑动。然而,这种滑动并不能视为一个有组织的系统。只有当部件之间的相互作用对于我们所构想的整体是本质性的时,系统才是有组织的。只有当整体不再是一个简单的整体,部件也不再是单纯的部件时;只有当这些相互作用不仅在事实上发生,还被包含在对象的概念中时;只有当它们不仅被观察到,而且被预见到,不仅被期待,而且被谋划,当它们不再是原因和结果,而是目的和手段时,系统才是有组织的,就像上述定义所表述的那样。
>
> 因此,我们不可避免地将目的、目标和设计的概念纳入组织的概念中。用另一种在这种情况下常用的专门术语来说,这就是"目的因"。目的因的概念是研究有机体必不可少的条件。

换言之,惠威尔认为,为了理解有机自然,我们需要将目的论作为一种特定的解释方式加以应用。按照康德主义的观点,我们无法分割有机生命世界中的有组织的复杂性与我们的目的指向的观念。惠威尔更进一步,他认为上帝站在目的因的背后。与康德不同,惠威尔不仅认为目的因是理解自然界的必要启示,他还想将其提升至与牛顿的因果运动定律同等的地位和必要性。

反对演化论

惠威尔反对演化论的立场有多方面的原因。首先,作为英国圣公会的一名神职人员,他认为演化论与他的基督教信仰不相容。他可能会嘲笑按字面理解《创世记》的要求,但他确实认为演化中的进步概念与他在人类历史中发现的天命论不相容。更重要的是另一种反对进步思想的理由——在政治上,惠威尔在19世纪40年代初从自由派转变为保守派,并成为剑桥大学最有权势的学院的院长。作为依赖三一学院房屋和农场租金为生的人,惠威尔对任何形式的变革思想都没有热情——无论变革的原因是什么。

此外,还有一个关键问题是科学在英国早期维多利亚时期的地位。在当时的大学内外,惠威尔都是为自然哲学争取一席之地的先锋人物:他深度参与当时的科学协会(如伦敦地质学会和新成立的英国科学促进会),并通过自己的著作(尤其是《归纳科学史》和《归纳科学哲学》)试图阐明高质量科学的规范。他还鼓励和指导年轻的科学家,包括之后名声显赫的查尔斯·达尔文。在当时,演化论被认为是次等的科学。人们当时有充分的理由相信,演化论(在英国曾被称为转化论)与颅相学等伪科学处于同一水平。(值得注意的是,罗伯特·钱伯斯最初想写一本关于颅相学的书,但在写了一半后,改为写作关于演化论的书。)

第三个因素是居维叶的所有实证性论据,惠威尔理所当然地认为他是这些问题方面的权威。而这些证据中——如果惠威尔需要任何支持性证据的话——就包括目的因的问题。这方面最具启示性的事实是,在1845年,作为对《创造的自然史遗迹》的回应,惠威尔将早期著作的摘录汇集成一本小册子《造物主的迹象》(*Indications of the Creator*)。书中充满了关于目的因的内容,包括"生理学中的目的因的认知""生理学中目的因的应用"（来自《归纳科学史》），以及"目的因的概念"（来自《归纳科学哲学》）等等。总之，正像那位伟大的法国人所展示的："原始类型的无限分化是不可能的，而可能的极限变化通常可以在短时间内达到。简而言之，物种在自然界中确实存在，它们之间的转化是不存在的。"（Whewell 1837, 3.576）那么，关于起源，我们应该怎么说呢？"创造的奥秘不属于她的合法领域，她没有说过任何话，但她指向了上方。"（3.588）

在19世纪中叶的英格兰，把一切归于上帝已远远不能令人满意了。对于一位科学家来说，这已不再是一个选择。而目的因的问题，尤其是同源问题的威胁，又该如何解决呢？坦白说，如果惠威尔可以有所选择，他可能会完全忽略这一切质疑，无论是国内的还是国外的（尤其是在钱伯斯将五重分类法视为其演化体系的关键因素之后）。但是，对同源性等现象保持沉默或蔑视并不足以解决问题。

当时的著名解剖学家、皇家外科医师学院的亨特学院教授理查德·欧文（Richard Owen）是惠威尔的好友（他们过去是同学），也是他在生命科学方面的非官方科学顾问。他被誉为"英国的居维叶"，并且强调适应性。惠威尔喜欢引用欧文的一篇文章，后者讲述了袋鼠母亲如何喂养接近胚胎状态的幼仔，以确保乳汁被饮下而避免窒息。惠威尔同时引用欧文的话（1834），"这是创造性预想无可辩驳的证据"。然而，仅仅依靠适应性是不够的。欧文曾到过法国，并与若弗鲁瓦等人交往，他对自然哲学家的思想也很感兴趣。欧文也强调同源性，事实上，他是这个概念的创造者，他证明了这个概念对于生物学来说是多么关键。而这个概念对于他的好友惠威尔来说，已经太过关键以至于无法忽视了。

起初,虽然有些不情愿,惠威尔依然承认了同源性的存在。他认为:"每当这些规律被发现,我们只能将其视为产生我们如此钦佩的适应性的手段。我们对造物主智能创造的信念并没有被摧毁,尽管我们已经看到了他的工具。我们对规律的发现并不能否认我们对目的的信念;我们的形态学不能影响我们的目的论。"(Whewell 1840,2.88-89)但这仍然不够。虽然惠威尔不是一位实践解剖学家,但欧文是,他知道同源性是一个太重要的因素,不能被这样轻描淡写地忽视。因此,19 世纪40 年代,欧文发展和阐述了一种既考虑目的论又考虑形态学的立场(从惠威尔的角度来看,两者似乎是对立的)。

欧文专注于脊椎动物,这是他的专业领域。他认为,我们可以详细描述所有脊椎动物的实际蓝图、原型。那是一种鱼形态的蓝图,它(依照自然哲学的传统)具有各个部分之间的连续同源性。在此基础上,适应性产生了,从而形成了不同种类的脊椎动物。

在此时的英国,柏拉图主义已成为一种重要的知识运动,而在剑桥,惠威尔既是哲学教授又是三一学院的院长,成为主导教育的力量。因此,惠威尔强烈主张在教育中引入柏拉图的理念,尤其是在数学训练方面。在这种趋势下,欧文有时似乎赞同惠威尔关于目的因概念的说法:"柏拉图的理念或特定的组织原则似乎与一般的极性力相对抗,并将其驯化和塑造为符合所得特定形式的需要。"(Owen 1848,171)然而,有时他似乎暗示原型是柏拉图的理式:"所有脊椎动物的骨骼结构都建立在柏拉图所谓的'神圣理念'之上……"(Owen 1894,1.388)但无论如何,到了 19 世纪中期,权威人物已经认识到必须在科学上跨越传统的亚里士多德/居维叶关于目的因的立场了,或者至少是对其加以补充。

世界的多样性

惠威尔也认识到了这一点。在 1857 年出版的《归纳科学史》第三版附录中,他完全接受了欧文的观点,但同时也提出了保留意见,即目的因正在受到限制,而非被摧毁。"人的手臂和手是用来拿和握的,麻雀的翅膀是用来飞行的,每个器官都被精细地设计和适应其特定功能。这当中显然存在着设计。"(3.559)然而,毫无疑问,复杂性经由组织而成这一论证已经被推翻。出人意料的是,到了 19 世纪 50 年代,正是惠威尔本人在对从复杂性到设计的论证施加压力。因为三一学院的院长参与公开争论是不恰当的。他匿名发表了《论世界的多样性》(*Of the Plurality of Worlds*),但是他的身份依然被众人发现了。在文章中,惠威尔表明,这是因为自然神学面临着压力,而不是因为他失去了信仰——这与事实完全相反。惠威尔的目的是表明,在现代科学的光辉下,糅合启示神学与自然神学并不容易,两者之间存在着紧张和矛盾。

这场危机的契机是围绕一个古老的话题而展开的——除了地球以外,是否还有天体上生长着智慧生物?宇宙中是否真的到处都充满生命?抑或广袤无垠的太空只是一片荒凉,群星只是在一片死寂的真空中不停地旋转?大众的假设是——惠威尔本人在他的布里奇沃特著作中也曾认为——宇宙中一定存在生命,包括智慧生命。否则一切都没有意义。创造仅有人类的宇宙,违背了上帝的意愿。这与小心谨慎、有意设计的造物主的概念是矛盾的。它是毫无目的的。

这也是托马斯·查默斯的立场,他意识到这将带来神学上的挑战,但他准备以独特的长老会方式来回答。《诗篇》问道:"我观看你指头所造的天,并你所陈设的月亮星宿,便说,人算什么,你竟顾念他?世人算什么,你竟眷顾他?"查默斯的回答是,现代科学清楚地指出,世界在被创造后便充满生命。我们的星球与其他可能的栖息地太相似,这使我们难以相信我们是世界上唯一的智慧体。生命体——智慧生命体——无处不在。此外,它们(像我们一样)不仅是按照上帝的形象创造的,而且还知道和珍视这一事实。"道德世界是否延伸至这些遥远而未知的地区?那里是否有人居住?邻里之间的友爱和家庭是否在那里繁荣?那里是否歌颂上帝,欢欣地颂扬他的恩惠?——我这样说,是不是太傲慢了?"(Chalmers 1817,44)那么,对于我们这些人类呢?上帝可能关心我们吗?他当然关心!即使我们如此微不足道和无价值,他依然通过"神圣的降临"来到我们身边。这是多么矛盾呀!恰恰因为我们如此不配,我们才能瞥见上帝的力量、爱和恩典。生命的多样性恰恰证实了上帝的伟大和我们与他之间的联系的重要性。

这种认为一切都是上帝的心血的极端新教主义并不受英国国教徒欢迎。他们更注重善行的价值(即所谓的贝拉基主义异端)。对于像威廉·惠威尔这样的人来说,他肯定不会选择自我否定:他对自己和自己的成就感到十分满意。(嘲笑者曾经开玩笑说惠威尔书写多元问题是为了证明"在无限的宇宙中,没有比三一学院的校长更伟大的人"。)甚至在1833年的布里奇沃特论文中,惠威尔也将上帝视为三一学院的导师,他将辨别上帝的法则视为人生的学术考试。学生应该通过天赋和努力获得成功,而不是依靠教授的青睐。到了19世纪50年代,惠威尔也开始在科学和自然神学上与查默斯分道扬镳。

他为什么会这样做呢?一方面,惠威尔认为有必要保持人类的独特地位。正是地球上的人类与上帝有着特殊的关系——我们是按照他的形象创造的,他也正是因为我们的罪而在十字架上受难,从而使我们得到拯救。受难、战胜罪恶和复活必然是为了我们的目的。我们不能把耶稣在时空中受难和死亡等价于地球以外的其他星球上发生的事件。"在任何接受基督教信仰的人眼中,这个地球被选为这样一个教导和拯救的舞台,于是它不可能再与其他任何住所平起平坐。它是上帝怜悯和人类救赎的伟大戏剧的舞台,是宇宙的圣殿,是创世的圣地,是永恒之王的皇家寓所。"(Whewell 1853, 44)我们可以从中听到这位院长在向本科生布道的主日礼拜中所讲述内容的回声。

然而,在惠威尔看来,彻底的多元性必须有演化论的背景。生物不是通过一个仁慈造物主的神迹干预而在地球上出现的。在任何时间、任何地点,只要有空间,它们似乎就会按照一定的顺序出现。这只能是出于演化论法则,或是某种类似的原则。在惠威尔看来,这种可怕的可能性必须被制止,不能任其天马行空地发挥。因此,他强烈主张,如果我们深刻理解了科学,我们就会发现宇宙中不存在其他生命,尤其是类人生命。

惠威尔关于"世界多样性"的论点同样引起了维多利亚时代同行们的惊愕和想象。他特别关注了我们太阳系中的荒凉之地。他拒绝相信火星或其他星球上存在小绿人。木星几乎全部由固体冰构成,土星也不会好到哪里去。当然,由于它们体积巨大,引力也将异常强大。"因此,正如在木星的情况中所提出的那样,我们必须要么认为它没有居民,要么认为这些居民是水生的、明胶状的生物;这些生物过于迟缓,几乎不能算作活着。它们只是漂浮在冰冷的水中,永远被潮湿的天空笼罩着。"(Whewell 1853, 185–186)

然而,宇宙的其余部分是否因此就没有意义,没有任何存在的价值或是指向一个有价值的目标呢?正如惠威尔的朋友、剑桥大学的皇家历史学教授詹姆斯·斯蒂芬爵士所说,宇宙"如同无尽无垠的海洋包围着我们。难道在这片海中就没有一个世界是无罪的、明智的、神圣的、快乐的吗?就没有一个地方,全知上帝的目光可以满意地停留,或者再次宣布'它是非常好的'吗?"(斯蒂芬致惠威尔的信,1853年10月15日,惠威尔手稿,Add Ms a 216.130)惠威尔巧妙地利用有机同源性解释了这个问题。正如形态学表明并非所有事物都有直接的功能,我们并不需要假设整个宇宙的创造都具有直接的功能。"上帝没有按照相似的模式制造无数个世界,他只从事了一项伟大的工作。对此,我们不能称之为不完美,因为它包括并暗示了我们能够想象的所有完美之处。也许在我们宇宙中所能发现的所有其他星球中,都同样展现了这一伟大作品的辉煌:原初的创造能量将它们卷入对称和秩序的形式中,最终使它们变成这些光体。"(Whewell 1853,243)

在这个论点中,惠威尔清楚自己的立场非常微妙。一旦开始推崇同源同质的重要性,演化论是否就指日可待了呢?这正是钱伯斯在《创造的自然史遗迹》中提出的论点,而若弗鲁瓦也早在他的《自然哲学》中就提出了这一点。自然哲学家尤其喜欢将个体发育和群体发展通过类比联系起来。非功能性的同源性指向了共同的起源,那么从这些起源中推导出演化论是多么容易啊!为此,欧文已经受到了塞奇威克等人的严格审查。他们担心同源性和原型论已经形成了一个下滑的斜坡,而这个滑坡则通向物种变异论。(事实上,欧文已经给钱伯斯写了一封私人信件。)因此,这条论据必须被彻底杜绝。具体来说,"人体解剖学中的设计证据不比没有这种层次时更少。更重要的是,从其他特征中——他的道德和智力本性,他的历史和能力——显示的人的特殊性质和目的的证据,仍然存在;人作为具有这些特征的存在与其他生物之间的巨大鸿沟没有被弥合或跨越"(Whewell 1853,216–217)。

"他(上帝)的道德和智力本性,他的历史和能力。"这是布里奇沃特论文集论据的出发点——由惠威尔所服侍的英国圣公会上帝为智力和勤奋的人设下的任务。20年后,他再次出现,而惠威尔转而主张,自然法则本身就是上帝的活动和神迹,而我们在地球上的任务就是认识这个法则。

惠威尔的文章引发了巨大的争议。我最喜欢的回应是《不止一个世界:哲学家的信条和基督徒的希望》(*More Worlds than One: The Creed of the Philosopher and the Hope of the Christian*),作者是苏格兰科学家和热情的长老会教徒大卫·布鲁斯特(David Brewster)爵士。"那些载着以利亚离开他的尘世之星、在叙利亚山中环绕以利沙的火焰战车和火焰马匹,以及在迦巴河岸向俘虏先知展示的琥珀和火焰之轮,在诗人的眼中成了天军从一个行星到另一个行星,从一颗星到另一颗星巡视宇宙奇观和荣耀的交通工具。"(Brewster 1854, 261)智慧生命无处不在,即使在太阳表面亦是如此。但我们无须再深入细节了:我们的观点已经得到了阐述。

托马斯·库恩(Thomas Kuhn)在他的《科学革命的结构》(*Structure of Scientific Revolutions*)中说过,旧理论或范式的没落不仅是因为新理论的攻击,它们自身的失败所带来的混乱和悖论也为其他思想开辟出了需要填补的空间。在这里也是如此。惠威尔作为在目的论、有机自然和自然神学等问题上最为卓越的维多利亚时期哲学家,依然被迫大幅修改和限制有关有组织的复杂性的论证。这个论证仍然站得住脚,仍然非常重要,但它不全面,留下了难以被简单否定和忽略的例外情况。这必须得到解决。即使忽略休谟的反对意见,从复杂性到上帝的论证依然处于困境之中。像同源性这样的例外需要解释,而简单地说上帝是柏拉图主义者、按照原型模式来安排一切,似乎已不再能使人信服了。至少,比起它所能回答的问题,这种回应提出了更多问题。正如惠威尔所展示的,整个源自设计的论证揭示出了与启示神学之间的紧张关系,这需要解答,无论是用他的方式还是其他方式。我们能否在无机领域中看到地球上的价值?在有机领域呢?如果能,是对于谁的价值?宇宙中是否还有其他价值?如果有,它是为了谁和什么而存在的?如果没有价值,为什么还要创造这广阔的宇宙?

然而,如何混合科学与神学,依然是最重要的问题。虽然设计论提供了对于复杂性问题的答案,但这个答案并不科学——这越来越成为一个问题。对于像惠威尔这样的出于职业原因需要推动科学和神学发展,同时又在另一个维度上推动了自然神学法则的人来说,这一问题尤其突出。我们几乎不能坐视不管地说,上帝把我们在这个地球上的任务设定为发现他创造的法则,然后转过身说,在涉及所有最有趣的创造时,他并没有运用法则!然而,你如何解决这个困境?如果你说法则可以自己运行,你就会遇到康德和居维叶这样的人提出的所有问题。盲目的法则不会导致设计。除非你把一切都交给像巴贝奇和鲍威尔这样的人,然后你就几乎走到了演化的门槛前,甚或已经跨越了这个门槛。

总之,需要一种新的方法,而我们将在一个名叫查尔斯·达尔文的年轻甲壳动物专家身上看到这种方法。

第五章

查尔斯·达尔文

在达尔文是否运用了目的论思维这一问题上，人们的观点是两极化的。达尔文在英国的伟大支持者，托马斯·亨利·赫胥黎（1864）曾写道："当我第一次阅读《物种起源》时，我印象最深刻的一点是，达尔文先生亲手给了目的论这一普世观点致命一击。"（82）然而，达尔文伟大的美国支持者阿萨·格雷（Asa Gray 1876）则写道："达尔文为自然科学做出的最伟大贡献便是将它带回了目的论范畴。自此，形态学和目的论不再对抗，我们拥有了结合形态学和目的论的研究方法。"（237）在今天，形态学家迈克尔·吉塞林（Michael Ghiselin 1984）认为达尔文远没有保留目的论，"如果从这个词的真正意义上来理解，他都做了完全相反的事情；他摒弃了目的论，并且用一种新的关于适应性的思考方式代替了它"（xiii）。然而，历史学家詹姆斯·伦诺克斯（James Lennox 1993）回应道，在达尔文的作品中，人们能够发现的是一种带有"不可还原的目的论"的解释结构（418）。而即使是达尔文本人的观点，也对我们理解这一事实毫无裨益。他认为格雷关于演化论的观点使这一学科几乎不能再被称作真正的科学（Darwin and Seward 1903, 1.191），但他同时又赞扬格雷，对他说"你对于目的论的观点让我特别高兴"（Darwin 1887, 3.189）。

对此，让我们从查尔斯·达尔文本人开始讨论，然后在下一章中再来看看目的论如何影响了他的科学观点，以及他的科学观如何影响了目的论吧（如果这两种影响确实存在的话）。

查尔斯·罗伯特·达尔文（1809—1882）是伊拉斯谟斯·达尔文的长

子罗伯特·达尔文博士的次子;这两位达尔文都是英国中部地区非常成功的医生。查尔斯·达尔文的母亲是伊拉斯谟斯·达尔文在工业界的朋友约书亚·韦奇伍德的女儿,韦奇伍德也是18世纪末英国陶瓷贸易的重要推动者。从父母双方的家族中,查尔斯不仅继承了优良稳固的中产阶级地位,还可以利用可观的财产享受相当轻松的生活。在他30岁时,查尔斯和他的表姐艾玛·韦奇伍德结婚,从而获得了更多的家庭财富(成功的大不列颠中产阶级价值观强化了这一点)。

查尔斯·达尔文的出身之所以值得强调,有两个原因。首先,我们应该意识到达尔文总是能够得到他所需要的支持来追求兴趣——他从未从事过有薪工作,也从未感受到来自他人的压力。此外,他自幼便生活在福祉之下,这使他变得十分自信。其次,作为一个在工业革命期间过得很好并享有优渥地位的人,年轻的查尔斯·达尔文不应被期待成为一个叛逆者,一个永远反抗压迫和试图摆脱过去的人。他有什么理由这样做呢?我们应当期待发现——并且实际上发现的是——达尔文所具有的革命性的一面(我确信他是一位非常伟大的革命者)来源于他对于自己所接受的信息碎片的重新整合,而这种整合造就了一种全新的学科愿景。他并不像基督教的上帝那样,能够从一无所有中创造出一切;相反,如同万花筒能够重新排列事物的局部来创造全新的图案,达尔文通过重新排列组合,使他所构建的世界观焕然一新。

与他的身份地位相符的是,达尔文在年轻时,先是被送到英格兰一所著名的私立学校学习(人们常常误认为他在公立学校就读),然后在17岁时进入爱丁堡大学,从而像家庭中的其他成员一样接受了医学训练。他在学术上并没有获得很大的成功:在爱丁堡大学待了两年后,达尔文退学了。在那里,他对讲座感到厌倦,对外科感到反感。在他的《自传》（*Autobiography*）中，达尔文谦逊地描述了他早期的才能和成就，但这有些误导人。因为那时候的学校教育几乎完全局限于经典课程——没有现代语言，没有历史和地理，尤其没有科学——任何具有实证倾向的人都会成为圆洞里的方栓。然而，我们知道查尔斯和他的哥哥（另一个伊拉斯谟斯）对化学——当时的工业科学——非常感兴趣，并在家里进行了相当复杂的数学实验。我们还知道，在爱丁堡，查尔斯开始与科学家，尤其是对生物世界感兴趣的博物学家交往。他的一个熟人是罗伯特·格兰特（Robert Grant），一位解剖学家，公开的演化论者。由此看来，即使没有他祖父的著作（年轻的查尔斯曾阅读伊拉斯谟斯的泣血之作《动物学》），查尔斯·达尔文也会在年轻时接触到演化论。

不过，尽管有这些熟人的影响，查尔斯也没有立即接受演化论。相反，年轻的达尔文相当直接地接受了基督教的全部内容，包括《创世记》的前几章；这也导致他最终改变了职业选择：他决定成为英国国教会的一名受任命的牧师。为了实现这个目标，必须获得英国大学的学位；因此，在1828年，19岁的查尔斯·达尔文被送往剑桥大学的基督学院。从表面上看，他的新旧职业道路相同，都略显平凡；但在另一方面，他对实证世界，尤其是生物世界的浓厚兴趣依然得以保留。

最终，达尔文引起了大学里其他对科学感兴趣的人的关注。这一名单包括：植物学教授约翰·亨斯洛（John Henslow）；地质学教授亚当·塞奇威克；以及，矿物学教授，几乎是各方面权威的威廉·惠威尔。这些学科在当时都没有授予学位的课程，但在亨斯洛的指导下，达尔文连续三年参加了系统的植物学课程。此外，在他获得学位之际，塞奇威克还为他教授了一堂实际的地质学速成课。他也经常与惠威尔交游，在此过程中，后者会为他（就像对其他人一样）讲授许多主题，尤其是科学方法论。["科学是他的强项,无所不知是他的弱点",机智的悉尼·史密斯(Sydney Smith)曾如此调侃。]

小猎犬号

正是在这些人,尤其是亨斯洛的帮助下,达尔文得到了他一生中最宝贵的机会。当他于1831年毕业后,他暂时停止了作为牧师的本职,应邀参加了"小猎犬号"(HMS Beagle)的一次长途旅行;后者当时正准备开启环绕南美洲的测绘之旅。起初,达尔文只是船长的一名旅行随从,但是很快,他就成长为船上的一名博物学家。在旅途中,达尔文收集了大量植物、动物、岩石和其他有趣的物品,并把它们打包带回英国进行分类和研究。这次旅行意味着达尔文牧师生涯的终结。"小猎犬号"的旅行一直持续到1836年,回到英国后,达尔文立即投身于全职科学家的生活(在此过程中,他获得了家庭资金的支持)。他首先对自己的收藏品进行了研究,然后扩展至其他感兴趣的领域——包括他在19世纪四五十年代对藤壶做的为期数年的研究。

达尔文并非一开始就打算结束神职生涯。在航行初期,达尔文并没有考虑再次改变职业计划,他依然相信《圣经》中叙述的一切。在剑桥学习的日子加深了达尔文对于基督教的信仰;在那些日子里,他阅读的最重要的书籍便是佩利的《基督教的证据》。佩利认为,在讨论启示宗教的问题时,《福音书》是可靠的,因为《福音书》中所描述的神迹以及那些目击了神迹的人是可靠的——这些人经历神迹后的行为,包括为信仰而殉道,足以证明这些事件的真实性。因此,那时查尔斯·达尔文不仅信教,他所信仰的还是一种以超自然事件为核心的宗教。

"小猎犬号"的旅行改变了这一切。即将出航时,达尔文收到了查尔斯·莱尔（Charles Lyell）《地质原理》（*Principles of Geology*, 1830–1833）的第一卷（其他两卷在出版后寄给了他）。在这部著作中，莱尔反对了居维叶的灾变论，并在英国得到了塞奇威克和其他人的强烈赞同。世界的形成并非从最初的高温状态逐渐冷却至今，这个世界曾经历过大规模的灾变，有机生命也曾多次被灭绝、创造和引入。（每一次创造与引入的物种都会与之前的有所不同，以适应全新的气候。）莱尔认为，地球的历史几乎是无限的，地球总体上处于稳定状态，其中有热量的波动，但这种波动没有方向。并且，普通的自然事件——雨、雪、寒冷、地震、火山喷发等，完全足以产生我们从地质记录中读到的所有结果；在整个自然史上，这些事件一直以我们当下所能观测到的强度持续进行。新物种的创造及其相应的灭绝，作为一种自然事件而非神迹，自古以来一直持续着。

莱尔的这种均变论（惠威尔后来如是为它命名）对达尔文非常有吸引力，从而使他成为这一学说的支持者和倡导者。他特别希望能够为莱尔这一"宏伟的气候新论"找到实证性的证据，发现没有总体方向的温度波动机制。莱尔认为，这种温度波动源自时刻不停的海陆变迁——海洋暖流说明，温度分布不仅受到离赤道的相对距离的影响——海陆变迁则是地表升降的结果。对于莱尔来说，地球就像一个巨大的水床，当沉积作用（比如来自河流的沉积）导致地表的一部分下降时，相应地，另一部分必然上升。

达尔文完全接受了这一观点，并以此为基础提出了他的珊瑚礁理论。这个理论是一项地质学贡献，它使人们首次相信达尔文具有超乎常人的科学能力。热带海域的珊瑚环礁，有时孤立于陆地，有时则环绕着岛屿。达尔文认为，这一现象是由于海床下降造成的。珊瑚作为一种生物，只能在水面茂盛生长。因此，随着下方基底的下沉，珊瑚向上生长，形成了珊瑚礁。这一理论的提出是受到了莱尔的启发，却又反过来证实了莱尔的观点。

达尔文对于均变论的热情对他的宗教观念产生了两个重要影响。首先，莱尔的理论大大削弱了神迹的重要性，而后者是基督教信仰的支柱。在接受均变论的过程中，达尔文否认了神迹的存在；随着神迹的消失，基督教也消失了，并且再也没有回来。然而，达尔文并没有立即否认上帝的存在。我怀疑他从未成为无神论者，甚至在生命的最后阶段也只是温和地接受了不可知论。从"小猎犬号"航行期间，直到《物种起源》的写作和出版，达尔文始终相信上帝的存在。对于达尔文、他的祖父伊拉斯谟斯以及莱尔来说，他们所秉持的神学是自然神论，而不是有神论。他逐渐接受了一位通过持续不断的法则来推动世界运作的上帝，而不是一位通过打破物理定律、创造神迹来进行干预的上帝。对于伊拉斯谟斯·达尔文和莱尔来说，上帝的伟大在于他事先计划好了一切，然后退后一步，看着所有事情按照他的意图展开。这就是查尔斯·达尔文所接受的上帝，普遍法则的运作业已证明他的存在和伟大，而无须以令人尴尬的神迹来加以解释。

达尔文摒弃基督教信仰这一事件，从神学角度来看显然非常重要，但是从其他角度（尤其是社会角度）来看，却并不那么具有颠覆性。达尔文家族是英国国教教徒，达尔文是在这一宗教背景下长大的。无论是韦奇伍德家族还是达尔文家族，自然神论信仰都无处不在。尤其是韦奇伍德家族，他们是著名的普世教派信徒，这意味着他们相信一个关心个人福祉的上帝，但否认基督的神性和《圣经》神迹的真实性。因此，在这个家族里，查尔斯是在适应这个模式，而不是打破它。

因此，莱尔对于达尔文的第一点影响是，他使得达尔文转向了另一种宗教；在这种宗教里，演化是对神性的证实，而不是反驳。此外，莱尔对达尔文的第二点影响在科学上。为了证明自己的气候学说，莱尔必须寻找间接证据。第一个重要证据在于动植物的分布。莱尔认为，在自然条件下，生物的创造和灭绝是连续的；无论创造如何发生，生物后代与前代之间的差异是有限度的。因此，通过观察生物的地理分布，人们理应能够识别过去发生的地质事件。

比如说，假如我们发现两个生物群落被自然屏障（如山脉）隔开，但是两个群落的相似度很高，那么我们就可以推断说这个屏障的产生是比较晚近的地质事件。反之，如果两个群落的差别很大，那么我们便可以推断说这个屏障非常古老。作为一个热衷于莱尔主义的人，达尔文对地理分布的意义非常敏感。这是他感兴趣的事情，所以无论"小猎犬号"何时靠岸，他都会尽可能地进行调查。

驶向演化论

1835 年，"小猎犬号"离开南美洲，驶入太平洋，并造访了加拉帕戈斯群岛——一个远离陆地的赤道岛屿群。在此，当地官员指出，对于一类加拉帕戈斯特有的巨龟，其形态会由于所在岛屿的不同而略有差异。多亏这一提示，达尔文随即发现这种差异同样也存在于其他动物身上；其中一个突出的例子便是一些岛屿上所特有的燕雀和反舌鸟。这十分重要，因为这些岛上的鸟类与南美洲大陆上的鸟类有些相似。从北部的雨林到南部的雪漠，达尔文曾看到相同的鸟类栖息在大陆上的诸多地方。然而，他直到回到英格兰后才明白这些差异的重要性。达尔文向当时最杰出的鸟类学家约翰·古尔德（John Gould）展示了自己的鸟类收藏，古尔德判定这些加拉帕戈斯群岛的鸟类代表了不同的物种。凭借这些信息，达尔文取得了关于演化论的巨大突破：唯一能够解释这些差异的便是经过修饰的演变。

这一事实成了达尔文演化论著作的核心。达尔文从未过多关注演化的路径（系统发育），即追踪哪些特定的动植物群体由哪些其他群体演化而来。自从加拉帕戈斯群岛的经历之后，他一直认为演化的路径是树状的，它从一个原始的主干出发，直至枝繁叶茂的今日。达尔文更关心的是演化的原因。如果没有原因，他就只是众多演化论者中的一员。有了原因，他可能成为生物学界的牛顿。

作为剑桥大学（牛顿的母校）的毕业生，惠威尔的朋友和门徒，达尔文深知最好的科学是以一个原因为核心的科学，一个能将所有事物紧密联系在一起的统一整体。这个原因应该是一种类似于力的东西，类似于牛顿理论中的引力，贯穿宇宙，成为天上地下所有物体运动的关键。达尔文希望找到一种解释生命演化的力，这种力在生物世界中无所不在，是所有有机运动的关键。为此，达尔文在接下来的18个月里如痴如醉地工作，不停地进行推测与文献调查。很快，他意识到生物形态变化的关键可能在于某种类似于动植物育种者所使用的机制，即选择和培育有利后代，筛除其他所有后代。达尔文来自英国中部农村，他对于家畜驯养所知甚多。现在，由于伴随着工业化而来的城市化，食物生产者与消耗者的比例逐渐加剧，因此这种能够改良动植物品质的技艺变得尤为重要。

但是如何找到一种与育种者的人工选择相对应的自然现象呢？1838年9月底，达尔文读到了一篇保守性的关于政治经济学的论文，即托马斯·罗伯特·马尔萨斯牧师所著的《人口原理》（*Essay on the*

Principle of Population, sixth edition, 1826）。在这部作品中,马尔萨斯这位英国圣公会牧师认为,潜在的人口增长总是会超过食物供应。因此,除非人们在生活中"审慎节制",否则人们将不可避免地持续投入到争夺有限的可用食物和其他资源(包括生活空间)的生存斗争中。这一学说非常符合达尔文所生活的社会环境。马尔萨斯认为,国家福利只会加剧穷人的问题,因为它让他们除了繁殖之外没有受到任何激励去做其他事情。因此,人们应该被迫为工资而工作,即使工资再低也只能欣然接受。像韦奇伍德这样的工厂主非常喜欢这种思想。

达尔文在接受这一社会观念的同时(这在后来的著作中有所表露),还把马尔萨斯的推理反向推演了一遍。他指出,在动植物的世界中,审慎节制是不存在的,而且由于个体增长这一现象必然不仅限于人类,因此在生物世界中不可避免地会发生持续的生存斗争。对于一种生物,在这场竞争中是成功还是失败,平均而言,将取决于它所拥有的特征。因此,通过自然界的竞争来选择更适应的生物体(即自然选择)将是一个持续的过程;在这一过程中,胜利者将把它们的适应性特征传递给下一代,失败者则会消失。随着时间的推移,随着环境的变化,这种选择将导致生物界发生全面的变化。"可以说,有一种力量,如同十万个楔子试图将各种适应性结构逼入大自然经济的空隙中,或者通过挤出较弱的结构而形成空隙。所有这些楔子的目的因一定是要筛选出合适的结构并使其适应变化。"（Darwin Notebook D 135）

不过,这只是一个想法,仍然不是一个理论。为了能够被专业科学家认可,达尔文尽力用一种容易被他们接受的方式阐述自己的观点。他在1842年撰写了一篇35页的"草稿",并在1844年完成了一篇230页的论文。与此同时,他整理并发表了自己的地质学研究,并出版了《"小猎犬号"航海记》(*Voyage of the Beagle*)。《"小猎犬号"航海记》是他以通俗口吻对自己环游世界历程的官方记述,这本书后来作为旅行文学作品赢得了人们的广泛喜爱和赞赏。在接下来的 15 年里,他立足于自己的演化观,对藤壶进行了研究。我们至今不知道达尔文为什么要延迟发布自己的成果。在当时,他已经患上了一种神秘的疾病,这一疾病将会困扰他的余生。因此,他无疑不愿面对自己的观点可能引发的巨大争议:1844 年,钱伯斯的《创造的自然史遗迹》刚一问世便引发了激烈的争论,并且受到了如塞奇威克和惠威尔等人的猛烈驳斥。达尔文正是在这些人的带领下开启科学生涯的,他一定不愿意自己的观点也受到类似的对待。由此看来,疾病,以及对于冲突的退避,无疑是他拖延发布成果的原因。

不过,话说回来,也许也没有真正的原因;事情可能只是拖延了下来,直到有一天达尔文被迫采取行动。1858 年,他收到了来自马来半岛一位不知名的收藏家——于威尔士出生的阿尔弗雷德·拉塞尔·华莱士(Alfred Russel Wallace)的一篇短论文,其中几乎包含了与达尔文 20 年前发现的相同的前提和结论。于是,达尔文便迅速整理了自己的想法,因此《物种起源》得以在 1859 年秋季出版。

《物种起源》

在《物种起源》这一震撼世界的著作中,达尔文在最初的草图中就已经搭建了其理论的基本框架。他选择以讨论人工选择和育种者的巨大成功作为书的开端。这种策略在某种程度上具有启发性,因为它使读者能够跟随达尔文的路径,自己领悟这一观点;同时,它在某种程度上也具有辩护性,因为它表明我们人类所能做到的,自然界一定能做得更好。在讨论了育种者之后,达尔文转而讨论自然界中普遍存在的后代变异——这是有关变化的关键性构建模块。在有了人工选择这一推动力与自然变异的事实之后,达尔文准备引入生存竞争,并在此基础上提出一种变化的机制,即自然选择(Darwin 1859, 63):

> 由于所有生物的繁殖速度都很快,生存竞争不可避免地随之而来。在自然生命周期内产生卵或种子的每一种生物,在其生命的某个时期,某个季节或某个年份,都必须被毁坏。否则,根据几何增长原理,它们的数量将迅速变得过于庞大,以至于没有哪里可以支撑这种产出。因此,由于产生的个体多于可能生存的个体,每种情况下都必然会有生存竞争,无论是同种个体之间,还是不同种个体之间,抑或是与生活的物理条件之间。这是将马尔萨斯的理论多倍强化地应用于整个动植物王国;因为在这种情况下,食物总量难以增加,我们也不可能对动物的婚配进行限制。

请注意,与生存斗争相比,达尔文更需要的是繁殖竞争。从演化的角度来看,拥有泰山般的体格却具有哲学家的性欲是没有好处的。但是,将斗争理解为生存和繁殖的竞争,并且考虑到持续存在的变异,自然选择立即随之而来(80–81):

> 请牢记我们的家养动植物以及在较小程度上受自然影响的生物有如此多样的无尽的奇特特征;遗传的倾向是多么强烈。在驯养过程中,可以真实地说,整个生物体在某种程度上变得更具可塑性。请牢记所有生物之间以及它们与生活物理条件之间的相互

关系是多么复杂和紧密。那么，既然对人类有用的变异无疑已经发生，那么在数千代的历程中，对生活中庞大而复杂的战斗中的每个生物在某种程度上有用的其他变异有时也会发生吗？这是否难以置信？如果这样的变异确实发生，我们能否怀疑（记住，出生的个体比可能生存的个体多得多）那些在任何方面稍具优势的个体，会比其他个体更可能生存并繁衍后代？另一方面，我们可以确信，任何稍微有害的变异都会被严格消除。我称这种对有利变异的保留和对有害变异的排斥为自然选择。

在《物种起源》以及达尔文理论的早期版本中，他提及了一种次级的选择机制，一种他祖父所预见的机制。达尔文认为，斗争并非总是为了食物和空间，也是为了争夺配偶。达尔文把这种后来被称为性选择的机制分成两种：其一是通过雄性竞争的选择，即雄性与其他雄性争夺与雌性交配的机会（鹿的鹿角就是这种选择的产物）；其二是通过雌性选择的选择，即雄性竞相吸引雌性的注意力（孔雀的尾羽就是这种选择的产物）。显然，这种双重性选择机制的灵感来源于繁育者的实践，后者同样会选择雄性的竞争性特征（如公鸡和斗牛犬）和美感特征（如获奖鸟类的歌声和羽毛）。

请注意，性选择强调的是同一个物种成员之间的竞争。选择针对的是对个体而非物种有利的特征。达尔文总是倾向于认为选择（包括自然选择）作用于个体而非群体，这种观点与他的中产阶级工业家背景相容，并且与马尔萨斯的观点一致。马尔萨斯信奉的上帝故意使人类彼此对立，促使我们改善生活状况。

在如此呈现了主要的变化机制（包括拉马克主义在内的各种辅助

机制）后,达尔文引入了著名的树的隐喻。"同一类生物的所有亲缘关系有时被比喻成一棵大树；我相信这个比喻很大程度上是正确的。"树顶上的叶片和小枝代表了现今存在的物种。然后当我们沿着树枝向下时,我们便会发现过去伟大的演化道路。我们一直往下走,直到我们到达生命最初的共同起源。"正如芽通过生长产生新芽,而这些芽如果能够繁盛地生长,它们就会在各个方向上分枝并超越许多较弱的枝条。因此,我相信自然界的大树也是如此。在物种繁衍的过程中,新的枝条不断产生；而自然界这棵大树,便用它死去和断裂的枝条填满了地壳,并用它不断分叉的美丽枝干覆盖了地表。"（Darwin 1859, 129–130）。

现在,达尔文解决了一些小问题,开始准备展示他理论的第二部分。在此,惠威尔的影响最为显著。这位年长的学者在赞美牛顿时指出,《自然哲学的数学原理》（*Principia*）的真正成功在于它展示了如何将物理学的许多不同分支汇集到单一的因果机制下。惠威尔将这种策略称为"归纳法的一致性",达尔文内化了这一原则并非常仔细地遵循着它。在《物种起源》大约三分之二的篇幅中,达尔文带领我们穿越回了生物学各个领域——本能、古生物学、生物地理学、分类学、胚胎学、形态学——展示这些领域的现象是如何通过自然选择的演化得到解释的,同时这些不同领域又指向并支持通过选择的演化机制。

尽管如此,仍然出现了一些问题。我们应该如何解释社会行为,尤其是蚂蚁、蜜蜂和黄蜂等昆虫所表现出来的社会行为呢？如果选择有利于群体而非个体,那将变得容易解释。从个体主义的角度来看,为什么会演化出那些为蚁巢或蜂巢中其他生物的福祉献身的不育工蚁和工蜂？达尔文认为,在社会性昆虫（膜翅目昆虫）的情形中,群体成员之间的整合程度如此之高,以至于可以将整个蜂巢视为一个超有机体,而其中的个体昆虫则是整体的一部分。正如选择可以产生眼睛这种为整个生物体提供利益的器官,同样,它也可以产生为整个蜂巢提供利益的工蚁或工蜂。

生物学的大多数其他领域则更容易理解。达尔文对生物地理学的贡献是,他解释了为什么动植物在地球上的各地呈现出各种分布模式。例如,加拉帕戈斯群岛和其他岛屿群上这一奇特的生物分布模式是如何形成的?解释非常简单。这些与世隔绝的岛屿居民恰好拥有来自大陆的祖先,而它们的祖先一旦在岛上安家落户,就开始在新的选择压力下演化,产生生物多样性。

胚胎学同样是达尔文引以为傲的领域。他问道,为什么不同物种(例如人和狗)的胚胎有时非常相似,而成年个体却大相径庭?达尔文认为,在胚胎发育阶段,即在子宫内——起作用的选择压力较为统一,因此产生了相似的结果;而在成年发育阶段,即在外部世界中——起作用的选择压力高度多样化,从而产生了非常不同的结果。在讨论演化的过程中,达尔文总是通过与繁育者的世界的类比来阐明和支持手头的观点。"饲养员在选择几乎成熟的马、狗和鸽子进行繁殖时,不在乎所需的品质和结构是在生命早期还是晚期获得的。他们只要求成年动物具备这些特点。"(Darwin 1859, 446)这些说法得到了实验证据的支持,因为达尔文测量了鸽子、狗和其他动物的幼体,并且发现(尽管饲养员经常否认这一点),它们之间的差异远小于成年动物表现出来的差异。

因此,我们来到了《物种起源》的结尾部分。达尔文从未掩饰上帝在他的工作背后的影子,并且有八处毫不矜持地提到了造物者。但是,他指的是一位自然神论者的造物主。"最卓越的作者似乎对每个物种都是被独立创造的这一观点感到非常满意。"然而,这并非达尔文的立场。"在我看来,这与我们所了解的,由造物者赋予物质的法则更一致,即世界过去和现在的居民的产生和灭绝应归因于次要原因,就像那些决定个体诞生和死亡的原因。"(Darwin 1859, 488)。

猴子问题

在《物种起源》引发的所有问题中,"猴子问题"是吸引达尔文的维多利亚时代人关注并引起他们极大怀疑的一个问题。如果演化论是正确的,那么我们人类是不是仅仅比长大的灵长类动物高级一点儿?我们是从猿类演化而来的,还是按照上帝的形象被创造的?达尔文主义革命的双方都对人类的地位感到不安。塞奇威克是演化论的终身反对者,他直至去世都一直关注着这个话题。而莱尔尽管在达尔文之前就有机会转向演化论,但是因为他想保留人类的特殊地位,因此从未真正将上帝从他的科学中剔除。托马斯·赫胥黎是有史以来最坚定的演化论者和唯物主义者,从他的《人在自然界中的地位》(*Man's Place in Nature*, 1863)直到他的最后一篇论文《演化与伦理》(*Evolution and Ethics*, 1893),他始终尝试剥除智人(*Homo sapiens*)的特殊性。如何在盲目的力量与人性之间达成和解?达尔文和他的同时代人不同,他从一开始就坚信人类是演化的产物,而答案是自然选择。

在我们所拥有的关于选择机制的第一批私人笔记中,人类智力是其中的主题之一。"一种习惯性的行为必须以某种方式影响大脑,使其能够传递下去。这类似于铁匠生下拥有有力臂膀的孩子。那些偶然具有强壮手臂的孩子比较弱小的孩子生存得更久,这一原则可能适用于本能的形成,而与习惯无关。"(Darwin Notebook N, 42)

有多种因素导致达尔文采取强硬立场,但最有力的证据是他在英国皇家海军调查船"小猎犬号"上的经历。达尔文见到了南美洲尽头的野蛮人。火地岛的原住民简直原始得令人难以置信,然而他们是人类。鉴于我们的物种表现出如此不文明的行为,谁又能认为我们与猿类有什么不同呢?使达尔文的经历更引人注目的是,"小猎犬号"正在把在英国待过一段时间的三名土著人送回家乡。他们变得真正地文明,然而在回到家园一两个星期后,他们又恢复了原先的生活方式。从达尔文的角度来看,文明与有识之人和蛮人之间的界限确实非常模糊。这是这位船上的博物学家永远不会忘记的教训。

然而,在《物种起源》中,达尔文策略性地没有过分强调人类的问题。他没有试图掩盖自己的想法,但也不想让它喧宾夺主,盖过他关于演化过程的一般观点。因此,他以有史以来最为低调的表述写道:"对人类的起源及其历史将会有所启示。"(Darwin 1859, 488)达尔文原本确实打算在将来回到这个话题,详细讨论,并将其纳入一个宏大的写作计划,以便在《物种起源》的每一部分中进行更为深入的研究。但在《物种起源》出版后,达尔文越来越不愿意投身于如此消耗精力的计划。许多更有趣且更紧迫的项目在争夺着他的注意力,例如19世纪60年代初关于兰花及其授粉的有趣的小册子。但是,关于人类的讨论始终没有偃旗息鼓,最终在1871年,达尔文提供了一部重要的两卷本著作《人类的由来》(The Descent of Man)。

这是一本奇特的书。大部分内容并非关于我们这个物种,而是一篇关于性选择的扩展论文。然而,正是这个话题的独特性为其起源提供了线索。尽管达尔文与A. R. 华莱士的个人关系一直很好,但两人在他们共同发现的许多方面存在分歧。华莱士在十几岁时便听说了苏格兰磨坊主和早期社会主义者罗伯特·欧文,受到了极大的影响。这使他一生都倾向于支持群体思维而非个人主义,在19世纪60年代,通过书信往来,达尔文和华莱士关于选择究竟是为了群体还是个体展开了多次讨论。最终,他们同意保留分歧;达尔文认为选择是为了个体,华莱士则认为是为了群体。

更严重的分歧是关于我们自己的物种。当华莱士首次将关于自然选择的想法写下来时,他与达尔文在人类起源的自然主义观点上保持一致,甚至写了一篇有趣的小论文,探讨我们是如何演化的。但随后,他迷上了唯心主义,确信人类不可能通过某种随机的自然事件而诞生。在我们的创世过程中,必然有一种智慧的指引。基于这一结论,华莱士认为许多人类特征不可能是自然选择的产物,例如无毛的身躯和极高的智力。华莱士实际上曾与土著人共同生活,他认为原始人有大量未被利用的脑力;由于环境并不需要这么高的智力,也不利于智力的发展,因此这种高智力的特征根本不可能受到选择的青睐。

这样的结论对于达尔文来说是不能接受的,但他认为华莱士的观点有道理。仅凭自然选择是无法产生许多独特的人类特征的。但性选择——达尔文和华莱士在这个话题上也存在分歧——却可以。达尔文认为,人类与其他物种的区别在于许多特征是通过不同的美感和吸引力标准产生的。华莱士提到的特征虽然独特,但并没有使问题超出演化的范围,当然也没有超出科学的范围。因此,我们在这里找到了关于性选择的长篇讨论,以及它在人类身上的应用。

达尔文问:为什么男人高大、强壮、聪明?因为拥有这些特质的人得到了最好的女人。为什么女人温柔、顺从、善于家务?因为具备这些特质的女人得到了最好的男人,并在家庭中做得最好。为什么我们没有毛发?因为这是我们祖先在性吸引力方面所追求的。为什么(他在这里更具体地问)霍特图特女人有如此大的臀部(见本章章首插图)?因为这是部落中美丽的标准,最勇敢的勇士可以优先挑选。

正如人们所预料的,所有这些理论都与一些相当标准的维多利亚时代关于女性和非盎格鲁种族的观念密切相关。达尔文写道:"人们普遍承认,女性在直觉、快速感知和模仿等方面的能力比男性更强;但至少某些能力是较低等种族的特征,因此也是过去的和较低程度的文明状态的特征。"如果需要证据,我们可以求助于社会科学,从中可以推断出,"如果男性在许多领域比女性有更杰出的表现,那么男性的平均智力水平必定高于女性"(Darwin 1871, 2.326–327)。

到了19世纪70年代,达尔文的思想开始逐渐趋于传统模式。他年轻时可能是个革命者,但并非总是领先于大众太多。因此,毫不奇怪,在他去世时,达尔文成了英国引以为荣的重要人物,得到了广泛的赞誉。在英国的英雄圣殿——威斯敏斯特教堂中,他与艾萨克·牛顿紧挨着安葬。

第六章

一项伟业

我并不否认达尔文是一位天才的思想家、革命的缔造者。但是同时,我们也必须认识到,达尔文也是时代的产物。他非常幸运地处在了历史的十字路口,并充分利用了自己的机会——达尔文家族和韦奇伍德家族,爱丁堡和剑桥,有神论和自然神论,进步和命运,等等。这些部分都来源于过去——他将过去转化为未来。这一点,在他的科学、社会环境和宗教信仰上都有所体现。

　　无论他的思想处于哪个阶段——有神论、自然神论还是不可知论——达尔文都将自己的工作框定在犹太基督教信仰的背景之下。对于古希腊人,如柏拉图或亚里士多德来说,关于终极起源的问题本质上毫无意义:尽管众神创造了世间万物,但是世界是永恒的:最终,这个世界会在无尽变化、无尽衰落中建立、倒塌。古犹太人创造了一种新的历史观,这种历史观使有关终极起源的期望与结果产生了意义。演化论者,尤其是查尔斯·达尔文,与《创世记》的信仰者一样,致力于维护这个话题的合法性和重要性。在这个意义上,科学与宗教、演化论与基督教之间的关系就像一场家庭内部的争吵(它也确实真的是一场争吵)。

　　这就引出了关于设计和终极目的的问题。考虑到达尔文的个人背景,我们会有一个预期,认为他接触过目的论思想(尤其是英国化的柏拉图式外部目的论),并在某些重要方面吸收和接受了这种思想。其次,另一种预期是,我们认为达尔文会将他所接触到的目的论思想转化为他演化论中的最终目的理论。而事实证明,这两个预期都是正确的。

现在，让我们带着两个核心问题，即复杂性论证和设计论证，依次来看看这两个预期。

早年岁月

尽管达尔文有一些朋友是专业的哲学家或神学家（如惠威尔），但他本人并不是。不过，即使如此，在那个以古典课程为主要学科的时代，他依然是一位受过良好教育的英国人。他了解柏拉图的理念，包括柏拉图的理式论（或者说观念论）。他对亚里士多德及其科学思想也有一定了解。更重要的是，他了解自然神学，尤其是他知道有关上帝存在的论证，即源自设计的论证。达尔文经常阅读佩利的《自然神学》。多年以后，在他的自传中，他写道，佩利的著作"与欧几里得一样，给了我极大的愉悦感"。同样地，就在《物种起源》出版的时候，达尔文写信给邻居和同行科学家说："我想我从未像欣赏佩利的《自然神学》那样欣赏过一本书：在当时，我几乎把它倒背如流。"（Darwin 1958, 59）

在剑桥，达尔文的这种世界观得到了学长和老师们的强化。在19世纪20年代末期，居维叶的声誉达到了巅峰。在剑桥圈子里，"存在条件"，即复杂性论证，是理解有机生命的关键：它几乎成了一个演绎推论。这是科学理解有机生命的关键。例如，如果我们看一下亨斯洛在植物学方面的方法——达尔文在剑桥的三年里都参加了他的课程，我们就会发现这完全是朝着目的性发展的。在此，植物的"生理功能"得到了详细的讨论。同样，在讨论植物通过插枝进行繁殖时，亨斯洛写道："大多数植物，至少所有开花的植物，都通过一种非常不同的过程确保了它们物种的延续。这种功能被我们称作'繁殖'，它包括形成蕴含着未来个体胚芽的种子。这种繁殖功能对于物种来说，就像生命对于个

体一样,为其在地球上持续存在提供了保障。"(Henslow 1836,249)

若弗鲁瓦和自然哲学家的超验解剖学在当时的英国是众所周知的,但剑桥的科学家,尤其是塞奇威克,却对此不以为然,甚至对此加以贬低。达尔文所接受的是佩利的、柏拉图式的、外在的、带有目的因的生命观。达尔文的这种科学观在接下来的10年中并没有发生太多改变:在"小猎犬号"的航行中,他与社会上的新科学潮流有些隔绝。在此,唯一的例外是莱尔的地质学,而且从某种意义上说,这个例外反而证明了这一规律。总的来说,剑桥小组有点儿喜欢均变论。我怀疑正是因为达尔文与世隔绝、长时间独自与莱尔引人入胜的作品相伴,他才会被这位地质学家的魔力深深吸引。幸运的是,虽然剑桥小组的成员在思想上与莱尔有所不同,但他们与达尔文保持着良好的个人关系,因此当达尔文回到英格兰时,他对莱尔地质学的新热情并没有妨碍他重新融入原有的圈子。

因此,我们可以预见,即使在达尔文成为一名演化论者,在致力于发展乃至超越自然选择理论的过程中,他依然拥有一种目的论式的思考方式。事实上,复杂性论证在他的科学中至关重要。一些他在关键的发现月份中记录的有关演化问题的私人笔记非常富有启示性。我们发现,在提出自然选择理论之前,达尔文曾经对性别及其目的性有过焦虑的思考。为什么有两性?它们的功能是什么?"我几乎毫不怀疑,物种存在的最终目的是通过我所提出的原则来适应环境。"(Darwin Notebook C,236)就在发现的那一刻,整个过程的关键点是:"可以说,有一种力量,如同十万个楔子试图将各种适应性结构逼入大自然经济的空隙中,或者通过挤出较弱的结构而形成空隙。所有这些楔子的目的因一定是要筛选出合适的结构并使其适应变化。"(D,135e)然后,

回到性。为什么会有性？"我的理论给出了目的因"，答案是："否则，物种的数量将与个体数量一样多。"（E, 48）

与佩利和居维叶一样，这种思维方式与适应或策划紧密相连：生物具有如性之类的特征，以服务于某些目的。但这正是达尔文的自然选择理论所关注的。自然选择产生了像眼睛和手这样的特征，这些适应性的存在是为了服务于它们的拥有者。换言之，达尔文将佩利的问题，即我们如何解释适应性，视为一个值得思考的问题。他没有把适应性归因于上帝的神迹，而是用一种规律性的方式解释了它。他继承了佩利的信念，即复杂性论证是真实存在的，我们需要解决这一论证。但他与佩利不同，他否定了上帝的直接干预，并使用另一种方式回答了设计论证。上帝不再出现在达尔文的科学中。换言之，上帝不再被作为科学的直接补充而提及。上帝可能仍然在自然界之外进行设计，但他的设计将通过自然规律来远距离地实现。生物为什么具有类似设计的性质，这一问题对于达尔文来说是至关重要的，并且需要解释，但这种解释绝不是将上帝带入科学。

因此，用我们一直在使用的语言来概括，达尔文接受了复杂性论证：有组织的复杂性在有机世界中无处不在，值得解决。他显然将这种复杂性解释为带有目标导向的，即目的因。然而，他的目标是提出一个科学的解释，以替代设计论证，即创造性智能的论证。达尔文的做法是将设计论证分解为科学部分和非科学部分，对科学部分给出一个答案（自然选择），然后说非科学部分不是他作为科学家的关注重点。

在19世纪30年代后期，达尔文所做的一切并没有使他否认设计者（尽管他肯定想否认一个进行神迹干预的设计者）。他只是认为必须为复杂性提供一种自然主义的（即受规律支配的）科学解释。关于规律与设计者之间的联系问题仍然存在,但这些问题不是科学问题。顺便说一句,这意味着我们必须重新思考人类与世界其他部分的关系。我们可能是更高级的物种(达尔文总是这么认为),但远不足以轻视神学。在评论惠威尔的布里奇沃特论文时,达尔文写道,作者"引用惠威尔的原因是深刻的,因为他说昼长适应于人的睡眠时间!!!整个宇宙都如此具有适应性!!!而不是人类适应行星。——傲慢的例子!!"(D,49)

达尔文是否认为一切特征都具有适应性,即使它可能是无用或有害的?当然不是。事实上,一旦达尔文成为演化论者,他就会将无用的特征视为对他理论的证实,并将其作为反对直接创造主义立场的证据。他会期待灰色地带,而神迹信徒则不会。在他于1837年阅读的惠威尔的《归纳科学史》副本的页边空白处,达尔文写下了对惠威尔热烈主张适应真实存在的嘲笑:"男人的乳房"(3.456),"那些不会飞的鞘翅目昆虫的退化了的翅膀?!"(3.468),"当一个人遗传了唇裂或有疾病的肝脏时,这种适应与雀麦鸟适应亚麻籽相同——无疑在某种意义上是如此,但不是这些哲学家所指的那种意义"(3.471, Di Gregorio and Gill 1990)。

回到英格兰后,达尔文与理查德·欧文关系亲密。后者后来成为反达尔文主义的代表人物,但当他们还是年轻人时,他们经常往来,分享知识。例如,欧文被赋予了对达尔文从"小猎犬号"航行中带回来的一些珍贵化石标本进行检查和分类的任务。相比于剑桥小组里的其他老学究,他们似乎更容易愉快地讨论若弗鲁瓦·圣伊莱尔的思想。通过欧文,达尔文对同源性的事实变得敏感,认识到这一现象是重要的,它不能被轻视。"欧文说,在小鸵鸟的骨学中显示了鸟类与爬行动物在骨学上的关系。"(D,35)

然而，无论是在当时还是以后，达尔文都认为同源性是演化的结果——它可以追溯至共同祖先的共享模式——而不应该被提升为一个原则或被认为是自成一体的现象。同源性需要解释，但它并不像适应性那样需要其自身的因果解释。这一点，在达尔文成为演化论者后不久（1837年）与自己的讨论中（在他的笔记本中）体现得非常清楚。他正在考虑居维叶与若弗鲁瓦·圣伊莱尔之间的冲突。他看到了问题之所在，包括演化论者所面临的困难："植物的存在及其向动物的转变似乎是对类比理论最大的反对论据。"（B, 110）他还看到居维叶必须将同源性解释为在存在条件下共享需求的结果，而这超出了原则的力量范围。在若弗鲁瓦（达尔文正在阅读其著作）引用的一段话中，居维叶写道："简言之，如果在"类型的统一"中纳入类比的相似……那么这只是一个从属于另一个更高、更富有成效的原则，即存在的条件，它是各部分之间的和谐，是它们为动物将在自然中扮演的角色所进行的协调；这是一个真正的哲学原则，人们在其中发现了某些相似性的可能性以及某些其他相似性的不可能。"对此，达尔文重点强调"更高、更富有成效"的字眼，写道"我只反对这一点"，并补充道，"所有这一切都将源于关系"，以及"统一当然是由遗传所致"（B, 112–115）。

通向《物种起源》

我们现在转向达尔文理论的第一版，即1842年的概述和1844年的论文。达尔文对于目的因的立场早已形成。直到达尔文生命的最后一刻，他放下笔为止，这一立场都与他理论的所有其他要素一起几乎保持不变。自然选择（他在此使用了这个术语）是演化的主要机制。而在其概述中，我们首次看到了关于次级机制——性选择的明确讨论。选择不仅是变化的原因,更重要的是,变化是朝着适应性优势的方向发生的,就像繁育者在动物和植物中选择所需特征时带来的变化。实际上,这个比喻被强调了,因为达尔文在谈论自然时,把它当作了一个拟人化的、远比人类优越的存在:"假设造物主的辨别能力、预见能力和目标稳定性都比人类更为卓越,那么我们可以认为,新物种的适应性的美丽和复杂性,以及它们与原始种群的差异,都比人类制造的家畜物种中的更大。"(Darwin and Wallace 1958, 114–115)

随着自然选择概念的引入,适应性——或者说,以满足个体生存繁衍需要为目的的有组织的复杂性——成为理论的核心。达尔文证明了他的理论如何以比其他任何理论——尤其是那些不涉及演化的理论——更为高效的方式解释有机世界。在讨论的结尾,达尔文提出了同源性的问题,并证明这可以从基本前提中得出。"类型的统一"很重要,但它只是许多事实之一;从演化的角度来看,它会显得更有意义。"几乎没有什么比这更奇妙或更频繁地被强调:尽管生活在最迥异的气候中,相隔极其久远的年代,尽管适应于自然经济中截然不同的目的,但每一个大类中的有机生物在其内部结构上都显示出一种显著的一致性。"(220)书中的标准例子是脊椎动物的前肢,它们有相似的骨骼结构,但具有非常不同的功能。

达尔文知道同源性的概念已经从不同生物之间的相似性扩展到了同一生物部分之间的相似性。达尔文接受了这一点,并且认为具有渐变特征的子代是对这一现象的一个解释。这种具有连续同源性的典型例子是脊椎动物的脊椎骨,其顶端部分据说被转化为了头骨。达尔文相信这种脊椎动物头骨的理论,不过当赫胥黎摧毁这一理论后,他偷偷放弃了这一理论。

主要的观点是,在面对这些部件的重复时,达尔文所得到的宗教答案根本不是答案。"这些奇妙的蹄、脚、手、翼、鳍足,无论在现存的还是已灭绝的动物中,都是基于相同的框架构建的;而同样的,花瓣、雄蕊、子房等,也只是变态的叶。对于这些现象,神创论者只能将它们视为最终的事实,而无法解释。"(Darwin and Wallace 1958,221—222)然而,"按照我们的后代理论,这些事实〔同源性〕都是必然的,因为按照这一理论,任何一个类别中的所有生物,比如哺乳动物,都被认为是从一个父本中产生的。这些子代通过类似于人类选择偶然的家养变异那样微小的步骤,最终变得大相径庭"。

与讨论同源性一样,达尔文还讨论了"不发达或退化的器官"。这些器官在有机世界中似乎毫无用处,甚至还会带来危险。当然,有时这些器官会被用于其他目的,例如"在万寿菊的雄性植株中,雌蕊由于被堵塞而无法完成它的受精功能,却能用来将花粉从花药中清扫出来,以便由昆虫运送到其他花冠中发育完全的雌蕊上"。但在其他情况下,例如牙齿嵌在坚硬的骨头中,"最大胆的想象也很难将其归因于任何功能"(235)。从达尔文的角度来看,这些理论中的难以解释之处必定会如漂浮的杂物一般被演化这一潮汐冲刷出来。"按照传统的个体创造观点,我认为自然史中几乎没有哪个类别的事实是奇妙而不可解释的。"(236)

最后,在讨论的结尾,达尔文非常清楚地表明,他的论点绝不意味着反驳上帝的存在,反而是支持了上帝的存在。他说:"根据我们对创造者造物规律的了解,形态的产生和消亡如同个体的出生和死亡,应是次级〔规律〕手段的结果。"实际上,"无数世界系统的创造者不应该花精力创造每一种爬行寄生者和〔黏滑的〕水生虫:这些虫豸在陆地和水中每天都能滋生"。上帝最大限度地促进善，尽管这只能通过一些不良后果来实现。在达尔文看来，我们期望上帝通过规律进行创造，这样做的代价和后果是痛苦和破坏；但都是为了更大的好处。"从死亡、饥荒、掠夺和自然隐匿的战争中，我们可以看到、想象到的最高善，即更高级的动物的创造，却直接产生了。"（86–87）尽管达尔文认为，严格来说，这些问题都不是科学问题，但他认为把自己对于这些问题的思考带入他的科学讨论中是明智的。

在《物种起源》的初稿和终稿之间，有一个微小却重要的改变。在《物种起源》的摘要和初稿论文中，达尔文将适应性视为完美之物，因为生物的特征完全适合它们的需求。但在《物种起源》的终稿中，达尔文的思考方式变得更相对化了。重要的不是完美，而是比竞争对手更好。以眼睛为例。在初稿论文中，他清楚地暗示，眼睛总是完美地适应其需求。对于简单的生物来说，简单的眼睛已经足够。"如果我们能够找到这样一个序列，它能够展示眼睛从最复杂的形式逐渐过渡到非常简单的状态的变化，并且在其中，选择起到了细微的变化作用，则很明显（因为在这项工作中我们没有处理器官最简单形式的起源），眼可能是通过渐进选择微小的，但在每种情况下都有用的偏差而逐步获得的；动物王国中的每只眼睛不仅最有用，而且对其拥有者来说是完美的。"（Darwin and Wallace 1958, 149）到了《物种起源》，达尔文的思路有所改变。"自然选择只倾向于使每个有机生物尽可能完美或略微比同一类型的其他同胞更完美，它必须为了生存而与它们搏斗。我们看到，这是自然条件下达到的完美标准。"（Darwin 1859, 201）

现在，眼睛就是一个不完美的例子："据高度权威的说法，即使在最完美的器官——人类的眼睛中，也没有完美的光线像差校正。"（Darwin

1859，202）在《物种起源》的第六版（最终版，出版于 1872 年）中，达尔文引用了德国生理学家赫尔曼·冯·亥姆霍兹（Hermann von Helmholtz）关于眼睛缺陷的论述。"我们在光学机器和视网膜上发现的不准确和不完美，与我们刚刚在感觉领域遇到的不一致相比，几乎算不上什么。有人可能会说，大自然以积累矛盾为乐，以便从外部世界和内部世界之间预先存在的和谐的理论中去除所有的基础。"（Darwin 1859，374）

为了反驳关于自然选择的批评，在他的修订中，达尔文试图打破眼睛和望远镜之间的类比："几乎不可能避免将眼睛与望远镜进行比较。我们知道，这个仪器是在最高的人类智慧下通过长时间的努力完善才得到的；我们自然会推断出眼睛是通过一种类似的过程形成的。但是，我们有权假设造物主像人类一样拥有智慧的力量吗？"（Darwin 1859，188）这一论点可能没有摧毁望远镜和眼睛之间的类比，或使之无效，但它确实使它比以前更加复杂了。达尔文式的适应性和目的因在一种不同于佩利的目的因的方式中被相对化。

在达尔文理论的早期版本和最终撰写成的《物种起源》之间，他进行了一项关于甲壳类动物的大型研究项目。形态学家，尤其是那些关注分类学的人常常抱怨适应性是他们最大的敌人。为了正确理解事物的关联，必须深入挖掘底层需要，找到潜在的共享模式。这种共享模式对于演化论者来说，就是共享祖先的证据。达尔文在开始甲壳类动物的研究之前已经是一位演化论者了，但在这个时候他还没有准备好公开他的立场。因此，我们发现他使用欧文的原型概念，试图首先找出甲壳动物的共同原型，然后再找出蔓足纲动物的共同原型。同源性的概念对于这个项目非常重要，他将一个生物与另一个生物进行比较，然后再与第三个生物进行比较，努力看看如何将它们融合成一个连贯的整体。"关于这三对肢体的同源性,我的第一印象是,它们是下颚和两对小颚的最初状态;但我认为这种观点是完全站不住脚的,理由有几个:比如它们的身体和嘴之间的间隔很大,嘴相对于腿的位置也有些不稳定,以及后者在第二个幼虫阶段中所占据的位置。"(Darwin 1854b,107)"这真的很美妙,通过这一点我们可以看到原型蔓足类动物的同源性——这些同源性是根据其他蔓足类动物的变态推导出来的——在这种退化生物成熟期间清楚地呈现出来,并且被证明与原型甲壳动物的同源性是相同的。"(Darwin 1854b,588)

但适应性和目的因并没有被遗忘,达尔文毫不犹豫地对目的和目标进行了推测。激发他的一个发现是存在所谓的"补雄"(complemental males)——这些圆壳动物退化得如此彻底,以至于它们几乎只是附着在精囊上的游动的阴茎。但它们存在的原因却完全打败了他。"如果问这些补雄存在的目的因,我们无法给出确定的答案;藤壶(*Ibla quadrivalvis*)雌雄同体生殖器内的精囊直径较小,但另一方面,需要受精的卵比大多数圆壳动物更少。"(Darwin 1854a,214)我们并不需要"确定的答案"。关键是达尔文以适应和目的因的方式来思考,并认为提出这样的问题是恰当的。

《物种起源》

到了19世纪50年代末期,当时主要的专业生物学家已经深受德国影响。塞奇威克和惠威尔的影响力已不再显著,欧文和赫胥黎则逐渐成为科学界的当红小生。他们把同源性和原型,或某种等效物,作为生物学研究的基础。这意味着,矛盾的是,从某种意义上说,当《物种起源》于1859年出版时,这门科学已经显得有些过时。达尔文仍然沉迷于19世纪30年代的困扰,并坚持以那些术语给出答案。对他来说,重要的是因果关系的答案——牛顿式的因果关系——以及这种讨论必须基于佩利的自然神学和居维叶的比较解剖学的背景。适应性仍然是达尔文关心的问题;同源性只是演化作用的副产品。功能、目的和设计仍然是至关重要的。

达尔文将自然选择与功能联系在一起:"关于高等动物的哺乳器官,最可能的推测是,原始的有袋类动物袋表面的皮腺分泌出一种有营养的液体;并且这些腺体通过自然选择在功能上得到改进,并集中在一个狭窄的区域内,这样它们就形成了哺乳器官。"(Darwin 1959, 263)同样地,他也谈到了目的:"普通的鹅不会靠滤水得食,而是用它的喙撕裂或切割草本植物。它的喙非常适合这个目的,能够比几乎任何其他动物都更有效率地切草得食。"(249)当然,适应性是一个基本概念:"还有什么比啄木鸟适应爬树和在树皮的裂缝中捕捉昆虫更为显著的适应性例子吗?"(Darwin 1859, 184)

目的因作为一个重要的研究规则,发挥着关键作用。"对于一些动物来说,这些连续的变异可能在生命的早期阶段就已经发生了,或者这些步骤可能已经在比它们第一次出现时更早的年龄被继承下来。在这两种情况下,幼体或胚胎将与成熟的父母形态非常相似,正如我们在短面翻飞鸽中所看到的。"(Darwin 1959, 698)为什么会这样呢? "对于这些群体中幼体不经历任何变态的目的因,我们可以看出这是由于以下偶然因素导致的:幼体必须在非常早的年龄为自己的需要提供服务,并且它们遵循与父母相同的生活习惯;因此,在这种情况下,它们必须以与父母相同的方式进行修饰,以维持它们的存在。"(698)在相关的观点上,"存在条件"或达尔文通常所说的"生存条件"是《物种起源》

中使用最多的概念之一："即使一个有机体在任何时候都完全适应其生存条件，但是当这一生存条件发生改变时，除非它们自身也发生变化，否则它们也无法保持适应；没有人会争辩每个国家的物理条件及其居民的数量和种类都经历了许多变化。"（Darwin 1959, 227）

最终，类型的统一，即同源性，和无用器官以它们在达尔文理论的早先版本中的形式出现在了《物种起源》中。它们的重要性在于指向了演化，而非一个直接设计和干预的上帝。但和同源性一样，它们是讨论的副产品，而不是起点。在转向比较语言学时——这是一个现在日益重要的研究领域——达尔文提出了一个显而易见的类比："原始器官就像单词中保留的字母，虽然在发音中变得无用，但仍在拼写中保留，并在寻找其起源时起到线索的作用。在演化和改造的观点下，我们可以得出结论，原始、不完善、不甚有用的，甚至完全失去功能的器官，远非像在传统的创造主义学说中所表现的那样令人困惑。它们是可以通过遗传定律来解释的。"（Darwin 1859, 455–456）

《物种起源》之后的文献著作

在《物种起源》之后的几年里，达尔文发表的最有趣的著作之一是1860年初出版的一本关于兰花的小书。与随后的《动物和植物在家养下的变异》和《人类的由来》等大型著作不同，达尔文在这里没有回答《物种起源》所引发的问题或是处理未完成的工作。在兰花书中，他阐述了他希望进行的演化生物学研究。他在给他的出版商约翰·默里的信中写道："我认为这本小书会对《物种起源》有帮助，因为它将展示我在细节上工作得很努力，也许可以表明，在相信物种可变的信念之下，自然史是如何被研究的。"（1861年9月24日）这本书的标题《兰花的传粉》(*On the Various Contrivances by which British and Foreign Orchids Are Fertilized by Insects, and on the Good Effects of Intercrossing*, 1862) 表明它始终是目的论的。像佩利一样,达尔文将有机世界看作一个设计对象:他将有机有目的的复杂性视为解开生命世界及其属性之秘密的绝对关键。发明物是人类为了达成某个目标而创建的物体,就像"我发明了一种非常出色的发明物来取出酒瓶中的软木塞"。这是达尔文看待有机世界的视角,就像佩利一样。

在兰花书的文本中,复杂性论证被一遍又一遍地重申,对整本书产生了巨大的影响。因此,在开头部分谈到兰花如何受精时,达尔文详细描述了"复杂的机制"是如何导致这种情况发生的。当昆虫寻找花蜜时,它会顺着通道一路摸索,在这个过程中,它们会刷到一些小小的花粉囊。但这不仅仅是小小的花粉囊。相反,这是将要旅行的小小的花粉囊(或小球)。"这些小球如此具有黏性,以至于无论它们碰到的是什么,它们都能牢固地粘在上面。此外,这种黏性物质具有特殊的化学品质,像水泥一样,在几分钟内就会变得坚硬和干燥。由于花药细胞在前面打开,当昆虫抽出头时……一个或两个花粉团将被牢牢地粘在物体上,像角一样向上突出。"(Darwin 1862, 15)依此类推,整本书中讨论的都是复杂性、适应性、功能和目的。"当我们考虑到花粉囊的不寻常和完美适应的长度,以及其卓越的薄度时;当我们看到花药细胞自然打开,并且花粉团在重力作用下缓慢地下落到与柱头表面齐平的位置,并在微风中来回震动,直到花柱被击中时,我们无法怀疑这些从未在其他英国兰花中发现的结构和功能是专门为了自交而适应的。"(Darwin 1862, 65)

但是,即使是达尔文也意识到了,仅仅依靠旧的自然神学观点,我们的解释力是有限的。他认识到,在演化中,我们对复杂性的原因的理解发生了重大转变。不像一个可以从零开始设计并根据需要调用工具和材料的人类创造者或上帝,通过自然选择的演化是会受到限制的。它必须利用好手头的资源。这有点像汽车发生故障,被困在沙漠中。除非你能利用手头的零件让它再次运转,否则你将灭亡。你不能去车库寻找备件(Darwin 1862, 348):

> 尽管一个器官可能最初不是为了某些特定目的而形成的,但如果它现在为此目的服务,我们有理由说它是专门为此而设计的。按照同样的原则,如果一个人为某种特殊目的制造了一台机器,但是只使用了旧的轮子、弹簧和滑轮,并且只是稍微改变了它们,那么整台机器及其所有部件可能被认为是专门为那个目的而设计的。因此,在自然界中,每个生物的几乎每个部分可能都在略微修改的条件下服务于不同的目的,并在许多古老和不同的特定形式的生物机械中发挥作用。

然而,即使受到限制,"仿佛是上帝设计的"有机体的形象在1862年对达尔文的思想至关重要,正如它一直以来所处的位置一样。这一点甚至让达尔文的一些最亲密的支持者感到不舒服。例如,华莱士给达尔文写信谈到"自然选择"一词,担心它过于拟人化。他说,这导致达尔文"经常把大自然拟人化为'选择''偏爱''仅寻求物种的利益'等等"(Darwin and Seward 1903, 1.267–268)。他敦促达尔文接受赫伯特·斯宾塞的另一个术语"适者生存",因为它具有更少的目的论含义,不太可能"如此多地被曲解和误解"(269)。事实上,达尔文确实在《物种起源》

的后续版本中引入了这个术语。他也后悔年轻时对佩利和源自设计的论证过于热情高涨，以至于过于确信适应性至高无上。但实际上，这些调整只是表面上的。达尔文的内心似乎从未动摇，他回应那些批评"选择"一词的人，指出这是一个隐喻，而谁能在不用隐喻的情况下做科学呢？"没有人反对化学家说'选择亲和力'；当然，酸在与碱结合时没有更多的选择权，正如生命的条件在决定是否选择或保存一种新形态时没有更多的选择权。"（Darwin 1868, 1.6）

当达尔文完成他关于我们自身物种的后期作品《人类的由来》（1871）和《人类和动物的表情》（*Expression of Emotions in Man and Animals*, 1872）时，他的衰落时代已经过去了。由于华莱士自己在人类起源问题上的变节，性选择开始在达尔文的思想中扮演重要的角色。但这种机制和自然选择一样具有目的性。还记得那些荷兰托特女人的臀部吗？如果不是为了吸引群体中的雄性，它们是为了什么？它们是带有目的的身体部位。思维特征也是如此。"半人半兽的祖先，以及处于野蛮状态下的人，经过多代的奋斗，争夺雌性的拥有权。但仅仅拥有身体的力量和大小对于胜利而言几乎没有任何作用，除非与勇气、毅力和坚定的能量相结合。"（Darwin 1871, 2.327）年轻人之间总是在竞争，试图夺取老年人的财物。再加上外界的压力，需要寻找食物并抵御掠夺者和敌人，就需要大量的"观察、推理、想象或发明"。结果，"这些不同的能力将在人成年后不断经受考验、经受选择"（2.327–328）。

达尔文认为，文化也被卷入了演化的行列。他认为人类创造的某些方面是有害的，至少从演化的角度来看是适得其反的。伦理道德至少部分是文化的产物，但从生物学的角度来看，伦理道德似乎并不是完全无害的。现代医学，作为我们重视我们同胞生命价值的伦理观的产物,似乎保护了群体中最弱的成员。"对于野蛮人来说,身体或心智上虚弱的人很快就会被淘汰;而那些生存下来的人常常表现出健康的状态。相反,我们文明人尽我们所能来阻止淘汰过程;我们为低能、残疾和生病的人建造收容所;我们制定穷人法律;我们的医生竭尽全力挽救每一个人的生命,直到最后一刻。"(Darwin 1871,1.168)但我怀疑,达尔文从来没有真正担心过选择会成为一个道德问题。罗伯特·马尔萨斯的上帝并不是一位温柔善良的慈善家。

无论如何,到了这个阶段,达尔文已经从有神论转向了不可知论。以上帝规定的道德的名义反对自然选择的神学担忧对他来说是无用的。事情并不完全黑白分明,有时候文化会产生好的结果——约书亚·韦奇伍德的孙子不可能对资本主义的优点漠不关心。的确,并不是所有人生来就拥有相同的福利,"但这远非一种纯粹的恶;因为没有资本积累,艺术就无法进步;正是通过他们的力量,文明种族才扩展了他们的领地,得以在各地扩展他们的疆土以取代较为低等的种族"(1.169)。

达尔文与设计

让我们花一点时间将这些联系在一起。我们已经看到,达尔文成为演化论者,既是因为他遵从自己的宗教信仰,也是因为他在攻击自己的宗教信仰。他的信仰,已经从年轻时充满神迹的有神论基督教信仰转变为强调法则的自然神论。但没有理由认为,在制定他的理论并写出《物种起源》的过程中,他的信仰是半心半意或虚伪的。他强调他对造物主的理解比天真的有神论者的观点更加优越,并且他是认真的。从神学的角度来看,通过法则创造要优于通过神迹创造;从实用或科学的角度来看,它可以解释许多无法解释的事情,同时还使上帝免于面对生命世界中令人不快的事情。

然而,在达尔文的演化论之上,指引他的是他发现演化原因的冲动——一种与牛顿在两个世纪前提出的力量别无二致的力量。在此,达尔文的基督教经历显现了出来。马尔萨斯是有道理的,因为达尔文时代的英国人期望上帝设计事物,以激励我们行动,而不是让我们闲置不动、满足于我们的处境。生存斗争可能是一个严格的主人,但如果没有它,就不会有任何好事完成。更重要的是,佩利已经准确地指出了有机世界的关键性区别特征——它的设计特征——它的策划,这一被伟大的居维叶再次强调的特征——它的目的因,有机体的适应性本质。达尔文一直接受一个解释复杂性的论点,这个论点看到一个有机的世界充满了需要通过目的因来解释的东西,并且他接着给出了他对于佩利和其他人所解释的这个谜团的答案。佩利等人根据创造性的设计者的原则解释了这个谜团,但对于达尔文来说,尽管他的背景是神学,但他的直接解决方案必须是科学的,而不是神学的。

达尔文的自然选择理论正是成功解释了这种有组织的复杂性,即谋划和适应性。当他最终认识到自己已经将问题转化了一些时,他简单地调整了自己的立场,使其更具相对主义色彩而非完美主义色彩。在他修订后的观点中,选择只关心胜利,而不关心完美,且选择只能利用已经存在的材料。所以,从某种意义上说,正如达尔文所认识到的,他对于自然世界的看法就像希斯·罗宾逊(Heath Robinson)那样,解决方案是用手头的零件拼凑而成的,而目标也未必是以最合理的方式实现的(详见本章章首插图)。但总体来说,有机的、有组织的复杂性问题吸引了达尔文的注意力,而艺术品隐喻,则通过自然选择的介入给出了他的解决方案。

最美妙的科学进步就在于,那些反常和紧张的现象成了支持性信息的一部分。对于托勒密来说,地球和其他行星的差异只是一个不必要和无法解释的现象;对于哥白尼来说,它很好地证实了一些行星比地球更靠近太阳,而另一些则更远。对于达尔文以前的目的论者——尤其是居维叶和惠威尔来说,退化器官令人不悦,同源性更是令人担忧;而对于达尔文以前的非功能主义者——如自然哲学家,同源性至关重要,但其存在的原因则陷入了非科学的谜团,且往往是非科学的柏拉图式谜团。但对于达尔文来说,退化器官来自选择的作用方式,这种选择作用不会产生完美,它只能利用现有的条件,结果有些生物比其他生物做得更好。幸运的是,比其他人做得更好已经足够了。对于达尔文来说,同源性——类型的统一性——是对于他的理论的一个基本证实。

达尔文对争议点的关注使得他的世界观中有了严格的目的论。他接受了旧有的主题和问题,但他的解决方案却是新颖和创新的。对于他的理论,众说纷纭是不足为奇的,因为他将新旧理论融合成了具有创意的、出乎意料的模式。他面对柏拉图式的问题,提出了亚里士多德式的答案。也就是说,他展示了如何在不直接援引设计者的情况下获得目的——自然选择根据盲目的法则工作。不需要直接提及心灵,它的目的论是内在的。

但最终,总的来说,达尔文的生物学更像是康德式的。他没有将力量归因于物理和化学以外的东西。但与此同时,他认识到生物学理解的一个维度超越了物理和化学。由于其类似于设计的本质,生命世界比非生命世界提出了更多这类问题。

作为一个基督教青年,达尔文显然认为世界——尤其是有机世界——充满了某些绝对意义上真正良善的价值,并且对我们自己的物种非常有益。我们是按照上帝的形象而产生的特殊创造物。我的猜测是,在达尔文内心深处,这种世界观从未完全暗淡。在达尔文的一生中,他认为演化将最终导向人类。对于一个好的维多利亚人来说,这不是什么坏事。但作为一位专业的科学家,他认识到,在科学中引入任何形式的绝对价值是不恰当的。人们可以拥有价值观,但它们不是科学研究的一个合适的部分。

最后,让我们明确地回到设计论:这个议题在我们的讨论中被忽略了。这是合理的,因为达尔文的伟大贡献在于科学而不是神学。在写作和出版《物种起源》期间,达尔文一直坚持某种正面版本的神学论证,但他的上帝离开他的创造物而远去,在科学中不再拥有直接的角色或位置了。在这一点上,休谟的批评再次发挥了作用,最终足以使达尔文自己也成为不可知论者。我们知道他最喜欢的孩子安妮的早逝带来的痛苦和无意义感使他非常不安。这些担忧在1860年开始出现(且并未结束),在5月22日给阿萨·格雷的信中表露出来:

> 关于这个问题的神学观点,总是让我感到痛苦。我感到困惑。我原本无意写无神论。但我承认,我无法像其他人那样清晰地(也像我希望的那样)看到,显示出设计和仁慈的证据。世界上似乎有太多的痛苦。我无法说服自己,一个仁慈和全能的上帝会有意创造寄生蜂,为的是在毛毛虫的体内寄生,或者猫应该和老鼠玩耍。既然我不相信这个,我认为没有必要相信眼睛是特意设计的。另一方面,我绝不能满足于仅仅看到这个奇妙的宇宙,尤其是人类的本质,然后得出结论说一切都是野蛮力量的结果。我倾向于认为,每件事都是由设计之法则引起的,无论细节是好是坏,它

都留给了我们所谓的机遇去解决。我并不是说这种想法能够完全让我满意。我深切地感到整个问题对于人类的智力来说太过深奥。这就像一只狗在推测牛顿的思想一样。——每个人都可以希望和相信他所能相信的。

最后,尽管达尔文脑中常常闪现设计者确实存在的信念,但他的不信仰态度走得更远。我们可以说,他在维多利亚时期的目的论之下设置了一个定时炸弹;它爆炸的威力是否足以摧毁任何神学的设计论点,是有待讨论的问题。但毫无疑问,旧有的设计论不可能再像过去那样存在。现在有了炸弹,我们必须把它拆除,否则它将爆炸。因此,我们可以看到为什么关于达尔文和目的论的整个问题会引起如此多的争议。那些声称达尔文演化论在生物世界中重新确认了目的的人,与那些声称达尔文永远摧毁了目的的人都是正确的。双方只是在回答不同的问题。是的,达尔文支持复杂性论点;但他永远改变了设计论的观点。

第七章

达尔文主义者的内讧

在《物种起源》发表后不久,演化论便已作为事实得到了广泛的接受——尤其是在专业科学家中间。达尔文建立的共同起源的论据太强了,难以否认,且此时大多数人也不想否认它。如果上帝希望通过不间断的法则来创造,那是上帝的事情,而不是我们的事情。当然,达尔文想要的更多。他希望建立一种功能完善的专业的演化论学说。这一学说以自然选择为其因果核心,就像天文学以牛顿的万有引力为核心、光学以波动理论(维多利亚时代的一个流行理论)为核心一样。但是这并没有实现。专业演化论确实出现了,但它并不是真正意义上的达尔文主义演化论。

实际上,它主要不是在英国,而是在德国大学里发生了;更多地源于自然哲学的根源,而不是《物种起源》。由德国生物学家恩斯特·海克尔(Ernst Haeckel, 1834—1919)引领的这种"演化形态学"很少关注原因。它着迷于追踪生物之间的关系,尤其是揭示它们的演化历史——它们的系统发育学。它专注于同源性,到处寻找胚胎学上的类比(正是海克尔推广了"个体发育重演种系发育"的"生物发生定律",这个在当时新奇但今天已过时的,将个体发展和群体发展进行传统类比的版本),并编织出了越来越富有想象力的生命路径场景。它繁荣的进步主义演化树几乎可以与伊甸园中的任何东西相媲美。

演化形态学最终被证明并不是一门成功的专业科学,这主要是因为它试图解释的化石记录中存在许多空缺,而这些空缺导致了疯狂的推测和明显的矛盾,最终削弱了这一领域的实力。具有讽刺意味的是,在此期间，化石记录比以往任何时候都揭示出了更多东西。始祖鸟——这个半爬行动物半鸟类的存在，原型的"缺失的链环"——出现在了19世纪60年代初；尼安德特人的发现引发了许多关于哪些凯尔特偏远地区至今可能仍然居住着其后代的有趣猜想；而在1870年之后，美国西部的恐龙和哺乳动物化石沉积区成为研究的宝库。然而，尽管化石证据层出不穷，聪明的年轻生物学家依然转向了更有吸引力的研究，如细胞生物学以及——为1900年孟德尔的工作被重新发现后——新兴的遗传学。英国孟德尔遗传学之父威廉·贝特森（William Bateson）公开承认了演化形态学的失败。"关于演化的讨论结束了。很明显，我们没有取得进展。形态学已经被探索到了它的每一个细枝末节：我们需要转向其他地方。"（Bateson 1928, 390）不过，虽然演化形态学未能成为一门顶尖的大学学科，但它找到了它真正的家园——博物馆，每一个过去的生命都在人们的欢迎中得到展示，尤其是那些从新大陆寄回的精彩的恐龙化石。

在另一个重要的方面，演化论取得了巨大的成功。这要归功于"达尔文的斗牛犬"——托马斯·亨利·赫胥黎的工作。在19世纪60年代，赫胥黎和他的朋友们站在了改革英国科学、工业、政府和公民社会的最前线（其影响还扩展到其他国家，包括美国）。尽管英国正在建立世界上最大的帝国，但它仍然是一个对工业化、城市化、世俗化社会极不适应的国家。这种不适应的第一个例子便是克里米亚战争（1854—1856）中的惨败，以及接踵而至的印度起义（1857）。英国医疗界被江湖术士骗子包围，正在衰落；巨大的城市亟需卫生、住房和交通基础设施；大部分人口缺乏教育；政府官僚体系仍依赖裙带关系而非基于能力选拔。像赫胥黎（以及一些女性，如弗洛伦斯·南丁格尔）这样的进步人士致力于改变这一切,试图使英国走出 18 世纪的旧模式,正视即将到来的 20 世纪的需求。

赫胥黎的兴趣和影响力主要集中在科学领域,尤其是科学教育。他成为新成立的南肯辛顿科学大学的行政人员,在那里改革课程,建立考试制度,与政府和其他掌握权力和资金的人建立联系,等等。作为一名行政人员,赫胥黎明白,仅仅创立一门科学学科并不能确保其成功。最重要的是,他必须为学生找到工作。尽管赫胥黎不是生理学家,但他认识到这是一门可以向医学界推广的学科。现在,医学界的领袖们也感到需要停止"害人",开始真正"治病"了。他们很乐意听取赫胥黎的建议,认为生理学的培训能为新医生提供理想的背景。大学也很乐意接受赫胥黎资助的候选人作为讲师。

赫胥黎向教育界推销了他自己的专业——形态学。他说,通过解剖鲨鱼来学习比较解剖学,比研究古老的经典著作,如柏拉图、亚里士多德、贺拉斯和维吉尔的作品,更适合维多利亚时代的新人。"我们应当像小孩子一样坐在事实面前,做好放弃每一个预设概念的准备,谦卑地追随自然的引导,走向任何深渊。否则,我们将一无所获。"(Huxley 1900,1.219)作为伦敦学校委员会的新当选成员,赫胥黎建立了夏季学校来培训科学教育家,然后派遣他的门徒四处宣扬这一福音。H. G. 威尔斯(H. G. Wells),赫胥黎最著名的学生,将各种演化思想融入了他早期的小说中,尤其是在《时间机器》(*Time Machine*)中讲述了人类在遥远未来的故事。

那么,热衷于演化论的赫胥黎是如何将达尔文主义融入这一改革的呢?他看不出演化研究的实际用途,对于将演化学作为一门因果科学研究也没有什么个人兴趣。然而,赫胥黎可以看到演化在社会中扮演的角色,尤其是德国人及其追随者所提倡的追踪物种发展历程的进步主义。基督教,尤其是英国国教,被认为代表着旧秩序。它代表着反对改变的力量,并且牢牢掌控着教育。赫胥黎和他的朋友需要一种新的意识形态来适应新时代——他们需要自己的宗教或一种宗教的替代品,来影响大众。还有比演化论更好的选择吗?它成了一种世俗宗教,一种现代形而上学,它像基督一样回答了关于起源的问题,像宗教一样告诉我们人类在世界中的位置;它提供了历史的总体意义,即进步而非天意。

赫胥黎曾直言不讳地写信给朋友说,"我正在给学校校长们讲一门生物学课程,目的是将他们转变为科学宣教士,将这些岛屿上的基督教异教徒转变为真正的信仰者"(Huxley 1900, 2.59–60)。虽然这只是一个玩笑,但许多真言都出自玩笑之口。他在大众媒体上被称为"赫胥黎教皇",夜以继日地宣扬演化的福音:在工人俱乐部中,在与教士的公开辩论中,在科学组织和各种协会中,在期刊、报纸和杂志中。在这些发言发声的时刻,赫胥黎总能讲一个有关我们如何来到这里,我们现在是谁,以及历史应当如何发展的故事。

一种好的宗教有正确的行为指导方针——比如"爱邻如己"。因此,赫胥黎和他的朋友在演化论中找到了道德准则。尽管达尔文的《物种起源》中包含了一些关于珍视白人种族和促进资本主义的明确的道德情感,但将其道德化并不是达尔文真正的意图。不过,他的英国演化论同行赫伯特·斯宾塞(Herbert Spencer)没有这种顾虑。在一部又一部出版物中,他宣扬了被称为"社会达尔文主义"的理论(这个名字有些误导性)。斯宾塞认为,只有遵循演化的规则,才有希望维持社会和生物进步,乃至更进一步。他和来自全球各地的众多支持者欣然一跃,跨过了从事物的现状到事物的应然状态之间的界限,认为必须以更高利益的名义来促进演化。因此，达尔文之后的演化论成了传递道德和社会信息的工具，充斥着绝对积极的价值观念，但是在成为一门因果性的和可量化的、实验性和经验性的科学方面，它失败了。从专业角度来看，演化论最多不过是二流的事业：它的前提和结论之间有太多缺失，方法论也不足。但在取代日薄西山的基督教意识形态方面，它作为一种世俗宗教，是一个巨大的成功。

这对于我们来说至关重要，因为目的论中——包括目的因、设计、功能——部分是科学问题（有组织的复杂性论证），部分是哲学/神学问题（设计和设计者论证）。如果在达尔文之后，演化论成功地成为纯粹的科学学科，那么有关设计论证的讨论将大量消失。或者至少，我们会期望任何哲学/神学讨论都应当成为哲学家和神学家专属的领域。科学家们会有别的问题需要解决，而他们援引的任何目的论都将局限于这些问题。对于科学和演化论而言，设计论证多少将变得无关紧要了。

然而，事实上演化论既不是一门纯粹的科学学科，也已经超越了科学的范畴。一切都是未知数。在《物种起源》问世后的几十年里出现的那两位狂热的达尔文主义者体现了这一时期的冲突和替代解释。英格兰人赫胥黎是一个不信仰基督教的人，他利用演化论推进世俗议程；而在美国，与赫胥黎相呼应的阿萨·格雷即使深信基督教，却仍然有理由去推广演化的优点。

达尔文的斗牛犬，托马斯·亨利·赫胥黎

无论他身上有哪些局限性，T. H. 赫胥黎依然是所有达尔文主义者中最伟大的那个。他来自英国中产阶级的最底层——他的教师父亲几乎是个疯子——然而凭借才华和努力，他使自己脱颖而出。在奖学金

的支持下,他接受了医学培训,然后加入皇家海军担任外科医生,搭乘"响尾蛇号"(HMS Rattlesnake)航行至南太平洋。正是在19世纪40年代后期的南海之行中,赫胥黎为他的科学生涯打下了基础;在这些日子里,他对从船边抓起的脆弱无脊椎动物做了精细的解剖。他承认自己主要关心的并不是功能(而且他也很难研究这方面)。对他来说,激动人心的是解剖学和对于相似性或同源性的分辨。"我害怕我体内属于一名真正的博物学家的部分非常少。我从不收集任何东西,物种分类工作对我来说总是一种负担;我关心的是结构和工程的部分,即数以千计不同的生物构造中奇妙的统一性,以及类似的器官为了不同的目的所做的修改。"(Huxley 1900, 1.7–8)

赫胥黎的第一篇重要论文,也是为他进入科学界铺平道路的论文,是关于水母(Medusae)的。在这篇论文中,赫胥黎明确指出了它们在解剖学上与其他生物的关系。"为了证明不同类别的动物之间存在真正的亲缘关系,仅仅指出它们之间存在某些相似性和类比是不够的;必须展示它们所基于的相同的解剖结构类型。事实上,它们的器官是同源的。"(Huxley 1903, 1.23)这是赫胥黎一生的热情之所在。回到英国后,他开始建立职业生涯,成为专业的生物学家,并找到工作来支持自己。在经历了一些困难之后,赫胥黎在皇家矿业学校找到了一份工作。这为他提供了收入以及对形态学研究的经济支持,使他得以继续按照以往的模式工作。

意识到形态学理论很大程度上受到了德国思想的影响,赫胥黎如同许多其他思想家一样,开始自学德语。这项努力使他加深了对大陆学术传统的认可。"过去半个世纪的生物科学,与以往的时代相比,以在有机结构的多样性中辨识出一种共同的设计的观点,而受到尊敬。"

（Huxley 1903，1.538）

这种思维方式带有英国杰出形态学家理查德·欧文的特点。当赫胥黎从他的航行中返回、刚刚进入科学界时，他和欧文最初的互动还是友好的。但很快，两人就闹翻了。欧文性格敏感，爱惜自己的地位；赫胥黎则厚颜无耻，嫉妒欧文的地位。赫胥黎开始攻击欧文的研究，嘲笑他的结果，给这位学者的声誉带来了负面影响。

但真正的争执并非在科学上，而是在形而上学上。作为一个现代的、向前看的维多利亚人（实用主义者约翰·斯图尔特·密尔是当时英国最重要的哲学家），赫胥黎将自己设定为经验主义者而不是唯心主义者。他愿意使用"原型"的术语，但不想让自己的工作与某些独立于感官现实的柏拉图式本体相提并论。在批评欧文时，赫胥黎在描述了许多脊椎动物头骨之间的等构关系（isomorphisms）后，得出结论说"不需要再寻求证据来证明它们在目的上的统一性"。他对这位年长者的抨击是："用'原型'这样一个方便的词来称呼它没有什么坏处，但我更愿意避免使用这个词，因为它的内涵和现代科学的精神根本相反。"（Huxley 1903，1.571）

随着哲学界从唯心主义向经验主义转变，赫胥黎也从基督教转向了他所谓的"不可知论"。因此，他自然不会接受"理念是上帝的思想"之类的主张。"我看不到一丝一毫的证据，证明支配宇宙现象的伟大未知因素，如同基督教所声称的那样，像一位父亲那样爱我们、照顾我们。"（Huxley 1900，1.260）非人格化的法则的统治——赫胥黎称之为"科学加尔文主义"——就是一切。有时法则为你工作，有时法则反对你。"这对我来说似乎是我与宇宙现象的根源之间存在的关系。我顺从它，心情愉悦，并且越来越顺从。世界的构成如此，我小小的智慧看不出任何让它运作的其他可能。"

在19世纪50年代初,赫胥黎曾反对演化论。实际上,在试图确立自己作为合格的专业生物学家的信誉时,他写了一篇评论罗伯特·钱伯斯的《创造的自然史遗迹》的文章。这篇文章满是批判和嘲讽,除了塞奇威克外,无人能出其右。这是一个有趣的练习,因为赫胥黎刚刚从对麦克利的五元体系的热情中恢复过来。到了50年代末,赫胥黎改变了。他像圣保罗一样,在余生中不断传播这名为演化论的福音。这个变化是如何发生的?除了赫伯特·斯宾塞的影响外,赫胥黎与达尔文及其学术圈子(其中包括地质学家莱尔、植物学家胡克等人)日益增长的友谊也非常重要。这个小组为他提供了心理支持,以对抗欧文及其追随者的敌意。此外,赫胥黎的科学加尔文主义也得到了不可知论的支持。他从演化福音的否认者,转变为它的主要使徒。但赫胥黎将如何应对目的论呢?这一论断在基督教中如此重要,而赫胥黎与之展开了殊死搏斗。它不能不受到质疑,事实上也是如此。

赫胥黎论功能

自然,赫胥黎不想涉及目的因论证的层面,即指向设计与设计者的论证。在赫胥黎看来,达尔文已经完全推翻了这个论题,这个话题已经就此结束了。当然,如果指向设计的论证被理解为:一旦接受了设计的存在,则唯一可能的结论就是有某种智慧存在——基督教的上帝或是其他神灵——进行了这种设计,那么达尔文无疑已经完全摧毁了这一观点。幸运的是,赫胥黎接受了为伦敦《泰晤士报》(Times)撰写《物种起源》书评的任务,于1859年12月26日节礼日,为英国主要的思想家和文化当局提供了一篇盛赞达尔文的论文。他无情地驳斥了传统目的论理解的问题。在评论的结尾,达尔文因为引导他的同胞远离目的论而受到高度赞扬。"他要我们遵循的道路,不是一条仅仅由理想的蜘蛛网构成的虚无缥缈的轨迹,而是一座由事实构成的坚实而宽广的桥梁。如果真是这样,它将安全地带我们越过知识中的许多鸿沟,引领我们到达一个远离那些迷人却贫瘠的处女地——目的因——的陷阱的地方,对此,一位权威人士已经给出了恰当的警告。"(Huxley 1859,21)当时的地主和教区牧师在享用这个季节剩下的食物时,不知他们对此有何看法。

赫胥黎对目的论(那种迫使人们接受设计者的目的论)的激烈反对直到一两年后才完全表露。当时他回应了对达尔文思想的批评,尤其是回应了一位德国生物学家的批评,后者指责达尔文在理论化的过程中留下了太多目的论。"令人惊异的是,同一本书会给不同的人留下截然不同的印象。最初阅读《物种起源》时,最让我印象深刻、最使我确信的是目的论,正如人们通常理解的那样,在达尔文的手中遭到了毁灭。"(Huxley 1864,82)然后:"如果我们正确理解了《物种起源》的精神,那么,没有什么比达尔文的理论更完全、绝对地与通常理解的目的论相对立的了。我们不仅认为他不是最完全意义上的'目的论者',而且认为他根本就不是通常意义上的目的论者。"(86)

要否认设计论的力量——这是赫胥黎策略的关键,你需要有充分的理由认为有组织的复杂性论证没有引发任何只有神学方法才能解决的问题。某种程度上,赫胥黎很欣赏达尔文,因为他通过自然选择的机制提供了这些充分的理由。达尔文表明有机世界并没有表现出只能通过引入设计者才能解答的特征。"根据目的论,每个生物就像一颗直射目标的步枪子弹;根据达尔文的观点,生物就像一颗颗榴弹,其中一颗可能命中目标，其余的则偏离得很远。"因此，达尔文使诉诸智慧创造者的申辩变得不必要。"对于目的论者来说，生物是为它所处的环境而创造的；对于达尔文主义者来说，一个生物之所以存在，是因为在许多同类中，它是唯一能够在其所处环境中持续存在的。"

更重要的是，赫胥黎认识到达尔文主义在某种程度上是相对的，而完美的智慧设计者不是。"目的论意味着每个生物的器官都是完美的，不能改进；而达尔文主义理论仅仅肯定它们足以使生物对抗遇到的竞争对手，但承认无限改进的可能性。"以猫善于捕捉老鼠和鸟类为例，赫胥黎展示了达尔文主义与传统目的论者的方向是相反的。猫之所以是它们的样子，是因为［由于（thanks to）它们的特质］它们成功了，而不是因为它们被设计得［具有（with）它们的特质］而获得了成功。"远非想象猫的存在是为了捕老鼠，达尔文主义认为猫的存在是因为它们擅长捕捉老鼠，捕鼠并不是它们存在的目的，而是它们存在的条件。"（Huxley 1864, 84-86）这就是为什么经过漫长而缓慢的演化过程后，我们拥有了目前这样的猫。这绝非因为有人（或某个"上帝"）坐下来勾勒出猫的形态，然后开始创造它们，才神奇地把它们创造出来的。

然而，赫胥黎在这一点上的思考还有另一个层次——这个层次的重要性绝不亚于前者。基本上，赫胥黎对有组织的复杂性论证并没有那么着迷。在他看来，适应性并不是什么大不了的事情，也不应是现代生物学家意识的核心。赫胥黎是19世纪四五十年代的产物，当时德国唯心主义形态学大行其道。他或许会给这个理论一个唯物主义的解释，但他推崇的仍然是同源性和形态而不是功能。佩利不在赫胥黎的阅读清单上，居维叶也被淘汰了——正是赫胥黎指出，比较解剖学而非法国人关于存在条件的奇思妙想引导居维叶取得了巨大成功。作为一名解剖学家和古生物学家(19世纪60年代以后),赫胥黎只有在他们死后,在他们不再能将适应性与严酷、无情的环境相抗衡时,才能真正对自己的研究对象感到兴奋。

对于形态学而言,适应性反而可能会妨碍他们辨别生物之间的关系。赫胥黎接受适应性,但他对此基本上漠不关心。达尔文永远不可能像赫胥黎在《物种起源》出版前一两年那样,邀请读者对于鸟和蝴蝶发出询问:"它们美丽的颜色与轮廓……对它们自己有什么好处吗?它们的生命行为是否因为它们鲜艳优雅,而不是暗淡平凡,便能更容易、更好地完成?"就在达尔文写下他有关兰花适应性的小书几年前,赫胥黎颇具讽刺意味地谈到这个问题:"谁曾经梦想在花的形态和颜色中找到一个功利目的,在花粉粒精雕细琢的外表、在蕨类叶片的各种形状中找到一个功利的目的?"(Huxley 1903, 1.311)

当《物种起源》公开出版后,赫胥黎的思想没有太多改变。达尔文十分沮丧地发现,赫胥黎在1863年向"工人们"发表的六场演讲中,几乎没有提到适应性或自然选择的作用。即使在对《物种起源》的评论中,赫胥黎对此也没有多少提及。在1859年末《泰晤士报》上发表的即时评论中,虽然赫胥黎确实提到了选择,但他本人却主张"突变"——在演化过程中从一种形态到另一种形态的非指向性跳跃(如狐狸变成狗)——这是一个适应论者永远无法接受的概念。在19世纪40年代早期,达尔文已经明确并坚决地排除了突变,正是因为它们跳过了适应性的发展过程。我们在自然中看到的那种巨大的突变往往是极度不适应环境的,达尔文指出,这是自然界的一般规律。随机移动越大,事物运行不正常的可能性就越高。赫胥黎在他的评论中注意到了一些非适应性的特征——达尔文认识到但几乎没有强调,除了选择之外,还需要一个重要机制。

赫胥黎并没有否认适应性,甚至没有否认目的论者在生物学思维的某些方面做出的独特贡献。谈到达尔文的成就时,他承认:"除了他作为一名博物学家的优点之外,他还通过使自然研究者充分认识到那些在有机世界中如此引人注目的适应于目的的特征而促进了哲学思维的发展。——目的论使这些特征在我们的头脑中变得如此显著,而又不至于使我们违背科学宇宙观的基本原则。"事实上,"目的论者和形态学家之间似乎是有分歧的,但它们在达尔文的假说下得到了调和"(Huxley 1893,86)。他甚至认为,"还有一种更广泛的目的论,它没有被演化论的教条所触及,但实际上是基于演化的基本命题"。但是不要被骗了,可能仍然存在一个不那么强的有组织的复杂性论证。但是,它不应该成为生物学家的困扰或自然神学家的跳板。

赫胥黎的目的论实际上是一种盲目的法则作用。在这种盲目作用里,一种决定论的方式使得世界坚定地走向它必然的终点:"整个世界,包括有机和无机的,都是根据特定的定律,由构成宇宙原始星云的分子所拥有的力量相互作用的结果。"(Huxley 1873,272–274)我们当下不知道这一切的终点有任何目的。宇宙就像是一个时钟,我们无权说它的目的是告诉人们时间,也无权说它的目的是毫无意义的嘀嗒声。

对于赫胥黎来说,达尔文从过去的神学桎梏中解放了生物学。在某种程度上,赫胥黎认为达尔文的思想不仅使上帝假设成了多余品,而且使神学在许多方面也显得站不住脚。《物种起源》之后剩下的目的论永远不可能(在赫胥黎看来)足够强大到满足信徒的需求。在赫胥黎看来,我们已经从支持神学到符合神学,再到反对神学了。这个结论对他来说完全合适!

阿萨·格雷

让我们穿越大西洋，来到马萨诸塞州坎布里奇市，哈佛大学的所在地。阿萨·格雷（1810—1888）出生于纽约州北部，是美国当今最优秀的大学之一哈佛大学的植物学教授。与赫胥黎一样，对于一个出身卑微、立志献身科学的人来说，这是常见的第一步。格雷的情况是，他迅速转向了植物学研究。这是他真正的爱好和终身的职业。就像赫胥黎在英国成为达尔文的拥护者一样，格雷成了达尔文在新世界的拥护者。他在《物种起源》出版前就已经了解了这个伟大的演化秘密，当事情公开化后，他在讲台上为达尔文的思想辩护。格雷的对手是哈佛大学比较动物学博物馆的规划者路易·阿加西（Louis Agassiz）。后者是一位瑞士鱼类学家，移居波士顿，受到新英格兰知识分子的崇拜。他将自然研究与宣扬造物主的能力和成就完美地结合起来。

阿加西曾是居维叶生命最后一年里的门徒。虽然这位美籍瑞士人最重要的知识基础可能是德国唯心主义［他曾是主要的自然哲学家、哲学家谢林（Schelling）和解剖学家奥肯（Oken）的学生］，但他一直相信自己是反对拉马克和若弗鲁瓦的旗帜性人物。巧合的是，演化论者格雷至少与阿加西一样是虔诚的基督教徒（事实上，阿加西从儿时的瑞士新教信仰转变成了波士顿名流中的一神论者）。格雷是一位福音派基督徒，具有长老派信仰，但他经常前往欧洲，很喜欢与圣公会牧师交往。但这并不妨碍他拥抱演化论，这部分是由于他与达尔文的私人关系（他通过与植物学家约瑟夫·胡克尔的共同友谊认识了达尔文），部分则可能是因为他作为长老会教徒，致力于研究自然和法则的规律。

美国的演化论争议围绕着这两个人展开。不过，这场争议是公开的而非私人的——它更多是一场关于普通人的思想、信仰和立场的科普性讨论,而非专业领域中的严肃科学争论。正如在赫胥黎的专业工作中,在早期的达尔文主义年代,演化在格雷的专业工作中的作用很小,而选择的作用更是微不足道。但格雷对适应性的敏感性要比赫胥黎高。像胡克一样,19世纪50年代,格雷对植物的地理分布和大陆之间不同物种的相对比例和交流情况非常感兴趣。在此,功能问题绝对是关键的。格雷试图揭示植物及其生态系统的历史,来看看哪些特征可能反映了祖先的特征或对周围环境的适应特征。但是,当达尔文首次提出选择理论时,格雷远没有理解选择的力量,也没有把选择作为植物学研究的关键和常用工具。事实远非如此!叶序的主题,即植物茎上叶片的排列方式,揭示了这一点:这证明自然遵循着某些数学规律。自然哲学家非常珍视这一点,他们将其视为创造的基础秩序和规律的证据。在19世纪70年代初,格雷的波士顿同胞、实用主义者和演化论者钱斯·赖特(Chauncey Wright)表明,叶序可以通过选择来解释。但是在这个年代的晚些时候,在讨论叶序时,格雷却没有提到选择,即使他充分利用了赖特的计算并承认自己得益于赖特的工作。格雷并不认为有组织的复杂性论证和达尔文的自然选择解决方案是科学家必不可少的工具。他认为这是一个更广泛的话题,适合在另一本面向普通读者的文集中讨论。而在这里,关于目的论的问题则不仅是合适妥当的,甚至也是理所当然的。

格雷的功能论

和赫胥黎一样,阿萨·格雷认为达尔文的伟大成就在于同时解决了同源性和适应性的问题。引用达尔文的说法,他的理论"极好地解释了所有有机体构成的统一性,解释了代表性器官和退化器官的存在,以及

物种和属组成的自然序列",格雷完全同意这一观点(1876,99–100):

> 可以说,这些是新系统在其理论方面的真正堡垒;它在很大程度上解释了两个王国之间的生理和结构梯度及其关系,以及所有形式以类群从属于类群排列在几个大类之下的安排;它解开了萎缩器官和形态学一致性的谜团,这是其他任何理论都未曾提供科学解释的问题,并为调和博物学家和哲学家所认为的统治有机世界的两个基本思想提供了依据,尽管他们无法将其协调一致;即适应目的和存在条件,以及类型的统一。调和这两个不容置疑的原则是自然史哲学中的主要问题;一致地做到这一点的假设因此获得了巨大的优势。

但是,达尔文最伟大的支持者彼此之间的差异很大。作为一名信仰坚定且对其加以实践的基督徒,格雷渴望在宗教信仰和科学之间建立一座和谐的桥梁。他一再强调,达尔文的理论与基督教信仰之间没有任何不相容之处。"我们不能断言自然的设计论证对所有人都是足够可信的。但我们可以坚持认为,无论在达尔文的书出版之前它们是怎样的,至少在当下,它们是有用的。"格雷毫不含糊地支持传统的自然神学。"在我们看来,源自设计的论证总能证明存在和持续运作的全知第一因,即自然的安排者;我们并不认为这样的信仰基础会因为接受达尔文的假设而受到干扰或是被改变。"此外,他对有组织的复杂性论证和设计论证之间的区别非常敏感,即使他似乎对设计论证的理论弱点进行了某些妥协。达尔文的系统"不仅承认目的……而且建立在它之上;如果这种意义上的目的本身并不意味着设计,那么它肯定与设计相容,且富有启发性。尽管想象并证明一个整体中的设计可能很困难,尤其是当部分序列似乎是偶然的时候,选择其他可能性可能更加困难且不那么令人满意"(Gray 1876,311)。

实际上,格雷声称达尔文的理论在某些方面加强了设计论证,而非削弱或推翻了它。他认为,在自然选择的演化理论下,我们不再需要寻找临时理由去解释为什么不是每一个有机特征都能呈现出清晰而明显的设计。在格雷所说的"综合而深远的目的论"(即达尔文的假说)中,我们发现"即使是对个体来说毫无用处的器官,也有其存在的原因和理由。它们可能在过去的物种中曾经发挥过实质性的用处,因此即使现在已经没有功能,它们在将来仍可能被用于其他目的"(308)。

在科学和形而上学上,格雷也与赫胥黎有所不同。英国人喜欢突变——这对试图通过自然原因来解释适应性的人来说是犯了忌讳的,而美国人则认为,世界的构成方式本身就否定了突变的存在。在提到莱布尼茨原则"自然不会跳跃"(*Natura non agit saltatim*)时,格雷虽然赞同不能简单地将其提升为必然的真理,但"拥有开阔眼界的博物学家将不会因为研究他们的现象而错过该原则——他们会发现,在适当的限制和变换的形式下,这一规则在整个自然王国中都成立。即使我们并未假设在有机世界中自然不会有明显的进展,而只会有短暂而连续的进展——虽然自然不是无限细小的渐进,但它必然没有长距离的跨越,或者很少有"(Gray 1876,101)。

然而最后,真正的难点是,格雷与赫胥黎的观点不同,他不认为世界只受到基本唯物主义规律的支配。他不认为达尔文对有组织的复杂性论证给出了充分的回答,以及达尔文没有提供传统的从神明出发的设计论的自然主义替代方案。至关重要的是,格雷不能理解选择如何单独地产生了适应性。他觉得变异也必须发挥一定的作用。这必须以某种方式得到特别的引导（121–122）：

> 因此，只要自然界中渐进、有序、适应的形态是设计的证据，而且只要变异的物理原因是完全未知和神秘的，我们就应该建议达尔文先生在他的假说哲学中假设，变异是被沿着某些有益的方向引导的。由于引力的作用，流经一个倾斜平原的水流（这里对应于自然选择）可能会在流动时冲刷出实际的河道；然而，它们的特定路线可能已经确定了。当我们看到它们在不按引力和动力学法则的方式下形成明确而有用的灌溉线路时，我们应该相信河流的分布是经过设计的。

粗略地说，我们可以说赫胥黎对适应性不以为意。他不关心——甚至是欣喜于——看到复杂性论证没有强到需要对设计论证做出充分的回应，尤其是神学上的回应。高兴是因为，作为一名科学家，赫胥黎认为自然选择并不是一种非常强大的机制，因此无法解决真正困难的问题。高兴是因为，作为一位世俗神学家，他不想同意有机世界的某些方面无法得到自然的解释，尤其是不愿承认一个使世界具有超然价值的解释。

虽然赫胥黎在晚年变得悲观、充满怀疑，但对于赫胥黎来说，演化本身具有一种自然价值——它解释了我们在自然界中的位置——即使他始终希望否认任何适应层面的价值。基督徒认为眼睛是基督教上帝仁慈的标志，而赫胥黎则不愿接受这一点。格雷同意赫胥黎的看法，认为达尔文主义无法解释这一点，但由于对适应性的敏感，以及认为需要回应复杂性论证，格雷保留了一种带有神学色彩的设计论。他希望通过由上帝引导的变异来补充自然选择,从而模糊自然和超自然之间的界限。他坚持的是一种达尔文主义以前的价值观。

达尔文的焦虑

达尔文对这一切有何反应？正如你所想象的,他对所有这些声音——来自格雷或任何其他人的——都没有什么兴趣。包括他的老朋友地质学家查尔斯·莱尔,后者同样煞费苦心地保持着对于起源的神学看法。达尔文写信给莱尔说,"天文学家并不认为上帝指导每颗彗星和行星的轨迹。认为每个变异都是神意的安排的观点似乎使自然选择完全无用,并且实际上将一整个新物种的出现过程从科学的范围内排除了"。达尔文继续以他钟爱的与家禽世界的类比来阐述:"那些不认为鸽子中的每个变异都是神意的安排,而认为人们是通过积累这些变异而培育出了羽尾鸽的人,不能从逻辑上认为啄木鸟的尾巴是通过神圣指令而形成的变异。"

对达尔文来说,简而言之,你必须把上帝排除在外。"在家禽和野生环境中的变异似乎是出于未知的原因,而且是无目的的,因此某种意义上是偶然的,只有当它们被人类出于自己的乐趣而选择,或是在适应环境的生存斗争中被所谓的自然选择选中时,它们才具有目的性。"达尔文当然对格雷的水流类比不甚在意。他认为这种类比"完全破坏了整件事情"(Darwin 1985,9.226–227)。

即使在 19 世纪 60 年代早期,达尔文也没有向格雷妥协,尽管他当时仍然隐约觉得万物背后存在某种整体的计划(8.275):

> 再谈一下"设计的法则"和"未设计的结果"。我看到一只

我想吃的鸟,拿起枪来打死它,这是有计划的行为。一个善良无辜的人站在树下,被闪电击中身亡。你相信(我真的很想听听)这个人被上帝有意杀害了吗?许多人或大多数人确实相信这一点;我不能,也不相信。如果你相信,那么你是否相信当燕子捕捉到一只蚊子时,上帝设计了这只燕子在那个特定时刻捕捉到那只特定的蚊子?我认为这个人和这只蚊子的处境是相同的。如果人和蚊子的死亡都没有被设计,我就看不到有任何好的理由去相信它们的第一次出生或产生必然是被设计的。然而,正如我之前所说,我无法使自己相信电力、树木生长、人渴望的最崇高的理念都是来自盲目的、野蛮的力量。

在这之后,达尔文并没有放弃,他开始提出一种与格雷的有利变异流不同的隐喻。在《动植物在家养下的变异》(1868)中,他邀请读者思考一位正在设计建造一座伟大的建筑的建筑师。当然,在实际规划中有意图,但是使用的实际石头呢?建筑师并没有设计它们的形状。他只是利用现有的石头来工作。这个情况在有机世界中也是完全相似的。"石块的碎片虽然对于建筑师来说不可或缺,它们同建筑师建造的建筑物的关系,与有机生物的波动性变异同它们经过修饰的后代最终获得的多样而令人赞叹的结构之间的关系是一样的。"

达尔文继续说道,确实有些人(阿萨·格雷)似乎认为唯有当每一个变异都是有意设计时,选择才能起作用。但这就像一个"野蛮人"坚持认为如果每一块石头的形状没有得到解释,建筑物的建造就是不完整的。它们同样荒谬。当然,石头的形状和形式受到自然法则的控制。"但是,就用途而言,可以严格地说,它们的形状是偶然的。"没有必要把上帝牵扯进这一切。"全知的创造者必须已经预见到由他施加的法则所引起的每一个后果。但是,可以合理地认为,创造者有意命令(如果我们用日常的话来说),每一块岩石碎片应该有某些形状,以便建造者建造他的建筑吗?"在有机世界中的情况完全相似。"上帝难道需要命令鸽子的嗉囊和尾羽的变化,以使爱好者可以培育他怪异的凸胸鸽和扇尾鸽吗?"(Darwin 1868,[149]2.426–428)。显然不是。那么为什么要把他引入自然界呢?阿萨·格雷在这方面是错误的。

然而,格雷并没有就此罢休。他提出了一个新的比喻,旨在实现同样的最终结果。自然选择不应被视为推动船只的风,而应该被视为推动事物前进的舵。"变异相当于风:'你听到它的声音,但不知道它从哪里来或是到哪里去。'它的进程由自然选择控制。在任何给定的时刻,这种影响似乎很小,且不可感知,但最终的结果是伟大的。"(Gray 1876,316–317)

然而最终,格雷和达尔文没有在这一点上达成共识。格雷不像达尔文的另一位支持者赫胥黎那样欣赏适应性。与赫胥黎不同,他认为达尔文主义和基督教信仰是兼容的。与赫胥黎不同,他是一个渐变论者。但最重要的是,与赫胥黎不同,他想将演化从科学领域中剔除,至少在涉及变异时是如此。这是达尔文划定的界限。看到上帝的整体计划是一回事,但当这个整体计划渗入科学领域时,情况就完全不同了。这正是达尔文从中脱离的那种目的论思维。

当然,回过头来看,我们可能会觉得有些遗憾,在关于目的论的问题上,这些人没有按照期望使用达尔文给我们的礼物:自然选择。赫胥黎之所以不想接受这个机制,是因为他无法理解这个问题。格雷之所以不想接受这个机制,是因为他能理解这个问题!只有在达尔文的思想被用作科学工作者必不可少的工具后,我们才能看到这场争论会如何展开。

第八章

演化论的世纪

在达尔文去世后几年内，一门运作良好的、专业的、基于选择的演化论学科并没有如他所梦想的那般化为现实。在专业水平上，演化论至多只是一个二流的、德国化的系统发育追踪理论。它的主要贡献在其他方面。它被进步主义者利用，为社会达尔文主义者鼓吹，成为时代的世俗宗教——一种代表着新开端的新哲学。

当然，人们可能会争辩说，这种社会学解释不够完整，甚至可能扭曲了事实。他们认为达尔文主义没有成为以自然选择为基础的专业科学并从此生根发芽的真正原因主要在于其科学上的缺陷。在《物种起源》中，达尔文理论的缺陷是他没有一种恰当的遗传理论，也就是如何将特征传递给下一代的理论。用今天的术语来说，我们会说他没有一种遗传学理论（theory of genetics）。达尔文认为遗传因子是连续的，而不是像我们现在认为的那样是离散的。也就是说，在达尔文的理论中，遗传的原因并不能不变且完整地传递下去，而是每一代都会混合，从而会被不断稀释。与我们如今基于性别的理论不同（显然性别是不可稀释的，我们的后代或者是男，或者是女），他以肤色作为他的试金石（肤色是一种可以混合的性状）。正如苏格兰工程师弗莱明·詹金（Fleeming Jenkin）和他那个时代的其他批评家迅速指出的那样，混合意味着选择永远无法有效地促进物种变化，因为无论新的变异多么有利，一两代之后它就会被稀释而消失。在这个问题得到解决之前，专业的、基于自然选择的科学理论将无法持续和发展。

这些说法既对也不对。这两种解释——科学和社会学——并不互斥;为了全面理解这一现象,两者都是必需的。虽然遗传因素的重要性不可否认,但它并不能解释所有问题。在遗传问题得到满意解决之前,阉割版的达尔文主义仍然是可能的。达尔文本人在他的《兰花的授粉》一书中证明了,即使不完全了解变异如何传递,也可以运用选择机制进行创造性的、严肃的科学研究。这种阉割版的达尔文主义甚至可能让人更快地发现正确的遗传原理,它们并非遥不可及。我们今天所尊重的遗传思想的先驱,摩拉维亚修道士格雷戈尔·孟德尔(Gregor Mendel),在19世纪60年代就进行了开创性的研究;不过因为他远离主流科学,这一发现直到1900年才为人所知。

抛开推测,事实是,达尔文的几位同代人——与赫胥黎和格雷不同——将选择作为研究工具认真对待。在下文中,我们将通过一些自然选择论者的事例,来探究从1859年到1959年这一个世纪里演化主义的演变。现在,让我们从发现拟态现象并通过引用达尔文的机制来解释它的人开始吧。

亨利·沃尔特·贝茨

历经多次编著的柯比和斯班司的《昆虫学引论》反映了英国人对于昆虫采集的喜爱。达尔文本人在剑桥时,也曾花费很多时间去寻找、捕捉甲虫,将其做成标本。他并不是唯一一个这么做的人。蝴蝶、蛾和其他昆虫成为众多热情的自然主义者渴望寻找的猎物——这是男女都可以从事的、高度受人尊敬的休闲活动——随着帝国的扩张,口味也从国内的普通昆虫扩展到了外国的和异国情调的昆虫。许多士兵、传教士、行政人员和他们的妻子都会在英国统治的某个偏远地区休假,并在这些地方寻找那些鲜艳多彩的昆虫。此外,富有的收藏家也会为这些标本一掷千金。这种经济激励促使阿尔弗雷德·拉塞尔·华莱士（Alfred Russel Wallace）和他的朋友亨利·沃尔特·贝茨（Henry Walter Bates）在19世纪40年代前往南美洲的异国丛林。

贝茨在亚马逊地区度过了12年，在返回英国后，将他的发现用于理论研究。以自然选择作为调查工具，他提供了一种详细的理论来解释蝴蝶的拟态现象。直到今天，这仍然被认为是达尔文生物学的伟大成就之一。贝茨在1862年由伦敦林奈学会（该学会曾于1858年发表过达尔文和华莱士的论文）发表了以袖蝶科（Heliconidae）为研究重点的论文，这一类蝴蝶在南美地区有广泛分布。贝茨本人发现了94个物种，并且每个物种的数量都很多。"无论在哪里，这些物种都非常丰富：虽然它们飞行缓慢、身形脆弱、没有明显的防御手段，并且生活在不断有食虫鸟群出没的地方，但它们显示出繁荣的生存状态。"（Bates 1862, 499）由于袖蝶科分布广泛且数量众多，它们自然会与其他完全无关的蝴蝶有地理重叠。其中一个特别的案例涉及袖蝶科的绡蝶属（*Ithomia*）和粉蝶亚科（Pierinae）的异脉粉蝶属（*Leptalis*）的成员重叠。这促成了贝茨最终用拟态概念解决的问题。"它们的相似之处如此之大，以至于只有在它们生活的原生森林中经过长时间练习后，才能将它们区分开来。"（504）

贝茨问道，这种拟态现象为什么存在？这是一个在生命世界中非常普遍的现象，肯定不仅仅局限于蝴蝶，正如贝茨本人指出的那样。贝茨提供的答案是以目的论的语言表述的（507–508）：

> 这些相似性的含义或最终目的并不难推测。当我们看到一种蛾白天在花丛中穿行，却拥有黄蜂的外表时，我们不得不推断这

种模仿旨在通过欺骗食肉动物来保护这种本来毫无防御力的昆虫，因为这些食肉动物会追逐蛾，但会避开黄蜂。难道袖蝶科的外观对于异脉粉蝶属的成员也是同样的目的吗？看到一种物种数量极为丰富而另一种数量极少，这种推断不是很有可能吗？袖蝶科也许能借此避免像异脉粉蝶属成员那样被捕食。

贝茨在这里谈论的是适应性，一种在生命世界中非常重要的伪装方式。"因此，我相信，袖蝶科展示的特定拟态是适应性的，这些现象与昆虫和其他生物把自己的外表做成植物或无机物的样子本质上是共通的。"（508）

但是，这种现象的根本原因是什么呢？由于这是一篇科学论文，尤其是贝茨这一代人撰写的科学论文，所以这里没有谈及上帝的存在。即使在贝茨的个人信仰体系中，他也已经转向了不可知论，这已经成为他的哲学标志。因此，贝茨对因果关系的答案不是上帝的设计，而是达尔文的机制，即自然选择。袖蝶科（模仿的对象）显然具有恶臭和难以入口的味道，对其周围的鸟类而言非常不可口。它们可以冒着引起注意的风险而变得鲜艳多彩，事实上它们利用这个特征来警告鸟类远离它们。它们不需要快速或灵巧的飞行；它们的本质就是最好的广告。而异脉粉蝶科（拟态者）则相对稀少（仅有袖蝶科数量的千分之一）。它们没有恶臭味道，但通过它们的色彩假装有恶臭。它们通过欺骗而生存。"我从未见过在树林中慢慢飞行的袖蝶科的群体遭到鸟类或蜻蜓的追逐，它们本来是很容易捕食的；当它们停在叶片上时，它们似乎没有被蜥蜴或肉食性的苍蝇干扰，后者经常袭击其他科的蝴蝶。如果把它们的繁荣归功于这一原因，就可以理解为什么异脉粉蝶科这一数量

稀少的种类需要通过伪装来共享防护了:它们自身所能提供的自保能力太有限。"(510)

自然选择是贝茨对拟态现象的解释。那些偶然变异得与袖蝶科相似的异脉粉蝶避免了鸟类的捕食,从而得以幸存和繁衍。那些不像袖蝶科的个体则很早就成了美食。在变异中,我们甚至可以看到选择变得越来越成功。我们在此无须依赖其他解释,尤其是某种内在的指导力量。贝茨承认,乍一看,"似乎适当的变异总是出现在物种中,而拟态则是一种预定的目标"。人们甚至可能被引诱去假设某种导向预定目标的先天倾向或力量。但是,贝茨并没有被这种可能性吸引:"然而,经过检验,这些解释被发现是站不住脚的,而支持它们的表象也被证明是虚假的。那些真诚地希望有一个合理解释的人,必须得出这样的结论,即这些明显、美丽而奇妙的拟态相似性,以及生物中的每一种适应性,或许都是通过类似于我们在此处讨论的机制实现的。"(514–515)

这确实体现了一种达尔文主义的科学方法,尤其是对于目的因的处理。达尔文和华莱士都很喜欢这篇论文,后者甚至撰写了一篇自己的论文,将这些思想扩展到了热带世界的其他地区。然而,尽管贝茨的工作是真正卓越的,但没有人从他的论文中找到建立一门有效的科学学科的途径;没有新的学科是建立在这项开创性的工作基础上的。贝茨本人——尽管他花了多年时间近距离地研究自然界,但他并没有接受任何正式培训——他在申请大英博物馆的动物学职位时被拒之门外;他们更喜欢一位没有生物学背景但具有文学才华的人。贝茨最终还是通过他的出版商约翰·默里(达尔文将他介绍给贝茨)的推荐,才得到了一份有薪工作,即担任皇家地理学会的秘书,这也是他余生的工作。直到19世纪80年代,他才和华莱士一起被选为皇家学会的会员。

而与贝茨同年出生的赫胥黎已担任学会主席,他早在 30 年前就已经是会员了。尽管贝茨是一个卓越的观察家和思想家,但他依然未曾踏入专业科学界。

罗纳德·A. 费希尔

在《物种起源》之后的半个世纪里,还有其他支持自然选择的人,但并不多。其中一个是牛津昆虫学家爱德华·波尔顿(Edward Poulton),另一个是早期生物统计学家拉斐尔·韦尔登(Raphael Weldon)。但他们是例外,他们的科学研究并不是当时最具有影响力的。更为重要的是被重新发现的格雷戈尔·孟德尔的遗传学研究。不幸的是,英国的优秀学者威廉·贝特森(William Bateson)在孟德尔的新理念中看到了一种与自然选择论者的主张相媲美的演化机制。贝特森完全忽略了适应性的重要性,专注于孟德尔研究的"大变异",认为这支持了一种跳跃式的演化论,即主要的变化不是通过选择长时间地作用于微小变异而来的,而是通过一次性跨越物种屏障而产生的大跳跃。根据跳跃式演化论的观点,自然选择更多的是清除演化中的失败者,而不是在自身创造性方面发挥作用。

贝特森及其同时代人的极端立场并未持续太久,因为很快人们就看到孟德尔的遗传学并非自然选择的真正对手。两者是互补而非竞争的关系。孟德尔遗传学表明,变异以不混合或稀释的颗粒状方式从一代传递到下一代。这意味着选择可以有效地、创造性地发挥作用,淘汰某些特征,促进其他特征。与只是为了保持静止而不停地原地奔跑的红皇后不同,选择可以通过作用于非常小的变异来增加适应性,推动事物向前发展。而类似贝特森提倡的巨大飞跃并非必要,甚至是有害的。

对于理解颗粒状遗传是如何运作的,关键的推动力是20世纪第二个十年,托马斯·亨特·摩尔根(Thomas Hunt Morgan)及其哥伦比亚大学的同事的"果蝇实验室"。他们展示了如何在细胞内的染色体上定位遗传单位("基因"),并证明基因的影响可能是微小的,有时甚至是微不足道的。这些孟德尔遗传学家很快意识到这些小变异通过遗传单位的自发改变(基因的"突变")而产生,这种连续的传递提供了达尔文在《物种起源》中所缺乏的背景支持。

并非所有重要工作都是在新世界完成的。在摩尔根在纽约实验室研究出详细的细节之前,英国的生物学家已经意识到,对孟德尔基本原理的一般化〔这一定律在后世以其发现者命名,被称为哈代-温伯格定律(Hardy-Weinberg law)〕提供了一种背景稳定性,这正是演化过程中创造性力量得以发挥的基础。"在开始时,基因突变相对稀少并不妨碍一些具有特定因素的个体与其他个体随机交配,这将产生一群杂合子和纯合子的种群,其中三个类的比例将达到平衡。只要杂合子的平方等于纯'显性'个体的数量乘以纯'隐性'个体的数量。"(Goodrich 1912, 69)然而,种群生物学家将一切整合为一个连贯的图景还需要20年。

在英国,这些数学家中最重要的是统计学家罗纳德·费希尔(Ronald Fisher)。他于1930年出版的《基因选择论》(*Genetical Theory of Natural Selection*)是演化论史上的里程碑,他在此书中将达尔文的选择理论与孟德尔的遗传学融为一体。在学校期间,费希尔首先专注于数学,而后进行了一年的气体理论研究(theory of gases)。日后,在他的生物学工作中,这种物理学训练的结果始终有所表现。例如,他对演化的看法是,在一个大群体中,每个个体都携带着一批不同的基因;这些个体不断相互作用,并在宏观层面上显示出整体性的影响。尤其是,费希尔认为,当种群中存在基因变异时,一些个体将表现得比其他个体更好(它们将更"适应"),因此选择可以将种群推向最佳水平。

然而,在费希尔看来,环境在不断变化;因此,从有机体的角度来看,情况在不断恶化,从而使得到达演化的巅峰越来越困难。他认为选择是一种渐进的、微妙的过程,推动物种向着适应演化,而不是强制性的。他说:"我认为物种不是像糖浆里的拖船那样被吃力地拉着,而是一旦建立了可感知的选择性差异,就会非常敏感地做出反应。所有简单的特征,例如体型大小,都必须始终非常接近最佳值。"(Bennett 1983, 88)这封写给他的朋友和顾问达尔文少校(查尔斯·达尔文的儿子,也是费希尔的赞助人)的信提供了一些有关费希尔关于适应的立场的线索。他是一个狂热的达尔文主义者,认为选择的作用是至高无上的。对于他来说,适应是有机世界基本和普遍的事实。

费希尔对拟态现象进行了详细的分析和讨论,并为传统的英国立场提供了有力的辩护,即选择是最重要的因素。除了感情因素外,费希尔投入这一话题的一个主要原因是,孟德尔派——尤其是继任剑桥遗传学教授的雷金纳德·潘尼特——将拟态作为一个生物学现象的例子,声称它不能用一种充分的基于选择的理论来解释。潘尼特指出,一些蝴蝶,虽然因为模仿不同的对象而在外观上有根本的区别,但它们不仅来自同一批卵,而且在遗传上仅相差一个基因——它们相互之间似乎只相差一次突变——因此,潘尼特认为拟态不能通过选择的过程缓慢而逐渐地发展而来。适应并不是达尔文主义者所认为的万能上帝:"如果独立于自然选择而产生的新特征对其拥有者在生存斗争中既无益处也无害处,那么似乎没有理由让它在自然选择的影响下消失。"(Punnett 1915, 4)

为了反驳潘尼特的观点,费希尔引用了哈佛大学遗传学家威廉·欧内斯特·卡斯尔的工作。通过对老鼠进行选择实验，卡斯尔表明，特定的生理效应（如毛发颜色）可能看起来是由一个基因的单一变异所导致的，但实际上许多其他的基因也有所参与，它们可以强化或减弱原始基因的影响。"或许基因本身并未受到选择的影响，但是其对应的修饰因子（modify factor）依然可能受到外界的影响从而形成选择。这种影响似乎可以达到任何程度。"（Fisher 1930, 166）因此，潘尼特可能是完全正确的，同一窝中会产生完全不同的形态，但这并不意味着只有一个基因参与其中。选择依然可以在许多相关的相互作用的基因——修饰基因——的选择上发挥魔力。产生从一种形态到另一种形态的转变的基因一直存在，不受选择影响。被重新排列和选择的是次要基因。"如果修饰因子总是可以大量存在，而这些因子又确实受到鸟类或其他捕食者等因素的选择，那么我们就会看到这种拟态现象逐渐演化。"（166）

费希尔超适应主义的观点与他的神学信仰相契合。他不仅是一位基督徒，还是一位真正忠诚的英国国教徒。他曾在大学教堂讲道，并公开写作神学问题。他并不是《圣经》直译主义者，但他确实用《圣经》的术语来描述历史，写到上帝通过演化过程创造了世界，而我们的时代正处在这一创造事件的中间。"对于传统的宗教信徒来说，生命演化理论引入的本质新奇之处在于，创造并不是很久以前就全部完成了，而是仍在进行中，处于其不可思议的持续时间中。"（Fisher 1947, 1001）费希尔认为适应性本质上是好的，代表着上帝创造意图的一部分。他写到"现有适应的高度完美"（致休厄尔·赖特的信，1931 年 1 月 19 日，摘自贝内特 1983, 279），并看到了从达尔文到帕莱的目的论论证。对于费希尔来说，适应是上帝整体计划的一部分——它不是随机的。设计和达尔文主义是相辅相成的。用目的因的语言来说,我们可以说费希尔接受了有组织的复杂性论证,就像帕莱和达尔文一样。适应性无处不在,他像一名科学家一样认为(这一点他和达尔文一样),自然选择是解决这个问题的方式。但他不认为这意味着排除了对世界的基督教解释。

生态遗传学

在英国,费希尔的方法得到了他的好友兼合作者亨利·福特(Henry Ford)的宣传。福特先后以学生、讲师和教授的身份在牛津大学生活,并创立了一个名为"生态遗传学"的学派。尽管他本人是一位优秀的博物学家、观察家,但福特真正的贡献在于他吸引到了一批年轻的演化生物学家。他们的工作通过孟德尔遗传学使达尔文主义焕发了新的活力,并将其播到各行各业。其研究重心聚焦于如何将孟德尔遗传学应用于群体,即所谓的群体遗传学。

福特和他的追随者们——这些追随者以 A. J. 凯恩(A. J. Cain)、H. B. D. 凯特尔维尔(H. B. D. Kettlewell)和 P. M. 谢泼德(P. M. Sheppard)为代表——直接关注适应性问题及其背后假定的自然选择的原因。如果贝茨也在这个团队中,他会感到非常舒适,因为福特自己就是一个蝴蝶专家。不过,他们最杰出的工作应该是凯恩和谢泼德关于英国蜗牛,尤其是森林葱蜗牛(*Cepaea nemoralis*)的不同形态(多态性)的研究。每当人们观察这些蜗牛的种群时,他们至少会发现两种明显不同的颜色模式和标记。它们并不是随机分布的。具体来说,"在地面上覆盖着腐叶、外观相对一致的树林中,无带棕色或者无带或一带粉色壳体的蜗牛特别常见,而在树篱或粗糙的绿色草本植物中,黄色五带形式的蜗牛则更为常见"(Sheppard 1958,86)。为什么会这样? 答案是,在鸟类的捕食下，某些蜗牛壳的颜色及图案相对于其他颜色和图案具有选择方面的优势。由于画眉鸟会在石头上砸开蜗牛壳，可以计算被捕食个体的相对比例。研究发现，"在某些不规整的栖息地中，带状形态的蜗牛比无带的形态更具有优势，而在背景均匀的环境中，无带形态更具有优势。还发现，黄色壳的蜗牛（蜗牛体内通常带有绿色调）在绿色背景下被捕食的概率较低，但在棕色背景下，粉色和棕色则更为有利"（86–88）。

福特和他的学派致力于有组织的复杂性论证——他们无意踏出这一局限。这是英国的传统，可追溯至达尔文之前的柯比、斯宾斯和更早的博物学家。拟态，或者更普遍地说，适应性色彩，是一种需要解释并且易于解释的自然现象。即使以演化论来解释，这种解释也有高度拟人化的表述（Sheppard 1958, 152）：

> 对于一个相对不可食用或危险的生物来说，尽可能让别的生物知道这一点显然是有利的，因为这样它就不会反复受到攻击和伤害。为此，它们演化出了引人注目且容易记住的颜色和图案。因此，这些图案往往很简单，颜色也通常是红色、黄色、黑色或白色。值得注意的是，这些颜色也用于道路标志，因为它们在自然背景下非常醒目。

这种语言和思维是关于设计，关于目的性和功能性的。动物面临问题，它们找到了解决方案，即让捕食者不舒服。但是除了里子外，它们还得做好宣传——如果捕食者在咬了受害者一大口后才发现这种不愉快，那对猎物来说就没有优势。猎物必须向潜在的食客"宣传"自己的难以下咽。做到这一点的方式是使用鲜艳的颜色,这可以快速、明确地传达信息。鲜艳的道路标志可不是为了去教人们什么细腻的哲学道理,有毒昆虫的标记也是如此。

这一切都非常英式。但对于那些不完全在这个传统中生活的人来说呢?对于那些来自一个将在20世纪与19世纪的大英帝国相媲美,居于世界霸主地位的国家的人来说呢?伴随着美国在20世纪早期在物质与形而下层面的成功,其科学逐渐成熟,并开始在演化生物学以及物理和社会科学等领域超越其他所有国家。

适应性的地形图

在19世纪晚期,实用主义是美国最著名的哲学流派之一。其中,以钱斯·赖特为代表的一些成员变成了达尔文主义者。总的来说,即使美国大陆的人们和英国人一样愿意成为演化论者,他们并没有成为自然选择的支持者。《物种起源》中采用的适应性方法是一个失败的开始。只是随着孟德尔遗传学和种群遗传学日益被接受,生物学家们才开始理解适应性对于演化的影响。

美国对于这一事业的杰出贡献来自休厄尔·赖特。他出生于中西部,在一所小型普遍主义学院里接受教育,他的父亲是那里的教授。他后来进入哈佛大学攻读研究生,师从卡斯尔。赖特的第一份工作是在美国农业部,他在那里工作了十年,研究动物育种问题,并致力于用近亲繁殖维持和改良肉牛品种。赖特一直对演化感兴趣,他整合了自己的演化论版本,并在20世纪30年代初,即他转聘芝加哥大学的五六年后将其发表。

从形式上看,尽管使用的数学技巧不同,英国人费希尔和美国人赖特在数学原理上的观点是一致的。费希尔接受了传统训练,这一点很明显;赖特是一个实用主义者,这也很明显;但计算的结果是相同的。然而,两人对演化变化的总体观念却截然不同。费希尔总是将自然选择视为演化变化的决定性因素。对他来说,突变进入大型种群,要么由于劣势而被淘汰,要么因为产生的变异优于已有的变异而很快成为整个群体的常态。赖特对牛的近亲繁殖的成功印象深刻,他认为,变异的关键是种群分裂成小群体,这种分裂可以源自外部原因。正是在这些基因库有限的小群体中,真正的创新性变异发生了。

赖特理论的关键部分是,这种变化大部分是由随机因素造成的,即在繁殖中变化。尽管一种形式 A 可能在生物学上优于另一种形式 B,但小群体中的随机交配,必然会有一些巧合和偏差,可能意味着 B 仍然会占上风——它的基因会"漂变"直到收敛(成为种群中唯一的代表)。然后,随着种群之间的隔离屏障被打破,这些新的 B 型特征,本身可能并不直接适应,将作为亚群体加入主要群体。在整个种群情况下,新特征可能具有优势,并通过选择在整个种群中得到选择和固定。赖特的观点是,这些特征首先必须形成,而隔离和漂变则是实现这一点的方式。费希尔式的、在一个大型杂交群体中的选择,是永远无法完成这项工作的。在这样的大群体中,你永远不会得到形成新特征的基因复合体或组合,并保持足够长的时间来实现所需的整合和稳定。

赖特将他的理论称为演化的动态平衡理论,为了支持他的观点,赖特引入了一个有力的隐喻:他建议我们将有机体视为处于一片"适应地形"(adaptive landscape)中,其中高峰代表成功,低谷代表失败;演化就是从一个高峰转移到另一个高峰的过程(1932,68):

让我们考虑一个大型物种分裂为许多小型地方种群的情况。在这个过程中，每个种群主要在种群内部繁殖，但偶尔会有交叉配种。这些地方种群的基因池中的基因型组合不断以非适应性的方式变化……当存在许多地方种群，每个种群都覆盖了广泛的基因域，并在围绕选择高峰的更广阔的领域中相对迅速地移动时，那么至少有一个种群将受到另一个高峰的影响。如果这个高峰高于先前的那一个，那么这个种群将在数量上扩张，并通过与其他种群交配，将整个物种拉向新的位置。因此，物种的平均适应性在群落间选择下得到提升，这是一个比群体内选择更有效的过程。结论是，一个物种分裂为地方种群，为基因组合域中的试错提供了最有的效机制。不必多言，如果这样的机制完全隔离了物种种群的一部分个体，那么它就能相对快速地导致物种的分化，即使这种分化并不一定是适应性的。

赖特并不想否认自然选择的作用以及适应性特征对于有机体的重要性，但他显然认为许多特征在种群中建立起来时，都与生存和繁殖无关。"演化在很大程度上涉及亚种甚至物种水平的非适应性分化，这一点是通过分类学家实际区分这些群体的差异类型来表明的。"显然只有当你到达亚科或科的水平时，你才开始获得适应性差异。"物种起源的主要演化机制因此必定是本质上非适应性的。"（Wright 1932, 168–169）

费奥多西·杜布赞斯基

赖特的动态平衡理论以其适应性地形图隐喻为核心，激发了果蝇遗传学家费奥多西·杜布赞斯基（Theodosius Dobzhansky）的工作灵感。尽管他在俄罗斯出生和接受教育，并在许多方面终身深受其出生地的影响，但他依然是20世纪最重要的美国演化生物学家。他在1937年出版的《遗传学与物种起源》（*Genetics and the Origin of Species*）是下一代演化生物学家得以向前发展并建立成熟的演化研究学科的基础。

在他著作的开头，杜布赞斯基做了一个基本的区分，这种区分将构成他讨论的结构。"对任何运动的描述都可以在逻辑上简单地分为两部分；静力学，处理引起运动的力量以及这些力量之间的平衡；以及动力学，处理运动本身和产生它的力量的作用。"（Dobzhansky 1937, 12）杜布赞斯基理解的演化静力学主要包括遗传学的原则——基因及其性质，染色体及其在细胞中的位置和功能等。杜布赞斯基在20世纪20年代末从俄罗斯搬到托马斯·亨特·摩尔根的实验室工作，因此他著作的第一部分反映了当时关于遗传本质的最前沿科学思想。尤其是，杜布赞斯基能够借鉴他和A. H. 斯特蒂文特（A. H. Sturtevant）在果蝇（*Drosophila*）染色体变异方面所做的工作。

在介绍这些背景之后，杜布赞斯基转向了他所称的演化动力学。在这里，他大量使用了他在俄罗斯训练获得的思维，尤其是他关于自然种群变异的知识（杜布赞斯基曾经专门研究瓢虫），但他所依赖的理论架构，即那个为他的经验性数据提供理论骨架的架构，是休厄尔·赖特的演化动态平衡理论。遵循赖特的理论，杜布赞斯基认为，任何真正重要的演化都必须涉及种群的分裂、亚群体内的变化，以及在之后，新特征的扩展以及在整个种群中的传播。

赖特的遗传漂变理论不太符合达尔文主义，在这一理论中，自然选择并没有起到压倒性的作用。对于杜布赞斯基来说也是如此。像许多

20世纪30年代的人一样,他并不认为适应是生物世界中一种强大的力量,这一点与费希尔等人相同。这种怀疑符合杜布赞斯基从赖特那里学到的东西。"物种分化可能在没有自然选择的作用下发生。"你所需要的只是一个群体的分裂和时间来形成新的群体。"这一说法不应理解为否认选择的重要性。它仅意味着种群分化并不一定在每个案例中都是由选择的影响造成的。"(134)杜布赞斯基真的不想否认选择(或者说适应)是有机世界的一个特征。他只是不认为它是压倒性的,或者(正如他强调的)具有某种特殊的意义。"自然选择理论是否既解释了适应,又解释了演化,这是另一回事。这里的答案部分取决于我们可能对两种现象之间关系的问题所得出的结论。目前尚未就这一问题达成共识。"(Dobzhansky 1937, 150–151)

事实上,《遗传学与物种起源》并不是一本非常符合达尔文主义的书。这并不是批评:它绝不是反达尔文主义的,但它没有关注达尔文和费希尔等达尔文主义者所痴迷的问题。对于达尔文来说,生物学的大问题是适应。对于杜布赞斯基来说,生物学的大问题是变异。适应是一个问题,它很重要,但它不是演化中的关键因素。杜布赞斯基讨论了拟态,但他的处理方式是冷静和不置可否的。事实上,对于那些受过贝茨和费希尔传统教育的人来说,这种冷静简直令人震惊。"总的来说,一个没有偏见的观察者必须得出这样的结论,即保护性拟态的理论几乎没有实验基础。"(Dobzhansky 1937, 164)杜布赞斯基并不是粗心大意或是随意发言;只是这不是他关心的问题。生物之间的差异,它们如何阻止相互繁殖,变异如何传播——这些是作为演化生物学家的杜布赞斯基所关注的事情。

顺便说一句,尽管杜布赞斯基和费希尔一样是坚定的基督徒,但他的信仰来自东正教传统,英国自然神学从未是他的动力因素。对于寻找造物主设计智慧的追求,他并不感兴趣。演化对于人类地位的神学含义才是杜布赞斯基真正关心的问题。

选择加速

《遗传学与物种起源》首次出版后不久,杜布赞斯基对于选择和适应的轻视态度开始有了显著转变。在赖特对其实验的理论方面的帮助下,杜布赞斯基进行了一系列关于演化中的变异和变化的研究,并使用果蝇作为自然界以及实验室中的模型生物。他很快发现了在种群内部和种群之间的染色体结构变异。原本,他和他的同事们认为这是遗传漂变的典型例子,并且必须根据自然选择来重新解释。尤其是季节性变化(在季节变换过程中从一种染色体形式变化到另一种,然后再变回来),当这种现象在孤立的种群中观察到时,不能认为是纯粹的偶然,而必须归因于适应性优势:一种染色体形式在某个季节受到青睐,另一种形式在另一个季节受到青睐。很快,这一点通过在实验室控制环境下的实验种群中发生的模拟变化得到了证实。自然选择比杜布赞斯基所意识到的更为普遍和强大。

这种对选择的新认识并非杜布赞斯基所独有。就像英国的福特一样,杜布赞斯基擅长围绕自己建立一个学派——一个会接过他的研究项目并将其发展得远超最初设想的团队。学生们涌向杜布赞斯基,其中许多人至今仍具有重要影响力。杜布赞斯基特意引进了来自其他领域的成熟演化生物学家——植物学、系统学、古生物学等,并鼓励他们与他一起在大学中创立一个领域或学科,从而争取资助、吸引学生、出版期刊和书籍。这种新的"综合演化论"(英国版本更常被称为"新达尔文主义")的主要支持者包括鸟类学家和系统学家恩斯特·迈尔［Ernst Mayr,《系统学与物种起源》(Systematics and the Origin of Species, 1942)的作者］、古生物学家乔治·盖洛德·辛普森［George Gaylord Simpson,《演化的节奏和模式》(Tempo and Mode in Evolution, 1944)的作者］以及植物学家莱德亚德·斯特宾斯［G. Ledyard Stebbins,《植物的变异与演化》(Variation and Evolution in Plants, 1950)的作者］。对于他们所有人来说,赖特的动态平衡模型及其适应性地形图隐喻都是概念背景,他们都在20世纪四五十年代跟随杜布赞斯基变得更加主张适应论。

辛普森对马的演化的讨论是一个典型的例子(他自己的专长是哺乳动物演化)。他考虑了两个适应性高峰,一个对应于放牧,一个对应于觅食。他展示了马如何从觅食者开始,然后部分转向放牧,之后觅食者灭绝。最初,由于与适应无关的原因,马科成员的体型开始增大。这引起了一种次级反应,"因为一些二次适应增大体型的特征,觅食的高峰开始转向放牧的高峰……偶然地朝着放牧适应的方向发展"。既不完全是觅食者,也不完全是放牧者,这是一种不稳定的状态。一些动物迅速转向放牧。"这个斜坡比觅食高峰的斜坡更陡峭,而放牧的高峰更高(涉及程度更大、更具体、更不易逆转或特化为特定生活方式的专门化)。"(Simpson 1944, 93)其他动物回归觅食,然后由于其他原因而完全灭绝。由此,一次由适应驱动的演化转变发生了。

随着第二次世界大战的结束,福特团队和杜布赞斯基团队之间的科学交流增加了。例如,谢泼德成为杜布赞斯基的博士后,凯恩成为迈尔的学生。他们发现的蝴蝶翅膀图案和贝壳条纹及颜色开始在大西洋西岸产生影响。适应是核心,选择是答案。

因此，尽管有些人为地以《物种起源》1959年的周年纪念作为时间节点，我们仍然可以公平地说，经过一个世纪的发展，一种运作良好的、专业的演化论——达尔文所希望的、以自然选择为因果机制的演化论——已经被孕育出来了。有组织的复杂性问题是需要解决的关键问题，达尔文的方法被理解为解决问题的关键。在这一层面上，价值观被相对化至情境中，人们没有假设在绝对的——人类或神圣的——尺度上存在更好的事物。虽然历时漫长，但最终，达尔文的革命似乎终于完成了。

第九章

适应进行时

如今，回首1959年的事件，我们能清楚地发现，那时生物学领域正孕育着翻天覆地的新观念，一些重大的实证研究项目也即将启动。人类将探索新的方向，而伴随着这些进步与探索，原本便存在的对于选择、适应观念的反对将如同复仇的烈火般越燃越旺盛。哲学家也将开始对演化生物学产生浓厚而持久的兴趣。当物理学在20世纪备受瞩目时，生物学却往往被人忽略了；这种忽略在伯特兰·罗素（Bertrand Russell）和鲁道夫·卡尔纳普（Rudolf Carnap）等分析传统的哲学家身上尤为明显。但是慢慢地，具有哲学素养的生物学家和对生物学感兴趣的哲学家开始用带有批判性与建设性的眼光审视演化理论。他们开始挖掘它的基础，审视它与其他领域的联系，并探讨它可能具有的广泛影响。

宗教领袖们，这些位于思想三角形中除科学、哲学之外的第三个顶点的人们，对达尔文主义及其启示也产生了新的兴趣。首先，他们考虑如何合理地回应美国《圣经》直译主义者对演化论的攻击；其次，（与哲学相似）他们意识到演化生物学本身正酝酿着变革，它在取得巨大进步的同时也激起了新旧争议；此外，从神学本身出发，他们也想为信仰与我们对自然的理解之间的关系提供充分的解释。

作为一名热情的演化论者，我坚信，唯有从它们自身的历史出发，才能正确而充分地理解这些发展。从分子生物学的角度开始讲是个不错的选择。就像孟德尔遗传学的出现一样，最初，演化论者担心沃森和克里克在1953年发现的DNA双螺旋结构将在演化论讨论中占据主导地位；当基因的微观世界似乎包含了遗传、变异和发育的所有有趣问题和解决方案时，谁还会关注对于整个生物体的研究呢？然而，这些担忧很快消失了，因为到了20世纪60年代中期，演化生物学家开始意识到分子生物学方法至少可以成为他们项目的朋友，而非敌人。如果不再把分子生物学视为演化思想的替代品，而是把它当作一种能成为援助的强大新技术，那么激动人心的新的学科视野，无论在理论上还是实验上，都会浮现出来。

在诸多发现中，杜布赞斯基过去的学生理查德·莱温廷（Richard Lewontin）的研究成果尤其令人振奋：他找到了利用分子生物学来定量探究生物种群中自然变异量的方法，解决了一个难题。利用细胞产物具有不同静电特性的事实，莱温廷和他的同事发明了凝胶电泳技术，并很快发现几乎所有研究过的物种（尤其是包括我们自己的物种——智人）中都存在大量的变异。而这仅仅是个开始，随着演化论者急切地探索分子层面的遗传相关变异，他们得以提出关于目的因的深刻问题。

拥有酒精味觉的果蝇

果蝇一直是分子演化生物学家钟爱的研究对象，它们对于昆虫醇类代谢基因的研究贡献卓著。如今，人们已经对这个醇类脱氢酶（Adh）基因有了深入的了解，包括其在基因组中的位置（位于果蝇第二染色体的左臂）以及其确切的化学成分。其分子变异体（即等位基因）也已经被发现，其中包括两种特别广泛的变异，即所谓的快速醇类脱氢酶和缓慢醇类脱氢酶（Adh-F和Adh-S）。这些变异在果蝇的适应过程中起到了至关重要的作用。

没有醇类脱氢酶基因的普通果蝇会被醇类杀死，因此，一种能让果蝇对醇类产生抗性,甚至利用醇类的变异基因具有很高的适应可能性。不久之后,演化论者便将注意力转向了这个基因。果不其然,人们很快发现 Adh-F 基因的功能是为种群提供其他无法获得的资源。验证基因有效性的最佳场所是那些醇类含量丰富且容易在空气中散发的地方,即酒庄。果然,研究人员发现,如果他们去酒窖,在发酵缸周围检查,很容易捕获大量果蝇。但是,并非任何种类或品种的果蝇都能在这类环境中生存:只有携带 Adh 基因的果蝇。两个非常相近的果蝇种类最能说明问题。黑腹果蝇(*D. melanogaster*),能够轻易合成醇类,主要出现在酒庄内。拟黑腹果蝇(*D. simulans*),缺乏 Adh 基因,在酒庄外分布广泛,但在酒庄内几乎不存在。

不过,我们能否脱离自然观察手段,直接通过实验来揭示和证实这些相关问题呢?鉴于有些果蝇种类比其他种类更能消化醇类,我们能否证明,在含有醇类的食物上,这些果蝇确实更容易通过选择存活下来?澳大利亚的实验者们设置了装有不同食物的陷阱,其中一些是不易发酵的蔬菜,一些是发酵能力中等的水果和蔬菜,还有一些是容易发酵并产生醇类的葡萄和苹果等水果。H. L. 吉布森(H. L. Gibson)及其同事的研究结果有力地说明,缺乏 Adh 基因的果蝇通常不会在大量产生醇类的环境中占很大比例,而具有该基因的果蝇则会。他们研究了五种已知会共同生活的果蝇,发现不同物种对蔬菜和水果的偏好差异明显。由于这些偏好与发酵潜力和是否拥有 Adh 基因之间呈强烈正相关,约翰·G. 奥克肖特(John G. Oakeshott)及其同事认为,其中不仅具有相关性,还具有因果关系。

那么是否有实验模拟了这种情况下的自然选择呢?约翰·麦克唐纳(John McDonald)及其同事正是尝试了这样的实验。他们从两个相同的黑腹果蝇种群开始。在 28 代中,一个种群经历了人为高强度的对醇类耐受性的选择;在这个种群中,研究者们挑选了从醇类环境中幸存下来的个体,并用它们来繁殖下一代。而对于另一个种群,研究人员则没有对其进行人工选择,用作对照。选择是否会产生影响? 它是否会使被选择的果蝇获得在含醇类环境中生存以及代谢醇类的适应能力?实验结果非常显著(尤其是在醇类浓度较高时)。在相对较低的醇类浓度(约 8%)下,几乎所有果蝇(无论是否经过选择)都能存活。然而,在高浓度(约 18%)下生活三天后,几乎没有未经选择的果蝇存活,但经历过选择的果蝇中仍有近 3/4 存活。

此外,麦克唐纳及其同事还证明了这些差异直接与 Adh 基因产生的酶相关(仅与之相关)。换言之,他们通过实验证明了那些能够利用高醇类含量的酒庄等环境的果蝇很可能是被选择出来的,而 Adh 基因很可能是关键的因果因素。他们还讨论了一些别的话题,并且得出了一定的结论,例如关于果蝇种间醇类耐受性方面的差异不太可能仅仅是历史原因导致的(这种历史原因可被称为"系统发育惯性",意味着一些东西在过去可能具有适应性,而在现在仅仅是被沿用):埃尔韦·迈尔科特(Herve Mercot)及其同事通过证明亲缘关系与利用醇类的适应能力无关,排除了这一假设。当果蝇有机会居于酒庄和酿酒厂时,它们就会迅速这样做。在人工发酵资源中繁殖和生活的物种属于三个不同的亚属,它们不可能在演化史的近期共享了产生代谢醇类能力这一事件。

最后,我们可能会预期带有 Adh 基因的快速等位基因(fast allele)会在种群中迅速传播,但是这并不一定是事实。并非每个环境都富含醇类,如果快速等位基因有成本,而慢速等位基因(slow allele)有益处,那么便可能产生其他模式。这些模式是否一定会显示出适应性呢? 如果存在系统的地理变化,即"渐变线",表明随机因素根本无法产生最终结果,那么它们就具有适应性。一个很好的例子是,随着与赤道的距离变远,人类的肤色产生了从深色到浅色的渐变。无论原因如何,这绝对不可能是随机的遗传漂变。为了产生如此陡峭的渐变线,必须进行选择和适应。同样,在果蝇的情况下,我们发现快速和慢速等位基因的频率存在系统性的变化。当离赤道越来越远时,慢速等位基因减少,快速等位基因增加,这在北半球和南半球都是如此。为什么会出现这种模式仍然存在争议。这可能与慢速等位基因纯合子在较高温度下更稳定有关,但几乎肯定还涉及其他因素。降雨量和湿度被认为是可能的原因,这并不奇怪,因为众所周知,果蝇物种对这些生态因素非常敏感。

果蝇中的 Adh 基因具有适应性功能,它使其拥有者能够利用其他危险或致命的资源。醇类的耐受性和消化具有适应性价值,为选择提供了一个可操作的基础。这得到了野外研究以及半自然的和更加人为控制的实验的证实。然而,正如 Adh 变异的渐变线所显示的,这一基因的故事并不只是关于醇类的耐受性,故事背后还有许多有待解答的问题。

孔雀鱼和它的捕食者

生态遗传学家(如我们已经提到过的凯恩和谢泼德)利用能够快速繁殖的生物,尝试在自然界和实验室中捕捉自然选择的原动力。从众多这类研究中,我选择了一个已经持续了 20 多年的项目,一个关注特立尼达岛河流中的小鱼的项目。大卫·雷兹尼克(David Reznick)及其同事和学生们对孔雀鱼的演化非常感兴趣,他们特别关注这些鱼类在捕食方面的适应性反应。雷兹尼克的研究背景是一个基本理论,即如果捕食对于成熟生物的打击比对幼年生物更为严重,那么就会出现向着早熟高产的适应性转变。原因相当明显,即如果成年个体面临严重危险,那么这个成年个体能够越早、越多产地繁殖,其基因传递给下一代的机会就越大。即使与更成熟的成年个体的后代相比,早熟体产生的后代个体处于更不利的境地,这一理论依然站得住脚。但是自然界是否符合这一理论呢?

特立尼达孔雀鱼(Trinidad guppy)是研究这一问题的极佳对象。它们生活在山脉两侧的河流中,一些河流向北流,另一些向南流。这些河流在山脉两侧,由于瀑布和其他危险因素,经常被分割成相互隔离的地段。这些地段在温度和食物供应方面相对相似,但是孔雀鱼在这些地段面临着不同捕食者的威胁,这些捕食者具有不同的习性和喜好。越是上游的河段,捕食者越不猛烈,越有可能捕食较小的幼鱼。河段下游,捕食者从海里进入,往往体型很大;因此,它们可以捕食成熟的成年鱼。在山脉北侧,最重要的下游捕食者是虾虎鱼和鲻鱼;在上游地区,较小的鳉鱼和各种虾类倾向于捕食较弱的幼鱼,而且它们的食物种类更为广泛。南方的河流遵循着类似的模式,尽管有一组不同的捕食者。慈鲷是真正的重量级捕食者之一,此外还有脂鲤科的成员。

雷兹尼克首先仅仅观察了各种隔离河段中的鱼类,看看它们的成熟速度是否确实如预期的那样与各自的捕食者压力相对应。雷兹尼克还进行了实验室繁殖试验——在标准条件下饲养捕获的孔雀鱼——以确保他正在处理真正的遗传差异,而不仅仅是环境引起的变异。他还将北部河流的研究结果与南部河流的研究结果进行了比较,以交叉检查他正在处理的现象是否具有可重复性,以及是否能够系统地显示出类似的效应和类似的原因。最终,雷兹尼克发现理论和证据几乎完全吻合。

成年鱼类受到的捕食压力越大,它们越倾向于早日成熟,迅速生长,尽早繁殖。与其保留能量等待后期可能的全垒打,不如先参与游戏,一次上他一两个垒。换言之,早期即使产生了不太完美的后代也比等待完美并冒着根本无法繁殖后代的风险要好。这并非偶然。繁殖试验清楚地表明,鱼类之间的差异是遗传的,并且这种差异持续存在。适应是主导原则——只要比其他生存策略更好就足够了。

然而,雷兹尼克警告说,研究不能就此停止。确实,他找到了他所寻求的模式,但这些事实之间真的存在因果关系吗?为了探索这一问题,他采用了"标记重捕"技术:他捉住了某个特定地点的所有孔雀鱼,以某种显眼的方式标记它们,以免与其他孔雀鱼混淆,然后将它们放回原地。后来,他再次捉住了所有的孔雀鱼——那些存活下来的个体——以便对捕食率进行比较检查。这样他就能实际观察,那些理论预测中会被捕食的个体是否真的被捕食者吃掉了。雷兹尼克有些得意地得出结论,他的假设得到了证实,因果关系看起来是合理的。尤其是在那些捕食者更喜欢年长的、更成熟的孔雀鱼的地方,这种孔雀鱼存活下来被重新捕获的机会明显小于在那些捕食者更喜欢年轻的、成熟度较低的鱼的地方。这正是理论所预期的结果。

但是雷兹尼克仍然不满意。解决这个问题的另一种方法是通过操纵自然界中的死亡率,看看孔雀鱼是否会以预期的方式应对改变的选择压力。他将孔雀鱼从高捕食率地区移动到低捕食率地区,在另一个案例中,将更贪婪的捕食者(它们会捕食成年鱼)引入低捕食率地区,然后追踪孔雀鱼在几年内和许多(25代或更多)代内的演化。同样,结果再次与理论吻合,受到更强的捕食压力的孔雀鱼向着更早的性成熟和更高的繁殖力演化,而受到较少捕食的孔雀鱼则朝着相反的方向发展。

生活史受到选择的控制。适应是关键原则。

雷兹尼克指出，可能还需要考虑其他因素，例如与孔雀鱼的种群密度有关的问题，但总体结论是清晰确凿的。当将所有研究一起考虑时，"它们为孔雀鱼生活史是对现行死亡率的演化反应，以及捕食者是死亡率差异的主要原因提供了有力的证据"（Reznick and Travis 1996, 272）。

林岩鹨的性生活

达尔文将行为，尤其是社会行为，明确地置于通过自然选择的演化范畴内。然而，在长达一个世纪的时间里，社会行为的演化研究落后于生物地理学和古生物学等其他领域。这在一定程度上是因为行为本身难以研究：你不可能在杀死你的研究对象后在实验室里悠哉地研究它的行为。某种程度上，这是因为社会科学的兴起使演化论者对研究动物或人类社会行为感到了一丝"寒意"：这个问题现在快要变成别人的囊中之物了。而部分原因是没人能对所要研究的问题有正确的理论把握。社会行为必然要求人们从群体的角度来思考，但是，正如达尔文和他更敏锐的追随者看到的，群体选择并不能真正解释正在发生的事情。但是，个体选择似乎又力量不足——除非在那些组织度高得如同一个有机体的群体中。达尔文意识到，这在某种程度上可能适用于一些膜翅目昆虫，但显然不是普遍适用的。

20世纪60年代，情况发生了巨大的变化。在与认为适应过程会损害个体利益以服务群体的人们［尤其是维罗·韦恩–爱德华兹（Vero Wynne-Edwards）］激烈辩论的过程中，一些以美国鱼类学家乔治·威廉姆斯（George Williams）为代表的更具思辨力的达尔文主义者彻底颠覆了传统的群体选择观念。与此同时，人们为处理社会行为设计了一整套全新的理论模型。尽管这些模型研究了生活在群体中的生物，但他们坚信选择优势必须归因于个体。适应性必须增加其持有者的基因表现，而只是间接地（如果有的话）增加其他个体的表现。用理查德·道金斯（1976）的巧妙隐喻来说，这些模型对选择和适应采取了一种"自私的基因"的态度。

最成功的模型是由英国人威廉·汉密尔顿（William Hamilton）设计的，他在研究生阶段就看到了如何运用个体选择的观点来解决膜翅目昆虫不育的问题，也就是说，解释所有那些不育雌性个体的适应意义。汉密尔顿受费希尔思想和方法影响较大。汉密尔顿指出，在最根本的层面上，选择实际上意味着在下一代中增加特定基因的相对数量。行为、形态和其他所有事物都只是实现这一目标的手段。因此，一种看似反直觉的行为，如在生存斗争中帮助另一个生物，其实是完全可能的，只要引起这种"利他主义"的基因可以因此而增加它们自身在未来群体中的数量。但是，这如何适用于不育的工蜂呢？

正如汉密尔顿指出的，问题的关键在于，膜翅目昆虫的性别特征很特殊——雌性昆虫既有母亲又有父亲（因此从每个亲代得到一半的染色体），而雄性昆虫只有母亲（因此只有一半的染色体）。在婚飞期间，蜂后一次性受精，并将精子终生储存在一个单独的隔室里。当蜂后排卵时，如果卵子被其中一个精子受精，那么产生的后代就是雌性；如果卵子没有受精，那么产生的后代就是雄性。结果是，雌性昆虫与其姐妹之间共享的基因比它们与其预期的女儿之间共享的基因要多。这是因为（根据简单的孟德尔原理）姐妹在各自的母系染色体上共享一半的基因（50%的一半），但由于它们的父亲只有一个染色体可以给予，它们在各自的父系染色体上共享所有的基因（全部的 50%）。这使得姐妹之间的亲缘关系可达 75%，而母亲和女儿之间的关系只有 50%，就像在人类中一样。因此，从基因的角度讲，雌性昆虫牺牲自己的生殖活动来支持抚养有生育能力的姐妹是划算的。一只不育的工蜂通过有生育能力的姐妹，而不是通过有生育能力的女儿，能够将更多的自己携带的基因传递到下一代。不育远非一种障碍；对于其拥有者来说，不育可能是一种非常有效的适应。

汉密尔顿的机制——后来被称为亲缘选择——是通过自然选择产生社会行为的解释之一。在理论上特别有力的是使用了博弈论的新模型，这是一种在"二战"期间发展起来的数学分支，研究参与者（战斗者）为了在别人也在追求类似目标的情况下为最大化自身利益，而可能采取的不同策略。随着理论的发展，自然主义者和实验者们开始尝试将动物行为完全整合到达尔文主义的观念中。作为这一演化分支研究的一个优秀例子，我选取了剑桥大学尼古拉斯·戴维斯（Nicholas Davies）的工作，他对被称为林岩鹨的小鸟进行了详细的研究。这种鸟可能更普遍地被称为篱雀（本章章首插图）。

表面上看，这些小鸟似乎是安静、体面的小生物，勤奋诚实地过着传统的生活——共同努力抚养需要特别照料的后代。但仔细观察就会发现一连串性行为的狂欢，堪比《花花公子》杂志上的内容或是青少年男孩的想象。的确有单配制的林岩鹨，但也有多雌制的林岩鹨（一雄，多雌）或者多雄制的林岩鹨（一雌，多雄）。甚至还有被含蓄地称为多雄多雌制的林岩鹨，意味着它们喜欢群交，多个雄性与多个雌性交配。

有各种因素可以解释这种性行为的多样性，尽管关于为什么尤其是林岩鹨会走向这种方向的主要问题仍然没有答案。从达尔文的角度来看，人们预期会发现鸟类的行为是适应性的，即（用博弈论术语来说）它们通过行为来最大化自己的繁殖机会和收益。这意味着——考虑到鸟类的雌雄双方都参与育儿，就像在通常情况下一样——雄性只有在确信自己确实是这些幼鸟的生物学父亲时才会投入努力，而且投入的时间和精力与预期成为生物学父亲的可能性成正比。相反，雌性会根据自己的目的让雄性获得繁殖机会。处于多雄制关系中的雌性会发现，让两个雄性都有繁殖机会对她来说是有利的，这样可以确保两个雄性都会努力喂养和抚养她的幼崽。在达尔文的世界里，没有谁愿意白白付出。

戴维斯和他的同事发现，他们在剑桥大学植物园研究的鸟类似乎有非常明确的繁殖和抚养后代的行为模式。一只更具支配地位的（α）雄性似乎比相对不具支配地位的（β）雄性更愿意为后代付出，而雌性似乎会给所有与它有关的雄性至少是一些繁殖机会。鸟类的交配速度非常快，但林岩鹨在交配前有一种相当复杂的行为模式，雄性让雌性排出它先前交配的精子，从而提高自己实际授精雌性的机会，以及雌性让它留下来帮助抚养后代的机会。

然而，直接观察只是一个粗略的指导。雏鸟真的是那些负责照顾它们的雄性的后代吗？以及占多大比例？要明确回答这个问题，需要更可靠的信息，而在分子革命之前，这是不可能获得的。DNA指纹图谱为检验关于亲子关系的假设开辟了一个全新的维度，预测的联系被证实为几乎完全成立。"DNA指纹图谱表明，交配机会是一个很好的父亲身份预测指标。超过99%的雏鸟是当地雄性的后代。在α和β雄性都与雌性交配的情况下，它们对于雏鸟的父权通常是共享的，平均α雄性是55%的雏鸟的父亲，β雄性是45%的雏鸟的父亲。β雄性的父权份额随着他的交配机会份额的增加而增加。"雌性在相反的方面也同样具有启示性。"在所有情况下,领地上的雌性都被确定为母亲。"(Davies 1992,130)。

适应性起着关键作用,但是为什么呢?显然,没有人会认为林岩鹨是概率论的大师;但通过一些相当简单的实验,例如使用假鸟蛋和在一段有限时间内移除雄性,戴维斯发现,实际产卵似乎会触发雄性的行为。如果在鸟蛋出现之前将雄性从关系中移除,即使它曾与雌性发生性行为,如果稍后它被恢复,它也不会喂养幼鸟。另一方面,在被移除之前看到一个鸟蛋——即使是一个模型鸟蛋,这通常足以在稍后雄性被恢复时刺激它做出喂养行为。

当然,一切并不总是完美。首先,我们使用的是粗糙的规则,如果环境因素压倒了它们,这些规则可能会崩溃。例如,在这种情况下,如果鸟儿在真正产卵之前被太早地移除,那么无论多少假鸟蛋都无法刺激它们在稍后帮忙。而且,别忘了我们观察的是不同的个体在资源有限的情况下的竞争。可能有一只鸟在其他方面胜过其他的鸟。毕竟,这就是选择的意义所在。尽管 β 雄性根据它们看上去的回报来分配行为,事实上,有些雄性在基因方面表现得比它们应有的更好。这可能是因为它们的实际行为,或是因为它们的 α 竞争对手存在某种不足(例如不育),或者仅仅是因为运气好。这一切都说明,虽然适应性起着关键作用,但它并不是在所有生物上都完全取得胜利。用戴维斯自己的话(9)来说,我们必须认真思考一个问题:"我们究竟应该期望发现生物体在设计上有多完美"?达尔文的自然选择是通过竞争和成功(而不是完美)来发挥作用的。

保持凉爽

没有什么能像那些笨重的古代爬行巨兽——恐龙——一样，吸引大众的想象力。从1851年在伦敦举办的大博览会开始（当时人们聚集在一起，凝视着这些史前巨物惊人的复原模型——即使今天我们认为这些模型有虚构的成分），直到如今（现代技术的奇迹重新创造了它们，并让它们成为好莱坞的巨头），恐龙一直让人激动、恐惧，感到神秘和惊奇。没有哪个参观了闻名世界的自然历史博物馆（如南肯辛顿的大英博物馆或纽约中央公园的美国博物馆）的人不会在它们巨大的骨架面前惊叹。事实证明，与大家普遍认知中的笨拙、适应力差相反，恐龙曾繁盛多样，遍布地球。我们哺乳动物的祖先，小型啮齿类动物，则只能保持不起眼的姿态，在这群统治者睡觉时活动，才得以存活下来。事实上，恐龙在地球上的统治持续了近2亿年，直到大约6500万年前，一颗小行星或彗星撞击地球，使它们灭绝。事实上，就连这一说法也不完全正确，因为它们的后代直到现在仍在繁衍生息，只是我们现在称它们为鸟类。

即使在恐龙中，剑龙也格外显眼。它们身长3米到9米，重达6500千克，有点像一条刚吞下山羊的、身体被支起来的蟒蛇。它有小小的头部和细长的细脖子，然后身体逐渐向外扩张，由相对较短的腿（后腿较长）支撑着一个巨大的腹部，最后是一条又长又细的尾巴。虽然剑龙的大脑非常小，但它似乎是一种非常成功的动物。它出现在中侏罗纪（1.7亿年前），并且至少持续到晚白垩纪（7000万年前）。剑龙的物种数量并不是很多，但也至少有十几种以上，并且遍布世界各地，在北美洲、欧洲、印度和中国，都曾发现过它们的踪迹。它们最初是在19世纪70年代于英格兰被发现的，但几年后，北美发现了大量化石——这是美国古生物学家爱德华·德林克·柯普（Edward Drinker Cope）和奥斯尼尔·查尔斯·马什（Othniel Charles Marsh）之间竞争最激烈的时期。在怀俄明州和其他西部地区，他们曾挖掘出完整的标本。而在最近，则是在亚洲挖掘的标本数量最多。

剑龙的移动速度并不算特别快，最高时速约为7公里到8公里。不过，在这方面，作为一种以地面和低空的树叶和果实为食的食草动物，它并不需要在速度上有很强的能力。考虑到它的牙齿相对较小，而胃相对较大，大多数食物的分解可能发生在它吞下食物之后。一些现代动物也采取了这样的策略——比如鸟类和鳄鱼，它们的胃部肌肉用胃石来完成上颚和牙齿未能完成的工作。显然，无论用什么方法切碎食物，考虑到这个庞然大物的体形，它的摄食效率肯定相当高。

我们对剑龙的家庭生活了解不多。一些恐龙是高度社交的，表现出相当复杂的行为，包括父母照顾后代，但是剑龙的小脑瓜（小不仅是绝对意义上的，而且相对于需要移动的身体来说也很小）表明，任何行为都将相当简单。存在一些性二态现象的证据，尽管似乎没人能确切知道哪个性别与哪组骨骼相关，因此无从对其性别进行推断。

不过，剑龙真正引人注目的特征不是它的体形、家庭生活习性或饮食习惯，而是从前往后贯穿其脊柱直到尾尖的一系列骨板和刺。对于这些骨板和刺，人们有两个重要且相互关联的问题。首先，它们是如何定位在动物身上的？其次，它们的功能是什么？第一个问题很难回答，因为这些骨板并不直接连接到脊柱或其他内部骨架的部位。它们嵌在皮肤和其他软组织里。有人认为这些骨板平躺在背部并向外突出。还有人认为这些骨板通常平躺或收缩，并且可以根据需要升起。最近的研究表明，几乎可以确定这些假设是错误的，这些骨板是竖立的,并且一直保持着这种状态。有证据显示,这些骨板基部两侧有一种连接骨骼和组织(韧带)的纤维。在剑龙中,这些纤维似乎对称地位于骨板基部,因此它们只能让骨板保持竖立姿态。此外,另一个问题是,这些骨板究竟是沿着脊柱对称排列,还是错位分布、相互重叠的呢?从化石样本来看,这些骨板通常呈错位状态,且不完全配对;但是这也可能是生物样本化石化的结果。最近的证据表明,这些骨板确实呈错位分布,并且我们将看到这与解答第二个关于功能的问题密切相关。

鉴于它们相当凶猛的外观,关于功能的显而易见的答案是,这些骨板某种程度上保护了这些若非如此便无法自卫的动物。这种解释是一些专家认为这些骨板可能以水平方式排列的主要原因——用以抵御掠食者。此外,直立的骨板对动物的保护作用更不明显。现在,我们有相当明确的证据可以表明,这些骨板并没有直接用于战斗或保护。研究者们对构成骨板的骨骼进行过详细分析,他们把一个骨板切成小块,精心研究其内部,从而表明这些骨骼并不是通常用于战斗或搏斗的坚固的骨骼类型,它们相对多孔、容易碎裂。这些骨板可能被用来恐吓潜在的掠食者,或是用于识别同种群成员,或用于性展示。我们知道有些恐龙具有相当复杂的识别系统——比如鸭嘴龙有一种复杂的声音信号传递方法,它们能运用通过其高度复杂的头骨的空气来发出声音。剑龙的情形是,鉴于这些骨板无法收缩,它们不太可能是为了展示:像孔雀的尾巴那样用于展示的部位,往往会根据需要开启或关闭。不过,由于我们对剑龙的性行为缺乏了解,因此在这个问题上没人能一锤定音。

但这些讨论都没有真正触及问题的核心。幸运的是,在过去几十年里,有一个更有说服力的,关于这些骨板的主要功能的假设出现了。

在这一假设中，人们相信这些骨板可能涉及热调节；鉴于人们对恐龙可能是温血动物这一事实具有浓厚的兴趣，这一假设并不令人意外。它们可能类似于发电厂发电机上的散热鳍片，其中这些突起是热传递机制的重要组成部分。这些骨板是否可以用于让恐龙在过热时冷却下来——例如当消化过程中的发酵产生大量热量时？人们用两种不同的方式来回答这个问题。首先，人们建造了比例模型，以查看和测试这些骨板是否能够传递热量，并且在实际生活中，考虑到已知动物的大小，它们是否真的有效。（人们没有尝试把模型做得太逼真。这些模型只是带有血管的铝制圆柱体。）研究发现，辐射不是消除热量的非常有效的方式，但是受风驱动的对流则是另一回事。这些模型被放置在可以控制和测量温度和风速等因素的隧道中，并且结果非常鼓舞人心。事实上，这些骨板可能无法移动或收缩，但只要这些动物能够控制通过这些骨板的血流速率，这便不会成为障碍。

特别有趣的是，事实证明，骨板比连续的鳍片更有效，而交错的骨板比对称的骨板更有效。最后一个问题的全部意义取决于是否有独立的证据表明这些骨板是交错的，而现在看来的确如此。

第二种方法涉及对这些骨板本身结构的详细研究。同样，有证据指出这些骨板是用于热传递。这些骨板有一些特点，表明血液可以在骨板内部运输，并且靠近皮肤表面。（虽然没有化石化的皮肤，但考虑到暴露骨骼易感染细菌，它很可能有皮肤，甚至可能有更多角质的覆盖物。）

如果对流传热真的是这些骨板的适应性功能，那么我们可以从中得出许多明显的推论，尤其是关于剑龙生态学的方面。首先，我们可以推断，为了使这些骨板作为散热手段而发挥作用，剑龙会生活在开阔的土地、大草原或类似的草地上，有很多风，并且风的方向是相当可预测的。如果这些骨板具有双向功能——不仅可以散热，还可以在动物感到寒冷时吸收热量——我们至少会期望有一些有规律的空旷区域或开阔地，阳光可以照射进来并使动物变暖。换言之，我们不会认为剑龙生活在丛林或森林中。事实证明，剑龙显然生活在相对开阔的区域，在那里，风是热量损失的重要因素，阳光可以帮助它在寒冷的日子里变暖。化石证据表明，动物与栖息地之间的这种匹配并不是偶然发生的。虽然许多其他与剑龙同一时代的恐龙似乎对周围的环境并不关心，但剑龙显然特别努力地避开沼泽和封闭空间。

仍然有一些没有得到解答的问题，包括一些相当基本的问题，例如这些骨板是否也可以在动物感到寒冷时吸收热量。如果恐龙不像哺乳动物和鸟类那样是真正的恒温动物，那么吸收外部热量的方法可能具有适应性上的重要性。但是，尽管存在空白，总体而言，古生物学家们认为他们现在已经了解了他们所研究的最大、最有趣的问题之一。这是适应性思维的胜利。

杀婴行为

达尔文认为，人们可以将自然选择应用于我们自己的物种，即智人。后来的演化论者也同意他的观点。1962 年，费奥多西·杜布赞斯基撰写了一篇达尔文式的关于人类演化生物学的绝佳综述。随着演化论在社会行为研究中的应用，人们或许已经预测到这方面的研究会更加深入了。毕竟，我们人类是最具社会性的物种。事实也确实如此，关于人性，已有许多学者试图将其与我们的生物学联系起来。我们的性行为、家庭结构、与朋友和敌人的关系、宗教信仰和仪式、饮食习惯——

所有这些话题都已成为研究和假设的对象。与达尔文一样,威廉·汉密尔顿认为战争是人类历史上一个关键的选择因素,而爱德华·O. 威尔逊（Edward O. Wilson）则认为男女之间的差异是自然选择作用的直接结果。最近,达尔文主义者们已经将他们的理论应用于健康和医学方面。比如孕期晨吐:这到底只是怀孕过程中一个不幸的生理副产品,还是具有适应性的结果？晨吐是否在胎儿发育最脆弱的阶段,保护胎儿免受对于成年人无害的食物可能带来的伤害？

通常,关于人类社会行为演化的书籍和论文都充满了推测和争议。以至于如今的研究者为了摆脱推测和争议,不得不将他们的研究活动隐藏在看似无害的名字下,如演化心理学。作为例证,我关注了一位灵长类和人类社会行为专家萨拉·布拉弗·赫迪（Sarah Blaffer Hrdy）的讨论。赫迪感兴趣的是杀婴行为,即父母（通常是母亲）杀死婴儿或非常小的孩子。这一现象曾令达尔文和其他维多利亚时代的人着迷。对于这一行为,一个经典的虚构案例是乔治·艾略特（George Eliot）的《亚当·贝德》（Adam Bede）中的赫蒂。乍一看,这种行为似乎非常不符合达尔文主义。一个人如果杀死自己的后代,怎么能生存和繁衍呢？一个可能的答案是,如果一个女人出于某种原因而无法抚养一个健康或成功的孩子,那么她可能会这么做,也许是因为孩子患有残疾,或者母亲是独自一人或缺少支持。这正是赫蒂的处境。在现实世界中,加拿大的数据无疑表明,年轻的、未婚的女性比年长且已婚的女性更容易杀死婴儿——通常来说,后者更有能力抚养孩子。

那么更系统性的杀婴行为呢？那些接受杀死或忽视某一性别的婴儿,甚至对父母施加压力以实施杀婴行为的社会呢？要了解这个问题,首先要问一个问题:为什么性别数量应该相等呢？设计论的观点给出了一个答案。在 18 世纪,安妮女王的医生约翰·阿布思诺特(John Arbuthnot)认为这种平等是上帝的先见之明与一夫一妻制的适当标志。他意识到,男性比女性更容易生病,所以上帝让男性在出生时在数量上稍占优势,以弥补男性更高的死亡率。达尔文意识到自然选择必须给出自己的答案,以对抗自然神论者,最终他找到了答案。我们可以在《人类的由来》第一版中找到这个答案;它从第二版中消失了,因为那时达尔文已经确信自己错了,所以他留下了一个悬而未决的问题。在《自然选择的遗传学理论》(The Genetical Theory of Natural Selection)一书中,费希尔宣传了达尔文的答案,他重新发现了这一答案。这些人证明了性别比例基本上是生物学家今天所说的"演化稳定策略"的结果。如果在一个物种中一种性别占优势,那么对生物体来说,生育另一种性别的后代将是一个好策略。基本上,这意味着更多的机会。如果周围有很多女孩,那么做一个男孩会更好,反之亦然。这种情况会一直持续至达到平衡,然后稳定下来。

现在问题来了。在世界各地,我们发现性别比例远远偏离了预期的平衡。例如,在 19 世纪的印度,某些群体中根本没有女孩幸存。英国当政者颁布了无数反杀婴法律,结果却是人们对人口普查结果进行了大规模的伪造。女儿在很多情况下依然生活艰难,而儿子却受到珍视和精心照顾。

对此可以给出各种文化解释,其中一些非常合理。因为女儿会嫁到别的家庭,为别的家庭的福祉做贡献。在印度,女儿甚至要为丈夫带来嫁妆,这增加了对她们的开支。达尔文指出,如果一个部落受到邻居的威胁,儿子作为潜在的捍卫者比女儿更有价值。因此,从一开始,没有人否认达尔文主义者提供的解释所必须假定的原因是与文化相辅相成,而不是与之对立的。

在 20 世纪 70 年代初,罗伯特·特里弗斯(Robert Trivers)和丹·威拉德(Dan Willard)提出了一个符合这一点的达尔文主义定理。他们认为,如果有理由认为男性和女性之间的生育成功概率存在显著差异,那么这种差异应该反映在性别比例上,并与父母单方或者双方的地位有关。假设,按照通常的模式,大多数女性无论如何都有可能怀孕和分娩,而大多数男性则不得不为配偶而竞争。在这一过程中,有些男性会成功(可能非常成功),而另一些则会失败(甚至可能完全失败)。那么,我们可以预期那些能够给予高水平抚养的父母会偏爱男性后代,赌他们的儿子会在生育上成功;而在另一端的父母则会偏爱女性后代,意识到儿子在生育上几乎没有成功的机会。

特里弗斯－威拉德假说在动物世界中成立。对水獭(一种南美洲的类似豚鼠的动物,被引入英国并成为野生动物)的广泛研究显示,体形最胖的雌性水獭生下的雄性后代远多于雌性后代;当它们怀的大部分是雌性后代时,它们会自然流产。相反,营养不良的雌性水獭则主要或完全怀有雌性后代并且足月分娩。不知何故,水獭母体的生物学机制会评估自身的状况,根据其最佳繁殖利益决定是否流产。这不是个例。这个假设在动物世界的很多物种中都成立。高等级的雌性动物生育雄性后代,低等级的雌性动物生育雌性后代。秘鲁雨林中低等级的雌性蜘蛛猴几乎只抚养雌性后代。

那么人类呢？ 人类学家米尔德里德·迪克曼(Mildred Dickemann)重新审视了印度的数据,那里的女性后代似乎缺失了,或至少其数量远低于均衡水平,她发现,正如特里弗斯和威拉德预测的那样,高地位家庭专门生育男性。较低地位的家庭则更有可能留下女性后代,让儿子自谋生计。这些地位较低的家庭为女儿攒嫁妆,然后女儿嫁给地位较高的家庭,确保建立良好的社会关系(在家庭遇到灾难时有用)并使幸存的后代(即孙子们)具有较高的地位。从技术上讲,高阶层的女性被允许生存并结婚,但她们很少或从不这样做。这种择优嫁娶与特里弗斯-威拉德假说一致,该假说预测了"女性倾向于嫁给一个社会经济地位高于她的男性"(Trivers and Willard 1973, 91)。

遗传证据表明,择优嫁娶在印度是一种长期存在的做法。事实上,这一事实并不仅仅存在于印度:匈牙利吉普赛人也倾向于偏爱女儿。人类出于适应性的原因遵循达尔文主义路线。这不是基因与文化之间的对抗,而是基因通过文化实现其目的的情况。这引发了最后一个问题,即为什么人类要有意识地这样做,而不是像其他动物那样通过纯生理的手段呢?为什么我们不在生产所期望的性别时自发地流产呢?事实上,人类在这方面并非完全独特,其他动物有时也会操纵后代的生存。例如,雄性旅鼠在占据新的雌性后,会杀死另一只雄性的幼崽。

在人类的情形中,答案部分在于我们可以通过文化来操纵比例,部分在于我们需要通过文化来实现这一点。由于我们的智力能力,我们可以在出生后更容易地改变这种情况,所以我们这样做。另一方面,我们生活在一个压力可能迅速变化的环境中,这些压力可能来自外部自然力量或是人类影响的力量。那些能够在最后时刻正确评估局势的人,会获得重要的生物学价值。干旱或征服性的袭击可能在一夜之间改变一个人的前景。因此,远非我们的文化使我们变得非达尔文主义,某种程度上,它使我们成为超级达尔文主义者。

但是文化也在某种程度上使我们得以摆脱达尔文主义。在西方这样拥有巨大物质财富的社会中,控制后代的压力远没有那么强烈,男女后代都受到平等珍视。然而,在我们对其他文化变得过于居高临下之前,我们应该记住长久以来将欧洲贵族女儿送入修道院并使其终身守贞的传统,相当于杀害女婴的行为。当然,成为基督的新娘可以视为攀登社会阶梯的终极行为。

亚里士多德警告说:孤燕不成夏。五个案例研究只能说明选择在起作用,而不能明确地证明它。但对于目前而言已经足够。在复杂性论证的领域,达尔文主义蓬勃发展。自然选择是一种强大的适应性工具,在生物世界中广泛存在。现在让我们从这一结论出发,转向批判性的讨论。

第十章

理论与检验

让我们从最基本的问题开始。如果一个人是达尔文主义者(也就是说,一个认为自然选择是绝对基本的演化机制的人),那么在实践或理论上,他能允许非适应性存在吗?一个特征能在没有任何相对或绝对价值的情况下留存吗?它能否在损害个体价值的情况下,仍然在后代中保留下来?还是说,自然选择是一个同义反复的表述,如批评者经常声称的那样?也就是说,那些生存下来的生物就是那些生存下来的生物,关于生物价值,不能得出任何结论。

某种程度上,这个问题很容易回答。仅仅因为进化存在时间滞后,生物有时不能很好地适应它们的环境。以英国大杜鹃为例。这种鸟在其他鸟类的巢里产卵,然后飞往北非过冬,让寄主抚养它的雏鸟。大杜鹃雏鸟具有排斥寄主鸟类的蛋和雏鸟的适应能力,这样它们就可以独自留在巢里,独占养父母的关爱。这些雏鸟需要独家的育儿照顾,因为它们往往比寄主自己的雏鸟或寄主父母大得多,因此也更容易饥饿。

你可以想象,这一切的结果是大杜鹃和寄主之间激烈选择竞争的结果。大杜鹃具有各种特殊的适应性,以帮助它们的寄生行为。例如,尽管大多数鸟类喜欢花时间产卵,但雌性大杜鹃能够在机会出现时以闪电般的速度产下一个蛋,从而消除潜在寄主的怀疑。相反,被寄生的鸟类变得非常擅长发现奇怪的蛋并将其排出,或在感到有陌生者迹象时放弃巢穴。正如预期的那样,大杜鹃进行反击,产下大小、形状和颜色几乎与寄主鸟蛋完全相同的蛋。这不是偶然的现象,因为不同的大杜鹃品系专门寄生在不同的寄主那里,它们的蛋完美地模仿了相应寄主鸟蛋的样子。

然而,对于我们的鸟类朋友林岩鹨来说,情况并非如此!它们也被大杜鹃寄生,但大杜鹃并不试图伪装它们的蛋,而林岩鹨也不会区分它们。18 世纪,吉尔伯特·怀特(Gilbert White)牧师就注意到了这一点,他在《塞耳彭自然史》(*Natural History of Selbourne*)(致戴恩斯·巴林顿的第五封信)中写道:"您有充分的理由感到惊奇,因为林岩鹨竟能在不因巨大的蛋的尺寸不成比例而感到震惊的情况下孵化大杜鹃的蛋;但我想,这些原始的家伙对于尺寸、颜色或数量的概念或许都非常有限。"(Davies 1992, 218)

根据尼古拉斯·戴维斯的说法,我们在这里看到了一个明显的适应性失败的例子,这个结论通过实验事实得到了加强:当寄主巢中的蛋(包括人造的或"模型"蛋)被移动时,他研究的所有物种都对变化非常敏感,除了林岩鹨。尽管大杜鹃并没有试图欺骗它们,但它们还是被愚弄了。

不良适应

设计论在林岩鹨的世界里彻底崩溃了。为什么呢?原因可能很复杂,但最明显的假设是林岩鹨直到最近才被大杜鹃寄生,它们尚未发展出适应性的防御。戴维斯描述的一个附带实验非常具有启发性。用他自己的话来说(229–230):

> 大杜鹃的繁殖地范围从西欧一直延伸到日本,但它们在冰岛并不繁殖,在那里,它们只是罕见的候鸟,从未被发现有过繁殖。然而,冰岛确实有孤立的草地鹨和白鹡鸰(斑鹡鸰是它的一个亚

种）种群。因此，我们将我们的模型鸟蛋带到了冰岛。冰岛的种群密度很低，我们不得不努力寻找鸟巢，但结果令人兴奋。与英国受寄生种群中这两个物种的成员相比，鹨和鹪鸽对与自己的鸟蛋不同的鸟蛋的辨识度要小得多。

这个案例尚未完全解决,但这一点是明确的:即使是最坚定的适应论者也会承认适应上的空白和失败。

那么是否有更为系统的适应论和设计论的败笔呢？在某种基本的层面上说,这是进化本身不可避免的一部分。自达尔文以来,人们一直强调演化的基础,即原始变异,不是按需出现的(如阿萨·格雷所设想的),而是纯粹出于偶然。它们并不会为即时使用而设计。因此,在某种意义上,适应总是一场斗争,无论选择的力量有多高效。如果你需要的材料永远都没有,你就不能按喜好裁剪布料——你甚至可能根本没有布料可裁。但是对于达尔文主义者来说,这一自然事实并不是特别有限制性。费希尔尤其认为,从长远来看,突变的随机性对适应和演化的过程意义不大。

以大小和颜色为例。诚然,如果突变没有出现,那么某些变化根本不可能实现。然而,无论增大尺寸或改变颜色有多么令人期待,如果变异不在那里,那么它就不在那里。但请记住,生物体是一个整体,像大小和颜色这样的宏观特性很少是由一个基因或一组基因(等位基因)造成的。因此,这种特性不可能或不可用的概率非常低。而且,在很多时候,种群在它们的基因中编码了一个变异库或资源库,可以根据需要随时使用。因此,人们不应该认为突变的非定向性总是会导致不适应。以贝茨的拟态蝴蝶为例,它们在随意从调色板中挑选颜色和图案时似乎没有遇到什么困难。

遗传漂变

比不良适应更有趣、更具意义,并且无疑更具争议性的是遗传漂变(休厄尔·赖特效应)。根据这一理论,种群规模小意味着随机交配可能会对原始的生物种群造成永久性的变化,而这种变化甚至可能独立于将生物推向另一个方向的自然选择压力。20 世纪四五十年代,遗传漂变在演化论者中的普及度(尤其是在欧洲)急剧下降,但在美国,人们仍然对这一概念情有独钟。诚然,许多支持性案例站不住脚,包括赖特自己钟爱的沙漠植物车叶麻(*Linanthus parryae*)。但一些遗传漂变存在的证据仍然令人信服。例如,已证明笼养的果蝇种群会随着代际变化而产生与漂变预测相符的变化。自然种群中的一些情况也是如此。

在 20 世纪 50 年代,恩斯特·迈尔引入了一项与遗传漂变密切相关的重要推论,即所谓的创始者原则。迈尔认为,当一小群生物体与其母体种群分离时,通过相互繁殖,它们可以在随后的几代中产生显著的物理变化,并最终成为与母体种群不同的独立物种。这是因为,小型创始群体在基因上与母体种群中的其他群体有所不同,其原因是所有自然种群中的变异。同样,演化论者就这种现象的普遍程度展开了争论,但支持其存在的一些证据被广泛接受。我们知道,例如,被认为是近期演化出来的物种在其基因组中的变异性降低,这正是我们预期这些物种起源于小型创始群体的情况。

创始者效应可能为人类的演化提供洞见。如果,像许多人推测的,大多数人类源自约 15 万年前从非洲迁出的小型创始群体,那么我们可以预期留在非洲本土的原居群体将有更多的基因变异,而迁出的流动群体则较少。事实确实如此:与其他大陆的土著种群相比,非洲土著种群显示出了更多的基因变异。

在过去的半个世纪里,关于遗传漂变的一个假设引起了相当大的关注。这就是分子漂变理论(也称为分子演化的中性理论),由日本理论种群遗传学家木村资生(Moto Kimura)提出。他认为,在正常的生理(表型)水平上,自然选择确实会起作用,并且起到了决定性的作用,但他认为,在 DNA 水平上,我们看到的许多变异都是随机的:它们不受环境中选择性力量的影响,因此漂变没有目标或目的。这一假设的可信性得到了分子层面许多现象的支持。首先是,事实上,许多 DNA 似乎确实没有什么目的;它们被称为"垃圾 DNA",因为它们不编码蛋白质,也不起到我们所知的任何调节作用。这种看似多余的 DNA 将成为漂变的主要候选对象。其次,DNA 分子释放信息的方式似乎也支持漂变理论。DNA 制造 RNA,然后 RNA 被"阅读"以制造氨基酸,这些氨基酸又被连接成长的多肽链(蛋白质)。DNA 是一条碱基链,其中只有四种类型,RNA 也是如此。然而,氨基酸有 20 种。这意味着将信息从 DNA 传递到氨基酸的最小遗传密码必须涉及三个碱基(产生 4^3 个密码子),因为任何更少的数量都无法区分所有不同的氨基酸(因为 4^2 小于 20)。但这也意味着密码子中存在相当多的冗余(因为 64 远大于 20)。事实上,我们发现确实如此:尤其是第三个碱基在定义氨基酸时经常无关紧要。即使选择最大程度地发挥作用,似乎在这种情况下,第三个碱基也会毫无目标地漂变。

分子漂变的重要性似乎是所有人都承认的。它是所谓的分子钟的基础,通过测量群体间的遗传差异,可以估算出重要物种分化事件发生的时间——差异越大，两个物种分离的时间就越长。然而，随着时间的推移，随机漂变预计会比由于不断变化的选择压力所产生的差异更容易被稀释和平均化。因此，大部分分子差异是由漂变引起的假设并不被人接受。一次又一次的测量表明，分子差异并非如我们所预期的那般，仅仅以漂变为唯一或主要的变化原因。在果蝇中，我们看到了随机漂变也并非改变 Adh 基因水平的重要因素。

在下一章中，我们将探讨一些相当引人注目的例子，即在面对突变、漂变和其他退化因素的情况下，基因序列是如何被保留数亿年的。此外，尽管密码子的第三个碱基可能有变动的空间，这并不意味着它完全不受自然选择影响。尽管两个序列可能编码相同的氨基酸，但仅用一个序列来代表目标蛋白则能够更有效、更快地编码，因此受到选择的青睐。事实上，我们已经发现了大量"密码子偏性"（codon bias）的证据，表明尽管漂变可能在基因水平上起作用，选择依然同样重要。

当我们稍后讨论形式和功能的问题时，我们将遇到其他（假定或推测的）非适应性案例。尽管演化论者激烈地辩论这一概念的范围和重要性，但没有人否认有机世界在某些方面并不是很适应，甚至根本就没有适应。

完美

从另一个角度提出问题。适应是否总是努力追求完美——一种可能永远无法实现，却像圣杯一样始终值得追求的完美？所有人都同意，适应通常并不完美——它显然不符合设计标准。考虑一下人类男性的泌尿生殖系统。由于我们的演化历史，精子导管就像一根花园软管，从水龙头通往附近花坛的路上，绕着一棵远处的树走弯路。导管挂在输尿管上,因此不是直接从睾丸到阴茎,而是蜿蜒着穿过。这很难说是成功的管道布置。不过,演化论者对此并不感到惊讶,当然这也不会对达尔文主义或适应论本身构成威胁。恰恰相反,泌尿生殖系统是很好的证据,它表明起作用的是演化过程,而非宏大的、直接干预的智慧。如果,正如演化论者所相信的,生物总是从它们实际拥有的,而不是它们可能想要的东西开始一步一步建立起来的,那么我们就会预料到这种临时拼凑的效果。没有人说泌尿生殖系统不具有适应性,或者我们没有它会更好。关键是我们必须从相对的角度来思考:它比竞争者更好吗?——而不是从绝对主义的角度:它是所能想象到的最好的吗?

相对优势即使在选择运作良好的情况下也发挥着作用。在个体层面,一个领域中优越的适应性通常需要与在另一个领域中失败的适应性妥协。许多基因具有多效性,这意味着它们会为多个物理特征产生蛋白质。选择可能更多地偏爱其中一个特征,而另一个特征则较少或根本不受偏爱。或者,选择可能在生命的某个阶段偏爱一个特征,在另一个阶段则不偏爱。异速生长——某个特征以与身体其余部分不同的速度生长——可能是适应的关键因素。爱尔兰麋鹿因为太过华丽的鹿角而引人注目,可能就是这种情况的受害者。选择有利于青少年时期快速发育和长出巨大的鹿角,这样它们就能早日开始并且有效地繁殖。不幸的是,动物继续生长,鹿角更是如此,直到它们变得不利。在这种情况下,全方位的完美简直是不可能的。性选择和自然选择开始朝着不同的方向发展。

当我们现在开始向群体层面转移时,我们应该注意到自然选择可能会促进多样性,而不是统一的完美。贝茨的一些蝴蝶模仿了一个模型,其他形式模仿了其他模型。从生存的角度来看,这种变异(而非某种绝对完美的模式)是一个巨大的优势。在某些物种中,甚至可能有稀缺性选择(selection for rareness)的情况。如果模仿者过于流行,捕食者会开始意识到自己被愚弄,并调整自己的生存策略。即使在抛开模仿这一因素的情况下,如果捕食者是通过快速识别猎物来生存的,那么具有不常见外观的个体依然可能有适应性优势,而不被当作晚餐发现。不幸的是,这种优势有负反馈的后果:曾经罕见的外观在整个种群中变得更加普遍,因此它的作用越好,它导致自身失败的时间就越早。

当行为生物学家转向博弈论来帮助他们解释选择时,他们更加强调种群中通过自然选择维持的多样性。戴维斯的一些雄性林岩鹨是α型的,一些是β型的,它们都努力地在面对来自其他竞争者的竞争中将自身的繁殖机会最大化。也许所有的林岩鹨都希望成为α型的,但这是不可能的,所以成为一个β型总比一无所获要好。重点是没有剧本要求选择导致一致性,或是所有的适应都朝着相同的方向发展。实际上,情况正好相反。

现在让我们从探讨当下的优越性问题转向随着时间推移的优越性问题,即所谓宏观演化的问题。随着时间的推移,我们是否看到适应性在某种普遍的意义上改善了生活世界?有人似乎认为正统的达尔文主义者发现了或者应当发现演化图式中的诸多秩序和控制。演化应该在形态上表现出长期趋势,这些趋势显然是由选择驱动的,并且导致了适应性的改善。从长远来看,我们应该看到从小到大,从简单到复杂,从"单细胞生物"到"人类"的进步。

不过事实上,许多达尔文主义者可能会反驳这一结论。让我们从一些共识开始。首先,趋势的存在似乎是无可争议的。当一种全新的动物形态出现时,它通常从相对较小的状态开始,至少与其后代相比是如此。例如,马从小小的始祖马(小于雪兰达矮马)长到如今比人类还要高大的健壮动物。同样,人类的演化也表现出随着时间推移而逐渐增大的趋势,从3英尺多的露西(南方古猿)到5英尺多的现代人类(智人)。当然,大小的增加(被称为柯普定律)可能更多地(或至少部分地)是由于开创者的小型化(与迅速转变为新形态相关)而非后代的大型化。但是,这些变化背后相当简单的选择因素并不难想象。尤其是在与竞争者的关系方面,更大的体形具有明显的适应优势。

实际上,当面对诸如体形增大这样的趋势时,现今的达尔文主义者通常会提出武器竞赛的概念。例如,对有蹄类动物的演化,朱利安·赫胥黎(Julian Huxley,托马斯·亨利·赫胥黎的孙子,也是一位演化生物学家)写道(1942,495-496):

> (这种演化)并非在生物学真空中发生,而是在一个充满食肉动物的世界中发生的。因此,有蹄类动物适应性的很大一部分是为了适应食肉敌人的存在。这种想法能够解释为什么它们的速度如此之快,以及在反刍动物中,为什么要有反刍这种能够安全悠哉地咀嚼的行为:这使得它们可以迅速吞咽食物。捕食者和猎物在演化中的关系有点像战争演化中攻击和防御方式之间的关系。

在更近期,无脊椎动物古生物学家海尔特·福尔迈伊(Geerat Vermeij)广泛研究了贝壳如何在捕食者面前增强防御能力,而捕食者则反过来发展出越来越强大而复杂的方法来攻破那些加固的贝壳。这些想法并非没有受到挑战。根据化石证据,捕食者/猎物速度增加的假说并未得到普遍证实。已发现许多情况,在这些情况下,最大速度似乎已经达到,并且在很长一段时间内保持稳定。所以,尽管军备竞赛可能很重要,但它们可能并不是至关重要的。

那么更大的模式呢?我们是否看到了整体水平的提高?我们是否看到了演化的进步?一些演化论者有充分理由这样认为。即使是导致大规模灭绝的灾难性事件,例如撞击地球并导致恐龙灭绝的小行星或彗星,也无法阻止(甚至可能促进)进步。这绝非第一次大规模灭绝,甚至也不是最大的一次——尽管我们仍然不知道是外太空天体导致了另外几次灭绝,还是其他原因(如大陆漂移)。诚然,据我们所知,大规模灭绝并未完全改变历史的进程。例如,它们并未创造出新的门类。但在所有情况下,一些生物在灾难后的新生态环境中幸存下来并开始分化。这确实产生了重大影响。如果恐龙没有灭绝,哺乳动物——这些几乎与恐龙同时代出现的、已经生存了 1.5 亿年却从未繁荣昌盛的生物——可能永远不会接管地球。正如史蒂芬·杰伊·古尔德(Stephen Jay Gould)所说:"因为恐龙并未朝着显著增大脑容量的方向发展,而且这样的前景可能超出了爬行动物设计的能力范围……我们必须假定,如果宇宙灾难没有让恐龙成为受害者,意识就不会在我们的星球上演化。从字面意义上说,作为大型且具有推理能力的哺乳动物,我们要感谢带给我们幸运的那枚小行星。"(Gould 1989, 318)

事实上,古尔德是那些主张没有证据表明在较大类群(比如在"科"这个分类等级上)的演化模式中有选择存在的学者中的杰出代表。他们认为这些类群内的多样性并不比人们可能偶然期望的更多。然而,古尔德的合著者之一,古生物学家杰克·塞普科斯基(Jack Sepkoski)对这一立场进行了修正。他通过观察自寒武纪(5 亿多年前)以来的海洋无脊椎动物科级分类群,认为可以看到一个明确的、重复出现的画面,即生命形式在数量上迅速扩张,然后稳定(或开始衰退),而后在这一基础上,新的生命形式迎来了爆发。塞普科斯基对画面的动态比对实际原因更感兴趣。但是,正如他所暗示的,人们会认为这些爆发与空的生态位有关,生命形式的爆发在这些空间被填满后逐渐减弱。人们还期望看到(似乎确实如此)向着更加特化的生物发展的趋势,这反映了在生存环境变得更艰苦的过程中,适应性在提高。新的爆发将代表着向全新的生命形式的转变。但是,与尺寸一样,在某种绝对意义上,特化而非一般化并不一定更好,尽管在竞争中特化物种通常会击败一般化的物种。所以即使在宏观层面上,一些改进可能更多是相对而非绝对的。

这种反思引发了最后一个,也是最大的问题。生命史上是否存在某种总体模式?我们是否从简单的开始,然后发展到最复杂、最重要的物种,即智人?这当然是达尔文的观点。从一开始,他就坚持认为,尽管演化并不一定导向人类这一终点,但在寻找新生态位的压力下,生物体将不得不变得越来越复杂。他在笔记本 E 中写道:"世界上数量庞大的动物取决于它们各种各样的结构和复杂性。因此,随着形式变得复杂,它们开辟了增加其复杂性的新途径。"(Notebook E, 95)所有这些军备竞赛最终都以人类的胜利为代价。用达尔文的话来说:"如果我们以成年生物中各个器官的分化和特化程度(这将包括大脑为了智力目的的发展)作为高度组织的标准,自然选择显然是朝向这一标准发展的:因为所有生理学家都承认,器官的特化——由于在这种状态下它们能更好地执行其功能——对每个生物体都是有利的;因此,倾向于特化的变异的积累处于自然选择的范围之内。"(Darwin 1959, 222)

如今,根据理查德·道金斯的说法,自然界中的军备竞赛已经发展到与军事军备竞赛相似的地步,从装甲板和火炮的较量演变为精密电子技术的攻击和防御手段,从生物外壳与钻孔机制之间的对抗演变为越来越复杂的生物计算机,也就是大脑的系统性博弈。所有这些最终被纳入昆虫学家、社会生物学家爱德华·O.威尔逊的写作:"从生命史的总体平均来看,简单和少数已经发展为更复杂和更多。在过去10亿年里,动物作为一个整体在体形、觅食和防御技巧、大脑和行为复杂性、社会组织以及环境控制的精确性等方面都在不断向上演化,每一种情况都比它们的简单祖先离非生命状态更远。"(Wilson 1992,187)他得出了一个结论:"因此,以几乎任何可以想象的直觉标准来看,进步是整体生命演化的一个属性,包括动物行为中的目标和意图的获得。"

然而,其他人对此并不认同。对于古尔德来说,进步是"一种有害的、有文化偏见的、不可检验的、不可操作的、棘手的观念,如果我们希望理解历史的模式,就必须取代这一观念"(1988,319)。我们将自己置于一个高度,并将这一点融入生物学的历史,然后宣布自己是胜利者。自然选择很难成为进步的原因,因为根本不存在进步。但事实真的如此吗?这里的部分问题在于准确定义生物学背景下的"进步"是什么意思。我们通常追求的是使人类处于顶端的东西,但我们不能简单地将"像人一样"指定为所期望的品质,因为这样一来,进步就会被默认为正确。

然而,根据一些直观合理的衡量标准,我们可能会得出结论:在演化过程中确实有某种进步。例如,随着时间的推移,物种灭绝前的生存时间似乎整体有所增加,这表明适应性可能变得更加复杂。另一方面,其他一些衡量标准,例如,以复杂性为准则的衡量标准,则表明生物并没有取得太大的进步。鲸的背部比它的类犬的陆地祖先的背部更简单,但我们是否愿意说鲸比陆地动物演化得更少?(或者说,它更先进吗?)

即使我们同意已经发生了某种重要的变化——对于我们人类来说,无论这样说是不是在玩弄定义,我们都很难认为没有什么重要的事情发生——这个"某物"可能更多的是漂变的一种功能,而不是受到了选择的积极推动。无论过程多么随机,生物在平均水平上似乎只能朝着更复杂的,而不是更简单的方向演化。这就像一个醉汉走在一条人行道上,一边是墙,另一边是排水沟。醉汉永远无法穿过墙壁,但最终他的随机蹒跚会让他跌入排水沟。也许在历史的进程中,我们看到的只是朝向复杂性的随机蹒跚。

显然,关于改进的问题本身就很复杂,仍然是争论的话题。没有人想说选择总是导致改进,也没有人想说总是存在一个明确的优越标准。至少,没有人会以纯粹科学家的身份这么说。但是显然,这里有一种关于价值观的潜台词。认为演化过程只有一个目标,即完美,意味着又回到了达尔文主义革命从科学中驱逐出去的那种绝对价值观。至多可以说,演化导向了我们人类最看重的东西,即我们自己。但是,这种价值观是被读入到文本中的,而不是从中发现的。而且,在任何情况下,选择本身往往并不指向唯一的完美适应度衡量标准。因此,最公正的结论是,关于进步的问题,人们的看法迥异。

选择的层面

在上一章中,我们遇到了威廉·汉密尔顿的亲缘选择理论,该理论表明,表面上有利于群体的适应性特征实际上是个体基因成功选择的结果。这一机制指向了一个更广泛的问题——一个我们在上述讨论中不时接近的问题——这个问题在过去三四十年里一直备受争议。如果我们接受亲缘选择,并且接受像戴维斯这样的社会行为研究者提出的所有其他机制,那么我们还能走多远？我们在选择层面的主题上是否已经走到了尽头？人们真的可以说选择只在一个层面上起作用,而适应性特征从来没有为任何其他目的而被选择出来,仅仅是为了帮助个体生物的基因成功吗？任何对于其他生物,包括对于整个群体的好处,至多只是附带的吗？那么,像汉密尔顿这样的达尔文主义者如何看似随意地从谈论有机体跳跃至谈论各种基因配置的选择优势呢？即使我们允许对个体有机体进行选择,我们如何能立即转而讨论对个体基因的选择呢？很多评论家发现,在谈论"自私的基因"时存在一些深刻的问题。即使我们承认自私的概念是比喻性的,选择通常作用于整个有机体而非基因,而适应通常存在于感官的宏观层面而非细胞的微观层面。谈论自私的基因无疑是将还原主义（试图用微观层面来解释宏观现象）推向了极端。

为了解开并探讨其中的一些问题,让我们从一个事实开始:无论自然选择的作用如何,在很大程度上,基因确实处于这一问题的核心。除非完全拒绝自费希尔和其他群体遗传学家的工作以来所采用的方法,否则演化几乎可以定义为基因频率的变化。没有基因变化,就没有演化。所以,基因至少可以被用作计数器或标记。不仅如此,自从群体遗传学出现以来,基因数量和比例的变化已经得到了因果方面的评估,即突变、选择、迁入、迁出——当然还有漂变。这一切与我们用分子及其速度、影响等方面来讨论气体没有太大的不同。因此,谈论自私的基因,指的是选择如何作用于基因或是被基因影响,这在修辞上或许是戏剧性的,但它并不是那么新奇或特别。

无论如何,现代达尔文主义者认为选择最终影响的是流入下一代的 DNA 副本的比例。但这并不意味着涉及整个有机体的思维消失了。

一个有用的区分是复制子,即随着时间的推移遗传并记录演化变化的遗传单位,以及载体或互动体,它们将基因代代相传。尽管我们可能并不总是拥有充分的信息(尤其是关于基因的性质和作用),我们仍然可以自信地说,在充分理解自然选择运作的过程中,复制子和载体两个层面都是预设的。

对于个体选择来说,这种方法运作得很好,如果你认为类似亲缘选择的方式是一种花哨的个体选择——意味着计算的是个体基因的成功——那么我们已经基本涵盖和解释了迄今为止遇到的全部内容。但是群体选择呢?为什么达尔文及其追随者如此笼统地驳斥了这个概念?没有人曾经争辩过,群体选择——意味着不仅是有利于群体的,而且是以牺牲个体的生物学代价来有利于群体的选择——在概念上是不可能的。只是他们不明白,除非在非常罕见的情况下,它如何能够生效。无论一种变异对于群体来说有多好,如果它以牺牲个体为代价,那么携带有利于该适应性的基因的个体(载体)将无法生存繁衍,这些基因也不会传递给群体。而其他个体的基因,其不同特征使它们更能生存和繁殖,将被代代相传。换言之,个体选择将开始侵蚀群体选择。

群体选择论者如韦恩·爱德华兹(Wynne Edwards)认为,鸟群的成员限制了它们的繁殖习性,因为这样鸟群将从额外的空间和可用的食物中受益。但是,正如任何博弈论者会迅速指出的,任何欺骗者,如果它们在享受来自群体其余部分的约束所带来的好处时拥有大量后代,那么它们将立即开始在数量上扩张并消灭组成群体其余部分的利他者。

所以我们必须承认,这种老式的、不加批判的群体选择已经像渡渡鸟一样消亡了。这是完全错误的。用费希尔的话说,"自然选择并不解释狗与狗不会互相吃掉对方的绅士协议"(Bennett 1983,

231–232）。但是，即使群体选择通常没有实证性的基础，被允许的罕见例外真的那么罕见吗？是否有一个有价值的婴儿随着肮脏的洗澡水一起被倒掉了？许多人今天确实认为是这样的，尽管在某种程度上讨论是交叉进行的。尽管某些数学技巧可以根据群体的特征而不仅仅是个体来处理选择的某些方面，而且尽管在这些情境中有时会使用"群体选择"这个术语，但这并不会导致20世纪60年代演化论者所拒绝的那种群体思维的复兴。

比仅仅将个体选择的例子重新标记为群体选择更有趣的是，整个有机体不一定是唯一应被视为载体的实体。事实上，达尔文主义者对于是什么真正构成了一个有机体进行了很长时间的争论。例如，爱德华·O.威尔逊认为，一些蚂蚁物种在社会性道路上走得如此之远，以至于现在（正如达尔文主张的那样），整个群体而不是单独的蚂蚁应该被认为是选择起作用的单位。也许当涉及文化时，事情也会发生变化。尽管达尔文反对群体选择，但在《人类的由来》中，他削弱了这一立场，并推测一个个体可能为部落的利益而牺牲自己，尽管对于达尔文来说，部落成员可能是彼此关联的，因此一种亲缘选择在发挥作用。然后，当他提出这一想法时，达尔文恢复了个体主义的立场，提出了今天我们所知的互惠利他主义："随着成员推理能力和预见性的提高，每个人很快就会明白，如果他帮助他的同胞，他通常会得到回报。"（Darwin 1871, 1.163）

基于这些例外，一些新的观点被提出了，争议也真正开始升温。要实现有效的群体选择，需要极端的情况，在这些情况下，群体受到强烈的青睐，并且在个体繁殖成功之前，群体力量可以发挥作用。英国演化生物学家约翰·梅纳德·史密斯（John Maynard Smith, 1978a）以深入运用博弈论来解决演化问题而闻名，这种方法是新的基于个体选择的生物学的典范,他认为(就像费希尔一样)可能存在一种非常重要的违反群体选择禁令的情况。那就是性的情况。大多数人认为,性对于群体来说是非常有益的。通过性行为,一种新的有利突变可以迅速在群体中传播。但是当你思考它时,性对于雌性来说是非常糟糕的事情。通常,雌性得到的只是一滴精液和单独抚养孩子的努力。如果它们通过无性生殖产生像自己一样的雌性,那么其结果将比产生自己和陌生者各一半的基因更好。

梅纳德·史密斯指出,强烈的选择压力必须维持性交配,因为当你发现相关的物种中一个是有性交配的,而另一个没有时,无性生殖的物种能做好的,有性生殖物种一样可以做得很好。梅纳德·史密斯得出结论,这种力量必须是群体力量,它可以使新的有利变异在整个群体中快速传播。当然,不是每个人都同意他的观点。汉密尔顿用军备竞赛的概念,提出了一种基于个体的解释性交的方法。他指出,由于孟德尔遗传定律引入的随机性,有性生殖的生物不断重新排列其个体基因比例;没有两个有性生殖的个体在遗传上是相同的,即使同父同母也是如此。这意味着,在宿主和寄生者之间不断进行的斗争中,有性生殖的个体为病毒和其他入侵者提供了一个难以靶中的目标。虽然寄生者能够比宿主更快地演化,但宿主依然能够通过不断重新排列基因而领先一步。通过无性生殖产生和自己一个模子里刻出来的生物将更容易受到微生物入侵的攻击,这将导致整个种群的灭绝。

那么,是否存在超越种群或物种的选择层面呢?古生物学家古尔德和其他人支持"物种选择"的观点。根据这一标准,物种本身具有统一性和完整性,值得运用达尔文的差异繁殖机制。实际上,物种选择可能只是个体选择的别名——更普遍地说,可以说"类群选择"(类群是一个物种的所有后代）是个体选择的别名——而乔治·威廉姆斯等人很乐意这样做。如果一种生物的成员普遍优于另一种生物的成员，那么第一种生物可能会消灭第二种生物。可以称之为物种选择，但这并不会对个体选择或群体选择构成任何挑战。

更令人感到困惑的是物种可能具有"涌现"属性，即物种作为一个整体拥有构成该物种的个体所没有的属性。这些属性可能是适应性的。一个物种的属性就是生殖隔离。这个术语指的是阻止不同物种的成员交配的障碍——物理、生理或心理障碍。假设两个物种，A和B，面临着来自捕食者的挑战。一种物种努力快速繁殖后代，另一种物种则努力地散布。从本质上讲，任何一种策略都并不优于另一种。然而，如果迈尔的创始者原理正在发挥作用，那么第二种物种将比第一种物种更有可能产生新物种，即分裂为多个物种。假设物种A分裂成C和D，但物种B分裂成E、F、G和H；子代物种拥有父母的许多特性，而且每个物种在对抗捕食者方面同样出色。但是，现在B的子代物种可能比A的子代物种拥有更多的变异，因为更多物种已经经历了基因组的革命性重组。即使两个物种的子代品系中的总个体数目保持不变，这种变异也可能是一个决定性因素。事实上，即使新物种的变异量没有差异，一个子代品系中也可能会有更多的物种幸存下来，而另一个则没有。例如，一个子代品系中可能最终只有C物种，而另一个则有E和F物种。即使B的后代物种比A的后代物种更容易灭绝，只要B的物种分化比A的物种分化得更快，那么B的后代物种可能会比A的后代物种更多地幸存下来。这就是一种不同的生殖方式，古尔德与他的同事称之为物种选择。

除了关于这种情况发生频率的问题，更多的是关于当它确实发生时,其重要性的问题。对我们而言,关键问题是这一切在适应性和有组织的复杂性方面意味着什么。群体选择可能永远不会奏效,但如果确实奏效,结果是明确的:以个体为代价而产生的群体利益。相比之下,物种选择在这些问题上并不那么清晰。在刚刚给出的例子里,物种分化是偶然发生的,其效果并非通过选择而产生(除非加上随机的捕食者压力)。这又引起了物种分化,进而引起了基因修正,最终导致了生殖隔离。用哲学家埃利奥特·索伯(Elliott Sober)所引入的术语来说,我们或许可以说有某些事物被选择了(selection of certain things),但我不确定我们能否说是为了某种目的而进行的选择(selection for certain things)。即使一些物种能够存活下来而其他物种不能,它们也不一定是为了这一目的而产生,或是因为这一目的而受到珍视的。在这一话题中,康德式的循环过程——如树生产树所需要的树叶(并导致更多的树)——是缺失的。

因此,我们实际上不能将生殖隔离视为一种适应性。没有什么东西设计了它,它只是发生了。古尔德本人似乎也承认这一点。"适应和选择在生物个体层面与更高层面之间的关系可能更紧密。这可能构成了这些层面之间真实而有趣的区别。"(Lloyd and Gould 1993,597)可能确实是这样。当然,这也可能表明对于物种级别适应性的关注"受到了错误强调适应性的影响"(Gould and Lloyd 1999,11908)。但是我们可以将这些担忧留到下一章,届时将全面讨论适应性重点的问题,包括正确和错误的重点。就目前而言,我们必须从理论转向测试。

比较研究

达尔文主义者在实验室或野外的实际生活中,涉及试图察看自然选择如何带来适应性,以及如果失败了,那么这些异常情况的原因是什么。上一章中的调查展示了研究人员可用的一系列方法和工具,包括分子生物学的最新发现和技术。在理想的情况下,在我们研究自然选择和适应性的交汇处时,我们会接近现在在果蝇 Adh 基因研究所得出的那种理解。我们会揭示潜在的遗传基础,找出基因如何被转化为物理特征,而后确定选择压力、绘制分布图、发现变异等。

这显然是理想的情况,很少能完全实现。在很多情况下,我们只能得到较少的信息,因为显然在许多情况下,这种理想将是不可能实现的。与《侏罗纪公园》的幻想不同,恐龙的基因结构已经永远消失了;没有人能对剑龙进行选择实验,以了解它的骨板如何对不同的环境压力做出反应。除了显而易见的观察和实验方法之外,还有其他工具可以帮助演化论者进行探究吗?比较分析可能会有所帮助。我们可以尝试看看某些特征(y)在某些其他因素(x)改变的同时,是否会以系统化的方式改变其值。如果我们发现存在联系,那么我们可能会得出有适应性联系的结论。

牛津大学生物学家保罗·哈维(Paul Harvey)及其同事对灵长类动物睾丸大小进行的一项研究非常有趣。黑猩猩在这方面表现非常突出,而它的近亲大猩猩却不是这样的,尤其是当考虑到动物的整体大小时(大猩猩比黑猩猩大得多)。造成这种差异的主要线索是大猩猩的性生活相当温和。一个族群由一只或多只雌性与它们的幼崽组成,而这些雌性则只与一只雄性交配。而黑猩猩群落则由几只成年雄性、若干雌性和许多幼崽组成,雄性的性生活让其他物种都相形见绌。当一只雌性处于发情期时,雄性们会进行多次交配,以一种在意大利色情电影之外从未见过的性狂潮参与其中。哈维因此提出了一个假设,即在黑猩猩中,精子在交配后存在着相当激烈的竞争,留下最多精子的雄性具有明显的选择优势。这就是为什么黑猩猩需要大而高效的睾丸,而大猩猩则不需要,因为后者的优势雄性可以独占雌性并悠闲地享受性生活。

为了验证这一假说,哈维及其同事进行了一项跨越所有灵长类物种的大规模比较研究,收集了有关睾丸大小与整体体形的信息,以及有关物种社会结构和已知交配习惯的信息。一个非常明确的模式浮现出来了。那些交配行为表明精子竞争可能是生殖成功因素的物种,它们几乎普遍比平均水平拥有更大的睾丸;而那些交配行为表明精子竞争几乎不是生殖成功因素的物种,普遍比平均水平拥有更小的睾丸。哈维得出结论,是自然选择导致了这种模式,这一结论更加令人信服,因为在相同的属或科中,也能找到两类不同的物种,而这种分别则与它们不同的交配行为一致。观察到的差异太大,不能简单地用共享遗传特征(系统发育惰性)来解释,也不能再认为这种情况下不存在选择了。自这项开始研究以来,在广泛的动物物种中间已经进行了许多类似的比较研究,并且最初关于睾丸大小的结论似乎得到了更普遍的证实。

最优模型

让我们达成一个共识,即通常情况下选择会以多样的方式发挥作用。有许多种方法可以解决问题。正所谓"条条道路通罗马",从 A 点到 B 点也有不止一种方法。马奔跑,人行走,猴子摆荡,袋鼠跳跃,鸟飞行,蛇爬行。但通常我们发现,在面对某些问题情境时,解决方案是有限的,也许只有一种是最优的。自然选择是一种非常强大的机制,它确实可以产生好的设计方案。如果最优解决方案存在,选择会一次又一次地实现它。在其他条件相同的情况下,选择一次又一次地做同样的事情，以实现相同的目标。

经典的案例是游泳。有机体需要一定的身体形态和附肢来实现最大效果——快速游泳并在水中上下左右移动。选择不仅发现了这种身体形态，而且在很多不同的动物中反复产生了它——鱼类、爬行动物和哺乳动物。问题是一样的，答案也是一样的。用理查德·莱温廷的话说："适应是一种真正的现象。鱼有鳍，海豹和鲸有鳍和尾巴，企鹅有蹼，甚至海蛇也变得侧扁。在水生环境中运动的问题是一个真正的问题，已被许多毫无亲缘关系的演化系以几乎相同的方式解决了。"这导致了一个显而易见的结论："因此，在自然界中做出关于游泳附肢的适应性论断是可行的。这又意味着，在自然界中，其他条件相同（ceteris paribus）的假设是可以成立的。"（Lewontin 1978, 228–229）

让我们将这一事实作为适应性的一般指导原则，而不只是适用于那些在自然界中反复出现的情况。让我们假设选择已实现了完美的适应性——它已经"优化"了情况——从这里开始我们可以弄清楚发生了什么，以及为什么。为此，让我们建立最优模型来探索假设的适应性情况。昆虫学家乔治·F. 奥斯特（George F. Oster）和爱德华·O. 威尔逊将他们在最优模型方面的工作比作工程师的工作。"为了使用工程最优模型，生物学家试图将生命形式解释为某种意义上的'最优'。"当然，问题在于在这种情况下"最优"到底意味着什么。"实际上，生物学家'扮演上帝'：他们重新设计生物系统，尽可能多地包含相关量，然后检查自己的最优设计是否接近在自然界中观察到的设计。"

这完全是一个试错的过程——设计一个模型系统，然后将其与实证结果进行比较。"如果两者相符，则可以认为我们已经合理地理解了自然。如果它们在任何程度上都不相符（这是一个常见的结果），那么生物学家就会修订模型并再试一次。因此,最优模型是一种组织实证证据、做出关于演化可能如何进行的猜测并提出进一步的实证研究途径的方法。"(Oster and Wilson 1978, 294–295)注意,奥斯特和威尔逊充分承认最优模型的启示性优点。运用它们会激励人们展开进一步的研究和调查。这不仅仅是直觉、大胆和信心;这些生物学家兼工程师试图超越简单的讲故事,而开始测试他们的假设。他们建立了一个模型,推导预测结果,看看它们是否成立。如果成立,那么一切都好;如果不成立,那么他们会尝试另一个模型。

约翰·梅纳德·史密斯认为,这些模型并不是检验适应主义,而是在检验这些模型本身。"特定的模型可以通过直接检验其假设或将其预测与观察结果做比较来进行检验。关键在于,在检验模型时,我们正在检验的不是大自然最优化的一般命题,而是特定的限制、最优化标准和遗传假设。"(Maynard Smith 1978b)但是,大多数人可能会认为,在这里起作用的是一个双向的过程。我们采用适应主义的背景假设,然后检验具体的模型。只要事情起作用,那么适应主义的信心就会增强或得到证实。只要事情不起作用,我们就会更担心我们的适应主义背景以及我们的模型。这并不意味着我们在遇到问题时就会放弃这一背景。达尔文式的适应主义是我们的框架——托马斯·库恩称之为我们的范式——没有它,我们就没有科学可做。

实际上,我们认为对不成功的模型进行调整以符合范式是合理的。这种调整并不超出科学的范畴,而是科学家的有效手段。当我们列举所有可能出现的适应性问题或失败时,我们并不是简单地承认和忘记它们;生物学家并不像狄更斯的米考伯先生,认为列出债务就等于还清了。适应性的例外和失败的出现是有系统原因的——爱尔兰麋鹿鹿角的相对生长,以及林岩鹨对鸟蛋颜色的不敏感可能是由于没有足够的时间进行适应性反应。我们将完美适应作为一个工作假设,运用我们的模型进行测试,如果失败了,我们就利用这种失败作为工具来探索哪些因素可能导致失败。然而,最终正是因为事情在很多情况下都如此顺利,我们才会认为适应性范式是正确的,并为此去解释相应的例外。这种策略是一种方法上的选择,而不是盲目地信奉适应性的无条件的形而上学承诺。

适应主义的批评者对运用最优模型做出了严厉的回应。他们抱怨,尽管达尔文主义者承认适应主义的问题,但他们很快便忘记了这些问题。哲学家罗伯特·布兰登(Robert Brandon)和生物学家马克·劳舍尔(Mark Rausher)认为:"最优模型的吸引力很明显——它允许人避免历史和遗传。多年前,在一次有关数论的讨论中,伯特兰·罗素曾说:'我们想要的"假设"方法有许多优点,它们与盗窃相同,盗窃比诚实的劳动具有更多优势。把这些假设方法留给其他人吧!让我们继续我们诚实的劳动'……这恰恰是我们对于最优模型以及对适应主义所做的严格检验的看法。"(Brandon and Rausher 1996, 200)

事情真的会这么糟糕吗?让我们更仔细地看看一个达尔文主义者如何使用最优模型来理解他的研究对象。

无花果小蜂的性别比例

为了回答上述问题,我们回到性别比例的问题。我们知道,在有性生物中,通常期望雌雄性别均衡分布。这是演化上稳定的策略。但是,正如威廉·汉密尔顿富有创造力的头脑所意识到的,由于雄性和雌性之间缺乏平等的机会,这种平衡可能会被扭曲。尤其是,假设你的儿子们在竞争同一只雌性,而没有其他人的儿子参与其中。那么,从你的角度来看,生产很多儿子其实是浪费精力,因为或是这个儿子,或是那个儿子都必定会繁殖后代,对你来说都一样;你与它们都有同样的亲缘关系。因此,在这种情况下,即所谓的"局域配偶竞争"(local mate competition, LMC)中,我们期望性别比例向更多雌性倾斜。爱德华·艾伦·赫尔(Edward Allen Herre)与他的同事们的实验创新精神使他们能够测试这一预测。

无花果树遍布全球热带地区,并与各种种类的蜜蜂演化出了共生关系,每种无花果树都有一种特定的蜜蜂。无花果需要靠蜜蜂授粉,无花果的花生长在果实内部,如果没有某种机械手段进行传递,花粉就不会从一棵树传到另一棵树上。蜜蜂需要无花果来保护和滋养它们的后代。受精的雌性蜜蜂会降落在正在成长的果实上,进入果实内部,在花内产卵。然后它会在无花果里死去,但它的卵会发育和孵化出雄性蜜蜂,然后雄性蜜蜂会在果实内寻找雌性蜜蜂进行受精。雄性很快就死了,但在死之前,它们会在无花果的壁上挖一个洞,让雌性蜜蜂可以逃脱并飞到其他无花果树上。虽然蜜蜂非常小,只有几毫米长,寿命只有几天,但它们可以利用气流飞行很远(20公里或更远)。如果多只雌性蜜蜂入侵同一个果实(通常是这样),它们极不可能有亲缘关系。

在这种情况下,可以对性别比例做出许多预测,因为雄性都被限制在同一个空间内,并且竞争同样的雌性。赫尔强调了三个预测。首先,按照汉密尔顿的见解,应该在产生的后代中偏向雌性。其次,假设雌性可以控制这种偏向程度,则随着雌性创始者数量的减少,性别偏向程度应当增加。如果只有一个雌性创始者进入无花果,那么雄性都是兄弟,而且只需要很少的雄性。但是,如果有几个雌性创始者,则来自不同雌性的儿子将进行竞争,并且需要更多雄性加入战斗。第三个预测与小蜂是膜翅目昆虫有关,这意味着雌性有父母双方,而雄性只有母亲。如果发生近亲繁殖,即雌性与其兄弟交配,那么这将增加母亲与其女儿(但不是儿子)的亲缘关系,因此预计会出现偏向携带更多母亲基因的雌性后代的偏差。

无花果和小蜂之间的关系使其成为测试这些假设的理想研究对象。雌性小蜂会死去并将尸体留在果实内,因此很容易知道产卵的雌性数量。后代可以进行分别并计数。越来越多的分子分析也可以用于检查亲缘关系。所有这些都导致了最令人印象深刻的结果:小蜂确实表现出偏向雌性的性别比例;随着雌性创始者数量的增加,它们的偏向程度减少,从而增加了无关的雄性之间的竞争;它们也会因近亲繁殖而显示出性别偏好。还可以做其他的预测。当只有一个雌性创始者时,理想状况下,它只需产下一个儿子;但是它又不能冒险不产雄性,因为必须有雄蜂来刺穿果实,让它逃脱。必须建立保险因素,即另一只雄性,尽管随着后代数量的增长,这种因素将成比例减少。(10 只小蜂中的 2 只雄蜂比 100 只中的 19 只雄蜂更重要。)这一因素也被发现了,并且和事实匹配。

最优理论的胜利!嗯,并非完全如此。根据赫尔等人的说法,"尽管所有理论的基本预测都与事实相符,但在不同数量的创始者中,性别比例反应的变异性相当大。一些物种显示出明显的性别比例变化,而其他物种则几乎没有。此外,多个创始者产生的后代的性别比例通常比未经调整的模型所预测的更倾向于雌性"(Herre et al. 1997, 233–234)。这使得赫尔陷入了相当大的哲学焦虑——这种焦虑与我们已经看到的梅纳德·史密斯所经历的痛苦类似。哪个先出现?理论还是证据？我们是调整理论还是解释发现？适应性是我们的支配规则，抑或适应性本身正在接受检验？现在我们要放弃理论并寻找其他答案来解释结果吗？还是要保持我们的理论，将结果解释为异常？

事实上，就像在通常情况下，两者都有一些作用。适应的失败似乎最常出现在那些不寻常的情况下。赫尔进行了一些实验，强迫雌性小蜂在它们无法在自然环境中使用的无花果中建立族群。这导致了实际情况与理论之间的各种异常，证实了实际情况与理想情况之间的适应性滞后，即生物体通过选择朝着最优状态前进，但通常仍处于过渡阶段。研究人员指出，他们在提出这样的建议时并非孤立无援。他们可以合理地利用演化生物学家关于这种情况所累积的知识。"这种解释令人信服，因为它与广泛的研究一致，这些研究表明生物体在其最常遇到的环境中最适应，而在变化最多的环境中表现出最大的可塑性。"（Herre et al. 1997, 234）

还有一些其他问题也被提出并得到回答。是否这些蜜蜂只是显示出了过去适应的影响而非现在的影响呢？我们知道，从实验证据来看，性别比例是可遗传的，也会很快地对选择做出反应。运用分子数据可以比较这些蜜蜂的相关性并建立一个谱系。"简单明了的答案是，并没有证据表明一种类型的（比如说，只有单个蜂房的）蜜蜂都共享同一个祖先，而其他种类的蜜蜂则有不同的共同祖先。我们看到的似乎是独立演化的情况，依据个体的需求和问题情况而定。"

一切都开始指向赫尔和他的同事得出的结论："如果我们将'适应主义'定义为'有机体在其遇到的所有情况下，各方面都完美地适应'（与 Orzack and Sober 1994a, b 比较），那么在我们看来，'适应主义'就是荒谬的命题，不值得检验了。相信这一命题的强形式，是忽略了在任何自然种群中都有的形态、生理、行为、遗传、生存和繁殖方面的普遍变异……正是这些特征的变异以及它们之间关系的形式使自然选择演化成为可能。如果我们这样定义适应主义,重要的问题就从'最优性:是还是不是?'转向'在什么情况下会有相对更高的适应精度?'。正如我们在这里讨论的例子所示,最优模型可以富有成效地用于解决适应形式乃至适应精度的问题。"(Herre, Machado, and West 2001, 214)

尾声:"最优模型的吸引力是显而易见的——它能使人避开历史和遗传学……'我们想要的"假设"方法有许多优点,它们与盗窃相同,盗窃比诚实的劳动具有更多优势。把这些假设方法留给其他人吧!让我们继续我们诚实的劳动'……这恰恰是我们对于最优模型以及对适应主义所做的严格检验的看法。"无评论。

第十一章

形式论的回归

第十一章 形式论的回归

查尔斯·达尔文的演化论坚持优先讨论功能。现在,让我们转向另一方面,看看在这讨论中,形式论的传统还剩下多少。如果我们承认功能的重要性,那么形式又有什么意义呢?

形态学——一门比较解剖特征以确定其关系的学科——强调形式而非功能。传统的形态学家,如若弗鲁瓦·圣伊莱尔、理查德·欧文和托马斯·亨利·赫胥黎,立志寻找一些经长时间演化后依然得以保存、能够反映演化早期关系的稳定的特征。他们避免在研究中引入那些生物在近期才演化出来的,或是容易变化的特征——这种特征在生物演化史上不过是昙花一现。在达尔文之后,形态学家的成果在演化论的语境中得到了重新解释——特征越古老,如今差异很大的生物之间的分叉就越久远。但是演化的事实使形态学家的日常任务变得更加困难了。在方法上,形态学家试图淡化变化的影响。类型变化越小,越容易看出哪个生物与哪个生物相近。因此,虽然在某种程度上,演化的到来对形式研究产生了深刻的革命性影响,但在另一个层面上,它几乎没有产生任何影响。

近百年前,至今最好的形态与功能关系史学家爱德华·斯图尔特·拉塞尔(Edward Stuart Russell)写道:"我们将看到,演化论的到来对形态学的影响惊人地小。作为重要的演化机制,自然选择仅仅被少数人接受了。"(1916,247)事实上,这种态度正说明了功能的重要性。如果功能是无关紧要的,那么作用于功能的机制也就无关紧要了。即使是当人们思考物种的变化时,他们也依然忽视了适应性在这一过程中的作用。尽管自然哲学在整个发展过程中始终强调形态的发展，但是它仍然将类型而非目的作为基本的组织概念。

因此，不足为奇的是，当达尔文主义的综合理论在20世纪三四十年代出现时，除了某些古老的欧洲圈子外，形态学都被推到了一边，被忽视了。正如形态学家迈克尔·吉塞林（1980，181）悲伤地指出的："形态学没有多少主要贡献，因为它没有太多可贡献的内容。它是一门描述形态的科学，只有在与其他学科结合时才能告诉我们产生形态的原因。在这一前提下，一旦因果机制被接受，它就可以提供有价值的服务。由于这个原因，形态学倾向于成为依附性的学科，而不是引领演化理论发展的学科。"

不过，随着我们进入21世纪，形态学的命运发生了戏剧性的变化。在这个世纪里，对于"类型"的研究卷土重来，许多生物学家也更强调形式而非功能。各种各样的原因可以解释这种对结构主义的新热情，但现在的关键词是"限制"——那些被认为将选择推向一边，不可阻挡地展开，并且塑造了生物体的自然法则。

什么是限制？尽管约翰·梅纳德·史密斯坚持达尔文主义的理念，但他在解释问题时非常明确（Maynard Smith et al. 1985，269）："生物体能够对环境挑战做出极大的适应。影响实际路径的因素之一是实现可用替代方案的相对容易程度。通过偏向于进入一条路径而不是另一条，即使不能严格阻止物种演化出某一种结果，形态发生上的限制依然可以影响演化的结果。"梅纳德·史密斯的一位合作者、西班牙形态学家佩尔·阿尔贝奇（Per Alberch）通过假定一个能够分解成几个明显形态群体的生物群体，阐释了限制的概念及其影响。为什么会存在不同的群体？为什么不同群体之间会存在差距？让我们回到分化的开始，假设那里存在一个不间断的种子种群。选择论者认为,随后的种群和分隔它们的差距反映了适应高峰和适应低谷:空白区域代表了那些不能以这些特征生存繁衍的生物体。

相反,限制主义者则认为,目前存在的实际分布不是因为那些空白区域所代表的生物种类在某种程度上适应不良,而是因为它们根本无法成为那些生物。如果生物能够到达空白区域所在的地方,它们将与其他生物一样适应;问题是它们无法到达那里。假设允许种子种群在没有选择的情况下生长分化,对于选择论者来说,随后的种群将是一个大的不间断的群体,遍布全域——适应性分布将成为平面,没有高低之分。对于限制支持者来说,缺乏选择压力也不会有所不同;当前的分组仍将如原先那样步入演化。

现在让我们回头来看看其中一些限制,以及形式是如何据说将功能压制并限制在一定范围内的吧。

遗传限制

最低层次,并且或许是最基本的层次的限制作用于基因层面:基因的物理或化学层面上的某些原因会影响基因的拥有者所采取的演化路径。如果基因不能产生某种特定的最终产物,那么生物就无法利用该产物来适应环境。因此,正如我们所见,如果无法产生特定颜色变异的突变,那么该颜色对于生物来说将不可用。此外,如果基因只能在同时产生第二种产物的情况下才能产生一种产物(我们称之为多效性),那么生物必须权衡一种产物带来的优势和另一种产物带来的劣势。

然而,正如我们已经看到的,这些相关因素在自然界中的限制程度并不那么明显。通常情况下,即使一个生物无法通过一种方式获得特定的产物,它依然可以通过另一种方式来获得它;或者,它可以找到一种可能已经由某种平衡选择所持有的替代品。在基因多效性的情况下,同一基因能产生两种效应,人们假定通常情况下这些效应是因为基因产生了(或未能产生)某种细胞物质——蛋白质。如果其中一个效应确实是有害的,但另一个效应非常有利,那么在强烈的选择压力下,生物通常会利用其他基因来修改产生该产物的活跃基因,或是阻止该产物带来麻烦的效应,从而消除其不良副作用。

发育形态学家鲁道夫·拉夫(Rudolf Raff 1996, 304)提出了另一个基因限制:基因组大小。"拥有较大的基因组会产生超出基因组本身属性以外的影响。"拥有大的基因组,也就是拥有大量的DNA,本身就对生物产生了限制。首先,拥有大量的DNA意味着生物复制其基因组的速度将会比DNA较少的情况更慢。因此,整体生长速度可能会放缓。此外,大基因组意味着大细胞,这又意味着细胞表面积与体积之比会降低(表面积以平方比例增加,而体积则以立方比例增加),这也可能减缓新陈代谢。

蝾螈经常拥有大基因组,因此是测试这种限制假说的良好生物体。一些证据表明这种限制的存在。然而,拉夫不得不承认,即使这些限制确实能起作用,它们显然并没有产生太大的影响。蝾螈能够做一些超凡的事情——一些对蝾螈来说超凡的事情——而似乎完全没有功能上的限制:"这些蝾螈占据着各种洞穴、水生、陆生和树栖的栖息地。它们拥有全套感觉器官,最令人惊异的是,它们拥有一种超凡的捕食机制,能在10毫秒内弹射出相当于其体长一半(体长以嘴到肛门的距离为准)的舌头。它们还有相当好的深度感知能力。"此外,由于它们有较大的基因组,代谢缓慢甚至可能是一种适应性优势。"较大的细胞体积所导致的低代谢率对于那些能够忍受长时间禁食的伏击猎人或许是有利的。它们的深度视觉仅仅维持两个手掌的距离,但由于这些动物是伏击猎人,只在短距离内打击,因此这并不会对它们的捕食效率产生太大影响。"(306)总的来说,一个热衷于选择的学者并不会对此太过担忧。显然,如果需要的话,蝾螈甚至可以减小它的基因组。这说明基因限制并不总是那么强大。

发育史的限制

新形式论者提出的最受关注的概念之一是来自发育史或系统发育的限制。这种观点认为,生物的某些特征——最初出现的特征——如今在生物的发展中已是根深蒂固,在随后的世代中将难以改变。(这有时被称为发育限制,因为它在生物的发育过程中发挥作用;但一般来说,发育限制是一个更宽泛的概念,涵盖其他种类的限制,我们将在稍后讨论。)

发育史的限制将我们带回到关于形式和功能的传统问题,因为在某种程度上,如今我们面对的一些同源性,实际上是过去特征的延续——这些同源性现在已经没有或几乎没有适应性功能,甚至可能使生物偏离其适应性峰值。脊椎动物的骨骼仍是一个受欢迎的例子。难道脊椎动物的四肢——时髦点说,他们的蓝图(德语 Bauplan,意为建筑式样)——是一种不太适应,但我们都必须接受的演化遗产吗?难道像天使和昆虫一样拥有六条腿不是更好吗?

这个讨论涉及分子胚胎学中一些令人兴奋的发现。在基因层面,生物似乎比在器官或骨骼层面更善于回收利用。最令人惊异的是某些"同源异型基因"(homeotic genes)。它们不是结构基因,即编码制造实际的身体蛋白质的基因,而是编码处理结构基因产物的发育基因。同源异型基因调节身体各部分的完整性和顺序。它们中的一个突变可能会将眼睛移至腿的位置,或是反过来把腿移至眼睛的位置。

同源异型基因的一个子类是 Hox 基因,它被发现于双侧对称的生物中。Hox 基因司管各种身体部位的出现顺序,这一顺序似乎与染色体上发现的顺序一致。在果蝇中,Hox 基因先编码头部,再编码胸部,最后编码腹部,直到末端。在这些基因中,可以找到长达 180 个碱基对的区段,它能将基因与其他结构基因的 DNA 片段结合。换言之,这些同源框产生的由 60 个氨基酸组成的蛋白质——同源结构域(homeodomain),是 Hox 基因调节结构基因的关键。

令人震惊的是,果蝇、青蛙、鱼类、老鼠和人类的同源结构域之间存在同源性。虽然人类和果蝇距离共同祖先已经有数亿年,但我们仍然使用基本相同的化学机制来控制各种身体部位的产生。果蝇的腿和人类的腿是通过非常相似的过程产生的,这些相似之处太多,以至于我们无法将其归因于偶然或是围绕(最优)解决方案的趋同结果:它们是同源的。它们甚至导致一些生物学家认为选择的意义远不如我们之前认为的那么重要。"形态发生学领域内的过程同源性提供了一些最好的演化证据——就像先前的骨骼和器官同源性一样。因此,这一证据比以往的任何证据都更能支持演化学说。然而,自然选择在演化中的作用却被认为是不那么重要的。它只是筛选发育所产生的不成功形态的过滤器。如果种群遗传学不想变得像牛顿力学对于当代物理学那样无足轻重,那么它注定要改变。"(Gilbert, Opitz, and Raff 1996, 368)

这些主张背后的科学意义是惊人的——这毫无疑问。从大约 1930 年左右,达尔文主义综合理论产生以来,它缺失的一个重要组成部分就是发育生物学或胚胎学。现在，这些学科正在承担其应有的角色，就像达尔文本人所期望的那样。但是，发育生物学是否像其支持者所主张的那样排斥了选择机制？我们是否被抛回到了达尔文之后的那个时期，就像当时一些演化论者那样，认为胚胎学是变化的关键，并认为选择是次要的、无关紧要的因素？或者，我们对最新的生物学的热情是否正在取代对这些事情更为平衡和公正的评估？

让我们再次回到对于脊椎动物骨骼同源性的讨论。没有人会否认它存在，也没有人会否认它显而易见的重要性——它是演化的痕迹，是有机形态的一个重要方面。但是，它们或任何类似的系统发生惰性的实例是否以任何重要的方式限制了演化？或者，它们是一种最优解的实例吗？类比而言，难道不是"所有轮胎都是圆形的这一事实更可能意味着圆形轮胎具有最优功能，而不是轮胎公司在现有模具的圆形形状方面受到了某种限制？因此，系统发生惰性不是持久机制的替代方案，证明前者并不意味着后者不存在"（Reeve and Sherman 1993,18）。要反对适应性，不仅要有同源性的证据，还需要有证据表明同源性阻碍了适应性。

达尔文主义者怀疑这里存在某种巧妙的障眼法。新形式论者，如已故的斯蒂芬·杰伊·古尔德，关注的是脊椎动物四肢的形态，它们在当今并没有明显的适应性功能。形式论者并没有深入探索这些特征首次出现时的适应性，而是将重点放在了现在。由于对适应性的定义略显个性化（这也是为了定义者的方便），拒绝在最初的使用后将术语作后续使用，导致当今所有的四肢形态都被标记为非适应性的。从那里开始，就很容易滑向所谓的"适应不良"。最后一步是起一个花里胡哨的名字（如"蓝图"），赋予你所倡导的事物以本体论的地位，这样就大功告成了。对功能的思考则被推至讨论的边缘。

乔治·威廉姆斯(1992)认为,蓝图的概念不仅是"错误的和可有可无的",还阻碍了进一步的辩论和探究。一个人有什么权利说同源性或蓝图是如此非适应性的呢?毫无疑问,尽管形式论者拒绝探讨这些问题,我们其他人也可以探究最初的祖先是否以非适应性的方式使用了相关特征。

这种研究引出了很多有价值的信息。正如梅纳德·史密斯指出的,"基本的脊椎动物模式一开始是为了顺畅地游泳而出现的。早期的鱼类拥有两对鳍,与大多数早期的飞机拥有机翼和尾翼一样:两对鳍是能够在身体任何部位产生上升或下降的力量的最小数量"。此外,尽管同源器官本身在今天可能没有适应性功能,但不应该假设它们会如此限制性地影响演化,尤其不应该认为它们会远离适应性。"一些最早的脊椎动物拥有两对以上的鳍(就像一些早期的飞机有前翼和后翼一样)。因此,没有普遍的法则禁止这样的生物。"(Maynard Smith 1981,11)甚至对于一直以来被认为具有极大演化限制性的脊椎动物的手或爪子,其演化灵活性似乎比人们想象的更高。我们都知道生物可以有少于5个的趾,马就是其中一例。但增加数量呢?事实上,一些人出现了因突变而有了多余的手指脚趾的情况,如罗伯特·钱伯斯就是这样的人。一些早期的陆地脊椎动物似乎有7个或8个趾:在此,似乎并没有太多的限制。

化石记录是否支持历史限制论?有些人认为是的。古尔德和埃尔德里奇认为,化石记录展示的并不是平稳连续的演化。生物在经历了一段漫长的平稳期之后,会突然发生形态变化。这呈现了一种"间歇平衡"的模式,而该模式可能是非达尔文主义演化过程的证据。他们认为,生物的历史形态将其稳定在了一个位置,只有最强烈的动荡才能将生物从它们的非适应性稳定状态中"震"出来。

大部分正统达尔文主义者认为,即使有一些例外,但大部分情况下化石证据往往能够揭示如古尔德和埃尔德里奇所提及的停滞。一个非常传统的达尔文式的解释依然唾手可得。与人们认为的不同,并非很多变化都无法在化石中发现。例如,肤色,这种在几千年内就可以发生显著变化的性状,就是一个能够证明选择通过偏爱平均值而维持稳定的证据。另一个证据是人类婴儿出生时的体重:平均体重的婴儿比超重或过轻的婴儿具有更高的存活概率。这种对均值的回归解释了在大群体下出现的演化停滞,而创始者原则或类似的东西则解释了在小群体中的快速演化。一般情况下,改变不是必需的,而自然选择也倾向于保持原样。但是一旦改变发生了,选择也会接踵而至。在这以后,生物会再次稳定在一个成功的样式上。

当然,正统达尔文主义者仍然可以声称这都是小题大做。化石记录确实非常零散,而且对不连续演化模式的传统解释——这是数据缺失的产物——是正确的。或者,正如道格拉斯·富图马(Douglas Futuyma)所主张的,通常情况下,一个物种内的任何变化都会随着时间的推移而被抹平。这不仅仅是因为环境的波动(从而导致选择压力的波动),还因为种内繁殖抹平了所有短期的变化。只有在某些原因(例如子群体前往岛屿等孤立地区)导致物种断裂并出现生殖隔离时(即使没有创始者原则),由于选择的作用,变化才会开始在不同的种群中积累,并最终在化石记录中留下痕迹。"虽然物种形成并不会加速种群内的演化,但它为形态变化提供了足够的永久性,使它们能够以化石形态得以保存。"(Futuyma 1987,467)

在古尔德的最后一部关于演化及其原因的重要著作《演化理论的

结构》中,他认同了这种思考方式。鉴于这是一种传统的达尔文主义,一种依赖于选择的答案,我们不知道是要钦佩古尔德将达尔文主义作为他的思考核心的胆识,还是要为他停止了对达尔文主义的挑战而悲叹。总之,概括而言,间断平衡可能指向一些重要的非选择驱动的因素,也可能指向一些重要的选择驱动的因素。但无论如何,限制与约束并不在其中。

最后,新的分子发现会对这种情况有所改变吗?拉夫曾经雄辩地谈论发育方式的成功,但他也指出,基因同源性实际上可能并不那么严格。他讨论了某个 Hox 基因(触角足复合体),该基因出现在两种果蝇物种,即黑腹果蝇(*D. melanogaster*)和拟暗果蝇(*D. pseudoobscura*)中。根据分子钟的测量,这两个物种大约在 4600 万年前分道扬镳——这在生命史上并不算太久远。但正如你所期望的,这两个物种的触角足复合体非常相似,太相似了,以至于不可能是巧合。但相似并不意味着相同。在拟暗果蝇中,一个名为"Defromed"的基因与哺乳动物基因的位置和方向相同。然而,在黑腹果蝇中,它的方向是相反的。它被翻转了。其他类似的差异也已被发现。总结这些差异,拉夫发表了他的结论:"在较短的演化时间内,Hox 基因可以忍受一些次生改变而不影响最终对于物种身体结构的设计。"(1996,309)

正如我所说,这项科学是了不起的,它对演化过程的洞见是令人惊讶和富有启示性的。但是,它们是否终结了以功能为核心的达尔文主义则完全是另一回事。

结构限制

接下来让我们看一看所谓的结构限制,尽管它们似乎也属于发展限制的范畴。古尔德与莱温廷于1979年提出了一个著名的问题。他们提到了中世纪教堂顶部四根柱子支撑圆顶的三角形空间。这些空间通常非常华丽,它们常常采用与《福音书》有关的马赛克图案装饰(例如威尼斯圣马可大教堂,后者也启发了古尔德的类比)。古尔德与莱温廷认为,尽管这样的空间("拱形三角形")似乎被设计为展示工匠创造性产物的空间,但实际上这些空间只是建筑师用来支撑屋顶的设计的副产品。一旦建筑师选择了由四个拱形和柱子支撑的圆顶,三角形拱形就会出现在四个角落的柱子上方。但是一旦它们出现了,工匠们就会用马赛克图案来填充它们,将其整合入大教堂的装饰方案。"这些设计是如此精细、和谐和富有目的性,以至于我们很容易将其视为任何分析的起点,在某种意义上成为周围建筑的原因。"(148)然而,这是本末倒置。或许作者认为,在生命世界中也有类似的情况。许多我们所认为的适应性行为不过是由于发育限制而产生的华丽拱形,而不是最优设计的例证。也许事情比达尔文主义者所认为的更加随机和杂乱无章:他们的想法固然华丽,但最终或许是无效的。

对此的回应是:有没有达尔文主义者曾经持相反的看法呢?毕竟,异速生长是一个经常被引用的最佳例证,用来说明组装一个功能良好的生物,并优化其每一个特征是十分困难的。爱尔兰麋鹿早期有着强烈的性驱动力,后期则毛发稀疏,或者至少很多人这么认为。达尔文主义者一直认为,生物往往会留下一些东西,这些多余的或者不常用的特征可能会在以后的选择中被选中,并以其自身的方式得到使用——就像圣马可教堂的拱肩。将睾酮注入人类男性体内,会带来各种各样的适应性优势——比如是阳具和睾丸的发育。或许男性脸上的毛发只是睾酮飙升的次要效应,没有适应性优势;或许如此,但尽管吉列剃须刀公司对此努力宣传，这种说法尚未被证明是正确的。让我们援引古尔德最喜欢的例子，即雌性鬣狗的巨大阴蒂吧：他声称它没有任何现有的适应性意义。达尔文主义者会同意，这个假阴蒂可能是偶然产生的，但这并不意味着它在今天没有价值。实际上，达尔文主义的一个核心原则认为，意外的副作用可以在长时间内成为演化故事的关键部分。

真正的大问题是新特征最初是如何出现的。正如古尔德一直在问的，1/10 的眼睛是否有很大的价值？好的，正如道金斯回答的，也许它确实有用，但并不需要假设每个新特征都有即刻的价值。显然，羽毛在飞行方面具有适应性优势，没有人会说飞行没有用。然而，越来越多的证据表明，羽毛最初出现在恐龙身上并不是为了飞行，而是为了绝缘和控制体温。直到后来，它们才被用于征服天空。

但难道达尔文主义者是见树不见林吗？文化的系统发生惰性是否使他们忽视了结构限制日益增长的重要性？没有人会否认这种限制能导致新的适应性的卓越案例。问题是它们是否引入了全新的讨论维度，并且接受有机世界的许多方面基本上是非适应性的这一事实。达尔文主义者没有看到这一点，而且现在仍然没有看到。对于古尔德来说，一个特别有趣的主题是智人。他认为，从生物学角度来看，只有当我们认识到我们的许多思维工具以及随之而来的文化产物实际上是一个整体——一个在演化过程中出现的，但并不受自然选择控制的整体——我们才能理解人类的本质："人类大脑是可能通过普通的适应性过程达到其当前大小的，这些过程能让非洲大草原上我们的狩猎 - 采集者祖先产生更复杂的心理活动，并为其带来特定的好处。但是，这样一个复杂器官的隐含价值必然超越于其起源时显性的功能性原因……我怀疑，如果我们将许多人类思维中令人困惑的特征概念化为来自遥远适应性起源的历史性限制,我们将可以更好地解决许多问题。"古尔德得出结论:"任何忽视了许多现在有用(或至少是被使用的,无论多么可疑)的特征的非适应性起源,并将演化探究的领域限制在对最初的适应性原因和益处的论证的(往往是推测性的)'演化心理学',将会因为把研究限制在如此狭窄的范围内而变得更具误导性而非启发性。我们必须放弃过分严格的达尔文主义方法大体上无意识的偏见,即将所有'演化'解释等同于适应性分析。"(Gould 2002, 1264–1266)

人类智能以及由此而来的文化是否是源自其他生物压力的非适应性结果?今天是否仍然反映了这一点呢?在过去400万年的人类演化历程中——从脑容量不足500立方厘米的露西到脑容量达到1200立方厘米的现代人——很难想象没有适应性力量作用于人类的思维。人类学家最近的思考是,我们的祖先面临着高度变化的气候,拥有对这些变化做出灵活反应的思维能力会带来极大的优势。在寻找食物和防御攻击时,尤其是当需要与其他智慧动物(即其他人类)竞争食物和配偶时,大脑也会发挥作用。然而,尽管选择可能是人类大脑能力增长的主要因素,但没有人——即使是最狂热的达尔文主义者——会认为今天的文化全都是适应性的。

考虑一下英语和法语在表达复数形式时的不同方式。将"the boys"与"les garçons"(分别是英语和法语中的"男孩们")进行比较。对于英语而言,定冠词在单数和复数形式下保持不变,所需的信息出现在名词末尾,复数形式结尾有一个嗡嗡声。对于法语而言,单数和复数名词发音相同(尽管拼写不同),信息在不同的冠词"le"和"les"中传递(发音为 luh 和 lay)。即使文化选择的形式在产生这些差异方面起作用,自然选择也肯定不会参与其中。

另一方面,很少有人否认生物学在文化中发挥了一定的作用,或者至少在人类行为和思维方面发挥了作用。你选择使用十四行诗还是无韵诗来表达你的爱,可能不会受到你的生物学方面的影响,但你所感受到的情感是纯粹达尔文主义的。问题实际上在于这些领域之间的范围,以及它们在多大程度上是适应性的,多大程度上是非适应性的。研究这些问题的达尔文主义者(即演化心理学家)通常采取中间立场,就像研究杀婴行为的那些工作者一样。几乎没有一位演化心理学家会说文化的表面——可称之为肉和皮肤——与适应性优势直接相关,但是所有人都会认为行为的潜在规则和模式——骨架——深深根植于适应性优势。表达这一点的一种方式是认为我们具有某些先天的倾向(所谓的"表观遗传规则"),而这些倾向根植于生物学;但是这些倾向的实际表现将我们带入了非生物学的领域,而这取决于情况、背景和其他影响。

考虑一下道德规范和行为,它们是文化的基本组成部分:"杀人是不道德的。""爱护你的孩子。""给予贫困者帮助。""不要与他人的配偶发生性行为。"一些人认为道德与基因几乎没有任何关系。他们指出了不同社会的相对主义(如在非洲的某些地区,女性割礼是好事,在整个北美却不是),以及许多道德是无需适应的(如在索姆河战役中服从义务,越过战壕的士兵),他们得出结论,道德和生物学几乎没有任何关系。这是许多社会科学家以及莱温廷式的马克思主义者的立场。

另一些人则将道德视为非适应性的副产品——至少没有生物学联系——但相信它仍然根植于其他适应性原因。遗传学家弗朗西斯科·阿亚拉(Francisco Ayala 1987, 239)似乎支持这一观点:"道德行为是人类生物结构的一个属性,因此它是生物演化的产物。但我没有看到任何证据表明道德行为是因为它本身具有适应性而发展的。我很难看出将某些行动评价为好或坏(这不仅仅是对行为的选择以及对实际后果的评估)如何促进评价者的繁殖适应性。"

最后,强硬的达尔文主义者认为道德伦理与生物需求直接相关。爱德华·O.威尔逊和我都持这样的观点。像达尔文一样,出于大致相同的原因,我们认为,拥有伦理道德有直接的生物学回报。我们不会被道德相对主义打动。在过去的50年中,西方社会在性解放和自由方面发生了重大转变,例如对同性恋的容忍和接纳。但这并不是因为在基本层面上道德发生了根本性的变化——当然不是因为人类本性发生了任何生物学上的变化——而是因为我们现在更加理解同性恋。现在人们已经认识到,性取向通常不是自由选择的(因此不应被视为罪恶),也不一定是功能失调的家庭的结果(因此不应被视为一种疾病,成为医疗干预和避免的对象)。那些所谓的反例也无法说服我们。我们大多数时候并不像在索姆河战役中一样,而那些去参战的人很可能是出于非常人性的(同时也符合生物天性的)原因。不想让你的战友失望似乎是主要动机,尽管你知道如果拒绝,你就会被自己的指挥官枪杀,这也可能影响你的决策。无论如何,没有人说适应是完美的。它只是比另一种选择更好而已。道德规则有点像戴维斯的林岩鹨繁殖规则。它们通常是有效的,但大自然也可能被愚弄。

因此,对于莱温廷来说,谈论天生的倾向是不必要的、令人困惑的。对于阿亚拉来说,这样的倾向也许存在,但今天它们似乎与直接的适应优势没有太大关系。对于威尔逊和我自己来说,这种倾向构成了道德的基础,但在不同情境和文化中,它们以不同的方式表达出来(尽管这种表达受到限制)。让我们就此打住——虽然坦白说,限制和拱肩的语言是否为这些问题提供了太多新的启示,可能依然值得怀疑。

物理限制

在此，我们将讨论一些没有人会否认的事物。这里的限制确实很重要。物理世界影响着生物体，并且限制了生物体能够做什么和不能做什么，以及何时何地应该投入精力。以最基本的事实来说，大小和重量按长度或高度的立方幂迅速增加。假设你有两只形状完全相同的哺乳动物，一只是另一只的两倍高。它的重量将是另一只的 8 倍。这意味着从结构角度看，它有 8 倍的重量问题。根本不可能把大象建造成像猫一样敏捷。由于重力的作用，大象需要更多的支撑才能保持站立，这又意味着更大、更重的骨骼。

物理限制对生物界产生了一些有趣的后果，使得这个世界在许多方面与人类的世界非常不同。有机世界中的有组织的复杂性与人类中的有组织的复杂性不同。例如，大自然更容易创造圆形而不是正方形，球形而不是立方体。圆形和球形可以将面积与体积比最小化，产生均匀的力量分布（想想肥皂泡）。这意味着，虽然人类着迷于直角，但在自然界中你很少发现直角。然而，直角并非不可能：松树在森林中垂直于水平地面站立，卵子分裂时形成互呈直角的分裂沟，内耳有用于检测加速度的直角管道。最令人着迷和意想不到的是西奈沙漠盐水池中的方形细菌。它们平躺在水面上，形成多达 8 个或 16 个的片，就像邮票一样。由于水的盐度，这些细菌没有过多的内部压力，可能会使它们凸起成圆形或球形。显然，它们的形状没有积极或消极的适应价值。

有趣的问题不在于自然界为什么几乎没有直角，而在于人类为什么如此迷恋直角。这可能是因为这种思维方式所传达的概念上的便利。想象一下设计一个以 95 度为基本度量单位的房子，或是以五边形取代正方形。尽管如此，即便在这种情况下，直角也有其代价。想想为了使事物保持其形状需要多少交叉支撑。用四根木条钉成的正方形远不如用三根木条钉成的三角形稳固。

显然，即使是物理限制也允许有自由度，这可能并不直观，人们一开始可能也认为这不可能。此外，有时很难说物理限制是否真的应该被称为"限制"。约翰·梅纳德·史密斯和他的同事深入研究了软体动物和腕足动物的螺旋壳。螺旋本身可以相当容易地还原为简单的对数函数方程。我们可以绘制一张平面图，描绘出壳体螺旋与关键因素（尤其是螺旋速率和生成曲线的大小）之间的关系。在这样的图上，有一个特点非常引人注目：虽然对于大多数贝壳来说，螺旋从中心到边缘一直互相接触，但某些贝壳的螺旋并不接触。在它们的螺旋之间有一个间隙。

在现实生活中，你会预计有机体会倾向于让螺旋之间相互接触。这样可以提供更大的强度，并节省材料，因为内部螺旋的外表面可以作为外部螺旋的内表面。当梅纳德·史密斯和他的同事们绘制了一组生物（头足类软体动物）的实际螺旋壳的图谱时，它们与理论模型的拟合非常出色。菊石几乎全都具有相互接触的螺旋壳。即使是例外情况也证明了这一点。现存的浮游头足类软体动物旋壳乌贼的壳可以螺旋卷曲但并不相互接触。但是这种生物的壳是内部携带的，用于产生浮力，因此并不需要结构强度。

梅纳德·史密斯和他的同事得出结论："拒绝不接触式螺旋的限制是由简单的定向选择所带来的适应性选择。"这一结论无疑使我们回到了起点，因为如果限制可以是适应性的，并由选择引起，那么形式和功能之间的区别就真正消失了。理论生物学家冈特·瓦格纳（Gunter Wagner）甚至认为，限制对于选择的作用是必要的，否则变异将无处不在,任何积极的变化都会为其他朝着不适应方向的变化所抵消。

自发秩序

我们的讨论已经从与选择相悖的物理限制进展至与选择相互配合的物理限制了。物理限制能否完全替代选择的作用,或是至少对其做出重要的补充？无论是基于直接的还是复杂的适应论思维,我们能否说仅凭物理规律就能完成有机体的设计？ 在整个 20 世纪,有些人是这样认为的。其中最著名的是苏格兰形态学家达西·温特沃斯·汤普森（D'Arcy Wentworth Thompson）,他的《论生长与形态》（*On Growth and Form*）首次出版于 1916 年,是一部经典的形态学著作,值得与歌德、若弗鲁瓦和理查德·欧文等人撰写的任何东西相提并论。虽然汤普森属于亚里士多德派,但他对达尔文主义者对于目的因的关注并不怎么在乎,并坚称亚里多德所谓的质料因和形式因是更为重要的先决条件。真正重要的是物理材料和支配这些材料的数学定律。你建造房子是因为你想住在里面,但是建造房子是由物理学和数学掌控的。这对于有机体也同样适用。

在汤普森的世界中,演化如何发生有些模糊。他并不反对适应性,但他将其视为由物理和化学原理支配的形态发展过程中自然而然的结果。一个典型的例子就是他对水母形态的分析。对于他而言,这可以仅仅通过不同密度的液滴在较低密度的液体中下落的物理过程来解释。随着下落液体的模式,有机体的模式也随之出现。对于汤普森来说,这个类比显然暗示着,无论是什么推动了演化的力量,它都受到物理和化学定律的限制。但这并不是问题,因为这些定律不仅限制了生物世界,而且也建立和创造了生物世界。达尔文主义者的适应性——至少是生物学家需要认真考虑的适应性（结构适应性，如翅膀和肢体，而不是他认为微不足道的表面适应性，如皮毛颜色）——可以毫不费力地从物理和化学世界的运行方式中推导出来。

近年来，从古尔德早年发表的一篇支持性文章开始，汤普森的方法得到了热烈的支持。在英国，加拿大裔形态学家布赖恩·古德温（Brian Goodwin）一直是他们中的重要人物，而在美国，接受医学训练的理论生物学家斯图尔特·考夫曼也是其中一员。考夫曼是自组织概念的开创者，这一概念被考夫曼巧妙地称为"自发秩序"。他说："生命的图景比我们想象的更丰富。它是一幅缀着偶然的金线的挂毯，是由核苷酸片段的量子事件的奇思妙想和选择筛选精心制成的，但它有着整体的设计、架构和编织的节奏，反映了自组织的基本原理和规律。"（Kauffman 1995, 185）一个简单的自组织的例子得到了所有人的认可，即20世纪50年代在莫斯科发现的所谓贝洛乌索夫－扎博金斯基反应（Beloussov-Zhabotinsky reaction）。当有机物质和无机物质的混合物被放置在平面上（如佩特里盘中）时，它们会形成同心环，从中心向外移动，当它们遇到其他同心环时就会消失。就其本身而言，这只不过是一个漂亮的图案。但恰好这些环的形式也在自然界中出现。尤其是在黏菌的生命周期中，有一个阶段与贝洛乌索夫－扎博金斯基反应高度相似。这种黏菌通常是一群自由生活的变形虫，吞食细菌。但如果食物供应不足，它们就会聚集起来。"细胞开始通过释放一种化学物质相互发出信号。这启动了聚集过程：变形虫开始向一个中心移动，这个中心由一个周期性地释放化学物质的细胞定义。化学物质从源头扩散开来，并通过两种方式刺激邻近的细胞：(1)接收到信号的细胞自己会释放一股相同的化学物质；以及(2)它们会朝着信号的源头移动。"（Goodwin

2001，46）值得注意的是，当这些变形虫开始聚集在一起并最终结合成一个可以结出果实并繁殖的多细胞有机体后，它们会制造出另一批独立的变形虫。它们所展示的运动模式与贝洛乌索夫－扎博金斯基反应完全相同。

实际上，化学状态和生命状态中的分子是完全不同的，但潜在的反馈过程是相似的，即物质被产生到一定程度，直至其他过程介入抑制其产生。然后，整个系统处于不稳定的振荡状态，因为各种过程会相互开启和关闭。对于新的形式论者来说，我们显然有一个案例，即其中一个生物体（或一组生物体，这取决于如何计算黏菌）如何利用自发产生的化学过程实现其生物学目的。明显的模式不是由选择塑造的，而是从物理世界的运作方式中自发出现的。古德温（2001，51–52）将一个领域定义为"在空间中扩展的动态系统的行为"，他写道：

> 从对于化学系统（如贝洛乌索夫－扎博金斯基反应）及其空间模式与生命系统的相似性的研究中，涌现出了一种新的场域维度。这就是自组织的重点，即这些场域有能力在没有特定指令的情况下自发地生成模式，就像遗传程序一样。这些系统从无到有地产生了某些东西……没有计划，没有蓝图，没有关于所出现的模式的指令。场域中存在着系统各组成部分之间的关系，这些关系使其自然地进入动态稳定状态——数学家称之为场域的一般（典型）状态——具有空间和时间模式。

我们需要探讨传统的达尔文主义（强调选择的作用）与这个新概念（自组织）之间的关系。让我们通过一位早期达尔文主义者，钱斯·赖特令人钦佩的例子来探究这一关系,这个例子也被达西·汤普森用来说明形态优先于功能的假设——我指的是叶片排列现象(phyllotaxis),这在第七章中已有所提及,即当相同的元素紧密排列在一起时,很多植物表现出的顺时针和逆时针螺旋形态。向日葵是经典的案例,但这种现象很普遍——看看任何松球的背面,或者当你撕开一颗菜花时看看这一模式。实际上,超过80%的高等植物都以某种形式表现出这种现象。因此,这是植物界的一个重要方面,对于它的解释绝非无关紧要。

叶片排列现象的发生是因为叶片或花瓣在花的中心("生长顶端")产生,然后向外推。当它们从中心出现时,叶片沿循着一条螺旋线(称为"遗传螺线"),如果生长是恒定的,那么相邻叶片之间的角度将保持恒定。但是那些引人注目的螺旋(技术上称为"斜列线")又怎么来的呢?人们早就认识到可以通过13世纪意大利数学家列昂纳多·斐波那契(Leonardo Fibonacci)发现的一个公式来用数学表达叶片排列的现象。他寻找一种计算一对兔子的后代生长的方法,并得到了由前两个成员相加形成的系列,从0和1开始。因此,该系列为0, 1, 1, 2, 3, 5, 8, 13, ……或者更一般地,$n_j = n_{j-1} + n_{j-2}$。植物学家发现,在一种特定植物的斜列线上,顺时针和逆时针排列的叶片的代数编号总是连续的斐波那契数列。

为什么会有这样的规律?对于实用主义者、热衷于自然选择的钱斯·赖特来说,答案显而易见:这种排列方式可以在不使叶片相互干扰的情况下最大限度地将每个叶片暴露于阳光下。针对这一目标,各种叶序排列方式之间的差异非常微小,不会有太大的影响。"纯粹为了实现最彻底的分布,让自己最充分地暴露于茎周围的光和空气中,也让芽有足够的伸展空间,这种排列所追求的目标,其实是一个只在抽象中存在的属性,如同一条存在于想象中的、没有宽度的线。"(Wright 1871,引自 Gray 1881,125)形式论者则对此不予认同。达西·汤普森列出了一系列反对意见。各种规律之间的差异确实很显著,但是目的论意图是"不能向普通的物理专业学生推介的"东西。况且,还有许多其他比例可以起到同样的作用,植物也可以采取其他更好的方式将叶片暴露于阳光下。"因此,我们毫不犹豫地得出结论,虽然在冷杉果实的结构中,我们可以轻而易举地看见斐波那契数列的存在,但这只是出自数学原因;它所谓的有用性以及通过自然选择引入植物结构的假设,在植物现象的一般研究中不值一提。"(Thompson 1948,953)

在最后一击中,汤普森指责达尔文主义者"退化为了一个神秘的唯心主义学派",鉴于他的后继者现在所主张的观点,这有些讽刺。在面对叶序时,布赖恩·古德温在其对数字的理解中几乎成了一个毕达哥拉斯主义者。他从令人愉快的观察开始,将相邻的斐波那契数列成分相除所得的分数序列汇集在一起,这一序列接近无理数 0.618,这也是古希腊人称为黄金分割或黄金比例的数字,即一个矩形的长宽比例等于从中去掉最大的正方形后所剩下的矩形的长宽比例。这只是开始,因为你也可以从圆中得到黄金分割,只需要用适当的方式将周长分割即可。这会产生一个 137.5 度的夹角,而这恰恰是你在遗传螺线上的连续叶片中看到的角度。"因此,具有螺旋叶序的植物倾向于将连续的叶片安置在成黄金分割比例的角度上。植物似乎对和谐的属性和建筑原则颇为了解。"(Goodwin 2001,127)(分裂点是植物的生长尖端。当然,这种联系并不是任意的,而是遵循晶格的特性,通过数学推导出来的:这正是我们所拥有的。)

让我们进行一个小实验,将铁磁流体(一种带有磁性的流体)缓慢地滴入极化的油膜中心。水滴会互相排斥并远离中心。如果你做得足够慢，每个水滴只受到前一个水滴的影响，你只会得到一种交替的图案。但是当速度更快时，奇妙的事情发生了（Goodwin 2001, 127–128）：

> 随着添加滴液的速率（相当于芽发育中叶片的生成速率）的提高，新的滴液会受到不止一个之前的滴液的排斥力的影响，于是图案就会发生变化：最初的简单交替对称模式被打破，开始出现螺旋图案。系统需要一定的时间才能达到稳定状态，而这个过渡阶段的持续时间则取决于添加滴液的速率。如果速率足够快，使得滴液之间的相互作用足够强，则稳定的图案会迅速出现，连续的滴液之间的夹角很快就会趋于137.5°，螺旋图案遵循典型的斐波那契数列。

因此，我们再次得到了自组织的结果，正如可以通过改变油滴滴加速率来获得不同的图案，在植物中，不同的图案仅仅反映了植物生长和产生叶片的速率。简而言之，"自然界中不同叶序图案的频率可能仅仅反映了各种形式的形态发生轨迹的相对概率，这与自然选择关系甚微"（132）。或者如考夫曼（1995, 151）所说："像雪花的六重对称一样，松果及其叶序可能只是自发秩序的一部分。"

达尔文主义者并不相信这种观点。形式论者忽略了一种"显而易见的可能性"，即"自然选择可能普遍倾向于叶序的紧密排列而非其他排列方式"（Reeve and Sherman 1993, 21）。但从某种意义上说，我们怀疑这里存在一定程度的交叉，而即使是最狂热的适应主义者也必须同意这一点,即叶序是由上述类型的数学公式支配的。植物必须以某种物理方式产生其螺旋图案。否则,如果在发育过程中根本没有遵循任何数学公式,那将非常奇怪(如果不是不可能的话)。事实上,一些证据强烈表明,植物确实遵循这些数学原理。G. J. 米奇森(G. J. Mitchison)构建了一些发育模型,假设植物在叶片形成时会产生一种抑制剂,以防止叶片挤在一起。只有当这种抑制剂的效应逐渐消失后,新的叶片才可以形成。从形式上讲,这种情况与油滴模型并没有太大的区别,按照预期会得到斐波那契序列的模式。事实上,通过改变速率,可以展示斐波那契比例是如何改变的,以及为什么。当需要更多的叶序时,一些更大的植物(例如向日葵)会在生长过程中改变比例。

因此,回到"限制"的语言,叶序的产生可能是因为发育遵循着某些固定的物理途径。这并不令人惊讶,尽管这些研究细节非常重要,有时也难以企及。但从达尔文主义的角度来看,只要所产生的模式具有适应性,并且因此通过自然选择而得以保留,那么这些细节便都不重要。形式并不排斥功能。即使这样的模式是固定的,从适应的角度来看,只要其他植物特征可以将叶片受光的效率提到最高,这便也无可厚非了。事实上,证据表明情况确实如此。通过计算机模拟,卡尔·尼克拉斯(Karl Niklas)表明,不同的叶序模式可以影响植物所截获的光量,但这可以通过许多其他的形态特征来补偿,例如通过变化叶片的偏转("倾斜")角度。换言之,无论叶序在数学上的限制是什么,都仍然有很大的适应空间。事实上,尼克拉斯更愿意将叶序视为一个限制因子(limit factor),而不是限制(constraint)——它是适应性得以嵌入的背景,是使适应性成为可能的基础。"'限制因子'与限制之间的区别很重要,因为它是反映生物发育过程可塑性的度量。"因此,认为我们在这里发现了威胁或是否认达尔文主义方法的东西,那便是误解了演化过程的本质和原因。或者换言之,发现叶序及其生成过程中的细节表明,在非生命的世界中确实存在生物必须遵循的规则。但即使生物无法打破化学或物理学规则,它们通常也会找到方法在这些规则内来达到自己的目的。这有点像纳税。

形式还是功能?

形式论的支持者又重振旗鼓了。一般而言,他们并不想推翻达尔文主义。几乎所有人都认为自然选择在演化中起作用。但是很多人认为,选择作为一种机制被高估了,他们希望承认其他力量所扮演的角色。"限制"是这些新形式论者的口号。没有一个形式论者否认有机世界中的有组织的复杂性。然而,所有人都认为选择并不是万能的,这种复杂性不能完全归因于选择。作为对于这一挑战的回应,达尔文主义者认为,以发育为中心的分子生物学在很大程度上是令人兴奋的,堪称过去 20 年里演化研究的前沿。没有人曾想象过如今看来如此寻常的、处于演化过程核心的基因同源性。这一切无疑正在改变我们对于"伴随变异的遗传"的思考方式。

但是——从阐述转向观点——这在多大程度上对传统达尔文主义构成了挑战,是完全值得怀疑的。显然,选择必须在物理和化学的限制范围内工作,并遇到障碍,所有这些都会影响最终产物。但是自然选择作为一种机制,在筛选(受限制的)生物所呈现出来的各种解决方案的方面仍然地位稳固。事实上,一些人认为正是由于对形式的新的强调,自然选择才被激活而变得更加健康,而不是相反。

第十二章

从功能到设计

第十二章 从功能到设计

即便演化科学发展蓬勃发展,它也仍然需要为自己在公众视野中争取一席之地。自20世纪中期以来,分子生物学获得了大量资金,名声大噪。同时,许多尖子生也放弃有机生物学和演化生物学,转而修读分子生物学。除了潜心研究之外,演化论者还需要说服自己和他人,他们的领域虽然不是物理或化学,但也是一门独立学科。这一努力的一部分是,演化论者必须证明他们的主题已经超越了《物种起源》出版后几十年内所涵盖的内容:在当时,演化论在许多方面不过是一种世俗的宗教,一种表达各种道德观和社会主张的工具。

让我们依然遵循上一章的方式,把源自设计的论证分成复杂性论证和设计论证两部分,来看看形式论者的反击吧。像古尔德一样,有人认为达尔文主义者过于痴迷于复杂性论证,认为他们原本可以找到一种更恰当的方式,从而无须滥用自然选择来替代神学的设计论。像达西·汤普森一样,有人接受复杂性论证,但认为数学和物理学可以像自然选择一样(或者更好地)提供一种科学方案来替代设计论。在这一章中,我们将关注达尔文主义者的担忧,即通过接受基于自然选择的完全科学的复杂性论证,他们仍然未能消除这一论证的神学气息。我们将在本章中拜访那些感到有必要净化复杂性论证,以便不再有宗教气息笼罩于演化理论之上的人。

这次清理行动的焦点在于功能和目的问题——这一问题至今仍然存在。新演化论的领袖之一恩斯特·迈尔对此表达了担忧。首先,以目的为导向的哲学会带来各种形而上学的、神秘的或超自然的观念,这些都是优秀的科学家在工作中应该避免的。其次,目的论思维否认了物理科学定律在自然界中的普遍适用性。再次,它似乎带来了关于因果关系的自相矛盾的后果,包括那些即使没有目标却仍能影响事件的反直觉的观念。最后,这种对于功能的讨论引入了一种令人无法接受的拟人主义——这种担忧与华莱士向达尔文表达的对于"目的"、"意图"、"设计"或"策划"等词语的担忧相同。

让我们将第一个担忧作为我们讨论的入口吧。

活力论者

在20世纪初期,一些思想家对达尔文主义(事实上是对当时所有的演化理论)感到不满,他们认为生命本身需要超越纯粹的自然主义方法。他们认为,我们必须超越唯物主义和机械主义,并以某种方式诉诸"生命力量"。德国胚胎学家汉斯·德里希(Hans Driesch)就是这样一位重视活力论的人:他认为我们需要引入一种他所谓的"目的实在"(entelechie)的概念。法国哲学家亨利·伯格森(Henri Bergson)是另一位类似的重视活力论的学者,他的表述也是很多人共有的感受:他对演化持有热情的态度,并致力于推进其演化论,但他仍然认为,目前存在的任何机械论的演化理论都无法成功地解释所有相关事实。

在早期达尔文批评者之后,伯格森特别关注了一个问题,这个问题后来令休厄尔·赖特感到担忧。这就是复杂性的问题,尤其是通过纯粹的自然主义手段产生像眼睛这样的复杂结构的困难(但眼睛又确实在许多不同的分支中独立演化出来了)。"然而,即使是一个微小的偶然变异,也是许多微小的物理和化学过程的结果。要通过偶然变异的积累来产生一个复杂的结构,需要几乎无限数量的微小过程的共同作用。

这些完全偶然的过程,是如何在不同的空间和时间点上以相同的方式、相同的顺序再次出现的呢?"(Bergson 1911, 59–60)

根据伯格森的观点,我们需要的不仅仅是一种基于像自然选择这样的机制的理论。我们甚至还需要更多,因为任何机械论的观点都不可行:它们破坏了有机体所需的整体观。"我们最终构建的真正结果可能是一种不可分割的连续体。我们在其中切出来的系统实际上不应该作为部分,而应该作为整体的局部视角而存在。因此,对于这些局部视角的简单堆积并不能重建整体。"这种分解意味着放弃对于生命本质的理解。"对有机创造过程的分析无疑需要把原过程分解为越来越多的物理化学现象。化学家和物理学家只能处理这些现象,这意味着化学和物理学将永远无法为我们提供生命的答案。"(Bergson 1911, 32–33)

伯格森寻求的替代方案是能为演化指明方向的东西。他明确提出了他的目标导向愿景。在他的生物学代表作《创造进化论》(*Creative Evolution*)的开头,他写道:"生命演化的历史,虽然还不完整,却已经向我们揭示了如何通过一条逐步上升的线路,从脊椎动物逐步发展,最终演化出人类这一智慧生物。"(9)然而,伯格森没有采用他所谓的彻底的目的论观点,即一切在开始前都是预定的。生命的历史表现出了太多的变异和随机性。为此,需要一种创造性的动力,以产生意识和智力为目的不断向上推进,并最终达至人类。

伯格森在所有生物都拥有的生命冲动(élan vital)中找到了这种创造力。"这种推动力,沿着演化线路一直持续下去,是变异,至少是那些定期传递、积累并创造新物种的变异的根本原因。"(92–93)通常,变异会分解有机群体,使它们彼此分离。但是,伯格森解释说,有时这种推动力会沿着类似的线路推动变异,创造出一种或平行或相同的演化结果,例如眼睛。这并不意味着生命冲动会预先决定一切。它就像意识,就像决定最佳路径并尝试实现它的有机体。它有方向性,通过终点来影响事件的进程,但它是通过类似意识的东西来实现的。伯格森将生命定义为"对惰性物质采取行动的倾向",并写道,"这种行动的方向不是预先确定的;因此,在演化过程中,生命所播种的形式具有不可预见的多样性。但这种行动某种程度上呈现出偶然性;它至少意味着选择的基础。现在,选择涉及对于几种潜在行动的预期。因此,在行动本身之前,生命体必须标出行动的可行性"(101–102)。显然,视觉正是这样一种行动的可能性,这就是为什么复杂的眼睛在自然史上能多次演化出来的原因。

伯格森的思想对日后的专业演化研究者产生了很大影响。休厄尔·赖特对演化论能否解释复杂性的担忧正是源自他年轻时对伯格森的热情。朱利安·赫胥黎的第一本书《动物王国中的个体》(*The Individual in the Animal Kingdom*)也明确受到了伯格森的影响。第三位对伯格森思想做出积极回应的重要演化论者是费奥多西·杜布赞斯基。但是,尽管如此,即使受伯格森影响最深的人也意识到这种思想与现代科学相去甚远。朱利安·赫胥黎在《演化:现代综合理论》(*Evolution: The Modern Synthesis*)一书中写道:"伯格森的生命冲动可以作为生命演化推动力的象征性描述,但不能作为科学解释。阅读《创造进化论》会让人意识到,伯格森是一位有远见卓识却缺乏生物学理解的作家,是一位优秀的诗人而非优秀的科学家。"(Huxley 1942, 457–458)

生命冲动的问题并不在于它看不见摸不着。科学中充满了看不见摸不着的实体,例如电子。问题是,生命力量(与电子不同)与任何规律无关,它对于预测、归纳或其他任何对科学不可见的实体的认知需求都毫无作用。电子虽然看不见,但它们以可预测的方式发挥作用,并且能在实验室中得到研究。而对于生命力量,人们可以在没有它的情况下进行同样多的演化生物学研究。它给人以可解释的印象,但实际上没有实质性的成果。正如古生物学家乔治·盖洛德·辛普森(1949,125)所言:"任何明智的人都会认为,生命与非生命之间存在重要差异,如果你愿意,你可以把生命中物质的不同行为称作'生命力量',但这毫无意义,也并没有什么显而易见的含义。"

在 DNA 分子和双螺旋结构被发现之前,这就已经是事实,而在此之后则更是如此。在什么意义上,生命冲动有助于生物学家破译遗传密码或研究从遗传大分子信息到成熟生命体的发育过程?此外,生命冲动似乎涉及一些高度违反直觉的思想。尽管伯格森声称他不想将真正的意识归于所有生命物质,但他的理论恰好暗含了这一点。如果三叶虫或植物没有某种形式的意识,那么它如何选择走向一个方向而不是另一个方向呢?

对此,生命冲动和其他生命力学的概念都行不通。好在 20 世纪初的英国达尔文主义者爱德华·B. 波尔顿对此做出了严厉批评。随着新达尔文主义在 20 世纪三四十年代的出现,伯格森等人关注的问题获得了相关的、解释性的启发。遗传学为基于选择的演化理论奠定了坚实的基础,这在伯格森写作时是不具备的。人们已经对变异性质的本质有了很多了解,而且由于费希尔等理论家和杜布赞斯基等从业者的努力,新达尔文主义者对于纯粹的随机突变如何成为高度复杂的特征的生物学基础有了更好的理解。在过去 50 年甚至更长时间里对适应性的研究表明,伯格森的许多担忧也许是可以理解的,但仍然是没有根据的。在自然选择作用于无方向变异的力量下,眼睛这样的复杂结构确实可以由演化而产生,并且事实上已经多次被演化出来了。

目标导向的系统

第二次世界大战期间,工程师成功地建造出了能够灵活响应移动目标的机器——鱼雷。这一武器脱离了原本的直线导向形式,能够追踪它们所指向的船只。这引发了一些理论生物学家和哲学家,尤其是逻辑实证主义者对于目标导向的行为的推测。物理学的成功鼓舞了这些人,他们希望从实证主义的视角,运用现代逻辑和数学的形式化洞见来阐明科学的本质。他们自然而然地对任何形式的活力论或目的论都毫不在意,并渴望将生物科学(包括演化论)"还原"为物理科学。

在本体论层面,这意味着只能从构成生物体的分子等物质实体的角度来根本地理解生物。在理论层面上,这意味着要从物理科学的思想和原则中推导出生物学的思想和原则。显然,如果要实现这一计划(尤其是理论还原),就必须以某种方式解释演化中所表现出来的似是而非的目的性,并用物理学和化学的非目的性概念来解释它。

逻辑实证主义者攻击的关键思想是反馈,这意味着当目标移动或改变时,指向目标的自导式设备(例如朝着船只前进的鱼雷)会从目标处获得新的信息,并相应地对自身进行调整以实现期望的目标。换言之,正如美国哲学家欧内斯特·内格尔(Ernest Nagel)强调的,当系统出现问题时,系统内部会通过某机制来修复它。在这样的目标导向或组织导向的系统中,不仅要达成目标,还需要系统具有某种灵活性以响应突发的变化,并使自身重新回到(朝着目标的)轨迹上。

让我们承认一个事实:目标导向的系统似乎确实具有某种目的性。即使鱼雷并不总是撞上船体,但它们与船体之间存在超出偶然性的联系。我们还承认,生命世界中也存在目标导向的系统。人体通过出汗和打哆嗦等方式保持恒定的体温,这是反馈作用在目标导向的系统中的一个范例。最后,我们承认(这也是肯定的),这些系统中没有超自然或非物理的因素,也没有任何逻辑上的矛盾。这些系统没有涉及意识,也没有缺少目标对象。有时即使是最好的导弹也无法击中目标;有时人们会因为过度受寒或过热而死亡。但通常在人体内部,正如在海战中,反馈和回应型的适应性变化允许系统根据新的情况和新的信息进行调整。在承认这些的基础上,我们在演化生物学中遇到的那些似乎具有目标导向性的行为,例如林岩鹨和大杜鹃的行为,又意味着什么呢?

内格尔(1961,403)认为,演化和目标导向的系统之间存在非常紧密和直接的关系:

> 考虑一下生物学中典型的目的论陈述,例如"叶绿素在植物中的功能是帮助植物进行光合作用(即在阳光下用二氧化碳和水形成淀粉)"。该陈述解释了植物中有叶绿素(一种物质A)存在(在每一个系统S中,都有由一定的部件和过程构成的组织C)。它声明,当给植物提供水、二氧化碳和阳光时(当S被放置在某个"内部"和"外部"环境E中),只有当植物含有叶绿素时,它才能制造淀粉(一定的过程P会产生明确的产品或结果)。

在这段文字中,内格尔指出,一个目的论的陈述是一个论证——虽然是一个简洁的论证,但它仍然是一个论证。他举了一个例子:"当给植物提供水、二氧化碳和阳光时,植物会产生淀粉;如果植物没有叶绿素,即使它们有水、二氧化碳和阳光,它们也不会制造淀粉;因此,植物含有叶绿素。"(403)但是,正如内格尔所认识到的,这并不足以解释植物中发生的事情。考虑一下波义耳定律,即在恒定温度下,一定量气体的体积与压力成反比。这个定律没有关于目的的论断,如果我们试图赋予它一个目的,我们就会被驳回。例如"气体在变化的压力下的功能是产生一个体积成反比的气体"或者"在恒定温度下,每个气体在可变压力下改变其体积,以保持压力和体积的乘积不变"。如果我们尝试这样做,就会被认为有点疯狂。正如内格尔所说,"大多数物理学家无疑会认为这些表述是荒谬的,至少是具有误导性的。因此,如果没有任何目的论陈述可以正确地转化为物理定律,那么认为对于每个目的论陈述都可以构建一个逻辑上等价的非目的论陈述的观点,便是难以令人信服的"。

这就是目标导向的概念介入的地方。对于内格尔来说,一种能够承受功能性解读的陈述与一种不能承受此类解读的陈述的区别在于前者(仅仅是前者)涉及一种有直接目标导向组织的系统。换言之,功能性陈述隐含地承认了生物系统具有目标导向性。谈论叶绿素的功能是进行光合作用,就是承认植物是有目标导向的系统。这也解释了为什么在物理科学中不能使用目的论语言(421):

> 波义耳定律的目的论版本似乎奇怪,并且令人无法接受,因为这种表述通常被认为是基于这样一个假设,即被封闭在一个容器内的气体是一个有目的地组织的系统,这与通常接受的假设相矛盾,即气体体积不是这样的系统……因此,目的论解释比与其表面上等价的非目的论解释暗含了更多的信息。前者假定被解释

的系统是有目的地组织的,而后者通常不这样假定。

内格尔得出结论:没有特殊的力量或实体驱动生物。有机体和惰性化学物质一样,都是物质对象。因此,在本体论中,有机体可以被视为或还原为与物理和化学实体一致的东西。不仅如此,驱动或支配有机体的过程也遵守正常的物理和化学法则。因此,将生物学还原为物理和化学是可行的。演化生物学与物理和化学之间的区别仅在于强调目标和参照对象,此外没有其他区别。

原因与能力

像内格尔这样的逻辑实证主义者从未深入了解生物学,尤其是演化理论与相关的实践研究。根据这一学派的观点,除了物理和化学之外,这世上没有其他真正的科学。尽管有人对他们的观点提出了抗议,但在20世纪中叶,这种抗议并不多。

不过,内格尔依然受到了攻击。遗传学家C. H. 沃丁顿(C. H. Waddington 1957)指出了他们的主要问题所在,他指出,被描述为目标导向的系统的情况是生物学会称为适应性的情况。人类的适应性很强,尤其是在维持内部体温恒定方面。然而,通常情况下,我们使用功能性语言的情况并不关注适应能力,而是关注适应结果。适应能力相关的实例通常(也可能总是)涉及适应结果。保持体温恒定无疑也具有适应性意义。而有机体通常是拥有适应能力的,无论以何种方法。但适应并不总需要有方向的组织。例如,有蹄类动物的牙齿非常适应它们要消化的饮食,例如像草一样的营养匮乏且质地粗糙的植物材料。但如果气候变化或通常的饲料不可用了,有蹄类动物不能保证它们的牙齿能用于其他食物,也不能保证它们的牙齿能朝着理想的方向改变。

因此,沃丁顿的一般结论是,无论目标导向性表面上有多么吸引人,但它在适应是否有目的的问题上基本是无用的。我则会认为这个结论——不仅是我,其他人也这么认为——或许有些草率,因为事实上目的性在我们的分析中确实有一定的价值。但显然,重点在于适应性(正如乔治·威廉姆斯告诉所有听众的)。"当生物学家对某些有机特征提出'为什么'的问题时,他假设这一有机特征是适应的结果。(在这样做时,他可能是错的。)然后他试图发现该特征的'适应意义',即为什么它会被选择。"(Williams 1966, 91)但是,尽管这些可能都是对的(我认为确实是这样),它们依然只能解释部分现象。

20世纪70年代,两种备受关注的替代方案被提了出来,据称同时涵盖了生物学和人类活动的领域,而这两个领域都有目的论思维。第一个提议归功于哲学家拉里·赖特(Larry Wright),被称为因果分析(causal analysis)或原因分析(etiological analysis)。该提议在精神上是非常康德式的,因为它涉及双向因果关系。"A导致B。A存在是因为它导致B。"用康德的话说:"如果一件事物(在双重意义上)既是自己的因又是自己的果,那么我会说它作为物理目的而存在。"(Kant 1790, 18)用赖特的话:"当我们说Z是X的功能时,我们不仅是说X存在是因为它执行了Z,我们还说Z是X存在的结果或后果。"因此,以我们熟悉的例子来说:"不仅植物中有叶绿素这一现象是因为它使植物可以进行光合作用,而且光合作用也是叶绿素存在的结果。不仅调节阀门螺钉存在是因为它使间隙易于调整,而且间隙易于调整的可能性也是螺钉存在的结果。"(Wright 1973, 160)请注意,所有这些都必须在一般意义上理解,否则我们就会遇到缺少目标对象等问题。

在每种情况下，X并不总是必须做Z——它只在一些特定场合这么做。但是一旦它发挥作用，它便是重要的。

第二个提议归功于哲学家罗伯特·卡明斯（Robert Cummins），被称为能力分析（capacity analysis）。这一分析的重心是某物在整个系统内做某事或是有能力做某事。假设我们有一个系统——一个有机体或一个复杂的制品，如一个电气系统——假设它会做某些事情，比如生存、繁殖或是产生某种电流。现在假设我们在该系统中有一个组件，比如一个心脏或一种特定类型的电池，该组件做某些事情，比如泵血或产生电力，这对于整个系统的工作是必要的。卡明斯认为，在这些情况下，功能性语言是适当的，因为组件在系统内做某些事情有助于系统完成其整体任务。更具体地说，组件具有在系统内做某些事情的功能，使系统能够实现其目的。因此，我们会说，心脏在人类身体中的功能是泵血，因为且恰恰是因为（针对整个身体的整体工作）生命体需要心脏来确保生存和繁殖的能力。如果心脏作为泵，没有促进生存和繁殖，那么我们就不会使用功能性语言。例如，我们不会说心脏的功能是发出泵血时的声音，因为心脏泵血时发出的声音对身体的成功动作没有影响。

为了说明他的分析如何同时适用于人造情境和生物学，卡明斯首先谈到了电器原理图。"由于每个符号代表具有某种能力的任何物理对象，因此一个复杂设备的示意图构成了对该设备作为一个整体的电力能力及其组件能力的分析。这样的分析使我们能够解释设备作为一个整体是如何行使被分析的能力的，因为它让我们看到被分析的能力的行使就是分析能力的程序化行使。"然后，转向生物学，他指出了一种完全相似的情况。"整个有机体在生物学上的重要能力是通过将有机体分析为许多'系统'（如循环系统、消化系统、神经系统等）而得到解释的,每个系统都具有特定的能力。这些能力又被分析为组成器官和结构的能力。理想情况下,这种策略会一直持续至生理机能——也就是说,直到分析能力能够经得起实例的检验。"

接下来,卡明斯将类比拉得更紧密。"我们可以很容易地想象生物学家以类似电气工程示意图的形式表达他们的分析,用特殊符号表示泵、管道、过滤器等。事实上,即使是简单的认知能力分析也通常以流程图或程序的形式表达,这些形式专门是为表示对于信息处理能力的分析而设计的。"(Cummins 1975, 188–189)

分析

那么,这两个提议对于我们理解生命世界中的目标导向性有多大的帮助呢？关于卡明斯的建议,我不会讨论太多,这不是因为它对或者错,而是因为它对于我们理解这个问题没有太多帮助。卡明斯自己对于他的功能思想与演化问题的分离感到非常骄傲。卡明斯的目标是达到如此一般化的水平,以至于他并没有试图具体分析生物学中的功能,而只是简单地使用"功能"一词,即"它是如何工作的？",而对于整体的生物学作用或目的并不感兴趣。然而对于我们来说,"功能"是出现在"适应"背景下的,这正是我们想要讨论的,而不是忽略它或降低它的重要性。事实上,我相信卡明斯的分析确实凸显了生物学对功能的理解中的一些重要性质,即在生物学和人造系统中都会使用功能性语言。这或许是他的观点持续走红的原因,但这并不是他思想的核心。

我必须承认,一些形态学家及其哲学上的同情者确实认为,能力分析恰恰是该科学分支应该做的事情。形态学家关注的是如何"发挥功能",因此对整体的演化观并不感兴趣。哲学家罗恩·阿蒙森(Ron

Amundson）和生物学家乔治·劳德（George Lauder）写道："卡明斯的观点尤其有趣，因为它与功能解剖学中的功能概念非常匹配。他强调组件的因果能力而非整体系统目标，这是解剖学家共有的特点。"（Amundson and Lauder 1994, 448）他们继续说："涉及生物学重要性、选择价值和（尤其是）选择历史（因此是达尔文适应论）的概念，都处于比解剖学功能更高、更相关的分析层面。"（449）这些说法都是正确的。事实上，他们的主张符合历史事实。在《物种起源》出版后的几十年里，职业演化形态学家远比达尔文更多地受到自然哲学家（以及他们的学生，如路易·阿加西）的影响。我们可能会认为，即使在今天，形态学仍可以以一种与演化——尤其是达尔文主义——基本不相关的方式来研究；在这一领域中，人们只须找出事物如何运行和相互关联，以及事物如何在系统内发挥作用。但今天，我们生活在一个达尔文主义的世界，一个自然选择的世界中，它坚持一种超越纯粹形态学的、更高层次（达尔文主义层次）的分析。

现在转向赖特的分析——或者，我更愿意说是康德/赖特的分析——它确实给我们的探究带来了一些进展。它确实将人类领域和生物领域联系在一起，展示出特定情况下目的论解释或说明所特有的相当奇特的时序反转。铃的作用是告诉你肉煮好了。铃在那里是因为它告诉你肉煮好了。你被告知肉煮好了是因为有铃在那里。晶状体的功能是聚焦光线。晶状体在那里是因为它聚焦光线。光线聚焦是因为有晶状体在那里。这种分析本身并没有告诉你如何摆脱时序反转而不涉及不需要的实体，比如逆向作用的原因，但是很容易看出，不同情况如何导致（或需要）相同类型的分析，而不需要在未来起作用的奇特原因之类的东西。在人类的情况下，关于肉已经煮好了的状态的想法导致了定时器和铃的引入。在生物学的情况下,我们指出了——这与自然选择非常相似——一种循环的因果关系。晶状体导致成功的聚焦,这有助于晶状体的持有者,使得更多类似的具有晶状体的生物生存繁衍。X 导致 Z,反过来又导致更多的 X 的产生,这个过程就这样继续下去。再次引用康德:"一棵树根据熟悉的自然规律产生另一棵树。但是它产生的树是同一属的。因此,在同一属中,它产生了自己。在属中,它既作为结果,又作为原因,不断地从自己中生成,同时也在种类上保存着自己。"(Kant 1790,18)

然而,这里仍然有一些问题,或者至少有一些缺失。考虑一种自然的非有机的循环情况,例如降雨的循环。雨水落在山上,被河流带到海里,被太阳蒸发,形成新的云层,而云最终在飘过大地与山峦的过程中再度化作雨。河流存在是因为它产生或运输水,以形成新的云层。如果没有水进入海洋,河流最终会干涸。云层是河流存在的结果。但我们不会说河流的功能是产生云层。即使我们这么说了,也只能是在卡明斯的非目的论的意义上。

问题在于河流并不是为了产生雨云才存在于世上的。虽然河流可能是产生雨云的必要条件,但它并不是被期望或需要的必要条件。但定时器存在于世上确实是为了烹制完美的肉类。它确实是被需要的。同样,晶状体确实是为了改善人的视力而存在的——它也确实是被需要的。这无疑指向了我们忽略的内容。我们已经忘记了柏拉图:当价值在起作用时,目的出现了:"如果任何人想要发现任何事情的原因,它是如何产生、消亡或存在的,他只需要发现什么样的存在对它最好,或者它最好做什么或被怎样对待。"(*Phaedo* 97b–c)烹制完美的肉类被认为是好的——它美味且易于消化。能够聚焦的晶状体被认为是好的——它使生命拥有了良好的视觉,有助于其生存和繁殖。这个目的不一定是人类的目的——我们在谈论寄生者时也使用功能性语言——但它确实存在于某个人或某些事物中。河流不是一件好事或一件坏事,至少在人类和其他生物的世界之外,它只是流向大海。

在一个适用于功能性语言的系统中,价值观扮演了重要角色。在人类和生物的案例中,我们关心的都是被珍视或渴望的目标。这也解释了为什么这一点对于哲学家来说如此难以理解,因为逻辑实证主义的一个主要遗产是将科学看作价值无涉的。在某种程度上,科学被认为是客观的;而价值是主观的,因此好的科学没有价值导向,这就是逻辑实证主义者所说的。因此,如果要在保护演化生物学的完整性和价值的同时引入目的论,就必须消除或避免所有关于价值的讨论。这就是赖特提供的分析能带给我们的。

设计

价值通过目的而体现。事物被评价为有用的,因此它们的部分被认为是为达成这些目的而服务的。铃声能通知我们肉煮得恰到好处。那些被认为有用的事物是人造物品——佩利的手表、望远镜、计时器等。功能性的谈论只有在人类为达成某些目的而制造物品,且这些物品为达成目的而做出了贡献的情况下才有意义。这解释了为什么我们可以在解释事物存在的原因时颠倒时序:因为事物存在(如赖特正确地强调的)是为了某些目的,而(赖特未能看到或提到的是)这些目的是重要的,是有价值的。

正如达尔文主义者已经指出的,在生物学中发生了一些完全类似的(或隐喻性的)情况。我们面对的是我们一直称之为"有组织的复杂性"的东西,虽然我们从一开始就承认这并不是非常中立的说法,而至少应该说是"似乎有组织的复杂性"。无论你称它为什么,这种复杂性允许,实际上要求以人的意图、目的和设计来理解。有组织的复杂性是人造的。这就是自然神学的全部要点——设计论证——以及达尔文接管的时刻和地点。无论生物体是否真的经过了设计,由于自然选择,它们(或者说它们是适应性的或是已经适应了)似乎就像是被设计过的(为了生存和繁殖的目的)。我们可能不再认为天堂里有一个字面意义上的设计者,但是这种理解模式仍然存在。对于自然神学家来说,心脏是上帝真正设计的——隐喻地说,这就宛若人类制造泵。对于达尔文主义者来说,心脏是通过自然选择制造的,但是我们继续隐喻地将其理解为人类制造的泵。

当你使用隐喻时,你从一个领域中提取了一个概念,并将其应用到另一个领域——因此,第二个领域是通过隐喻来看待的。严格来说,隐喻术语在应用于第二个领域时是不合法的、错误的,但是相似之处和并置以及移动本身带来的冲击刺激你看到更多相似之处,甚至比最初更多。因此,一个新的真理出现了,起初是隐喻的,但是它很容易理解,并朝着字面意义发展。这是隐喻和纯粹的类比之间的主要区别——两者都涉及相似性,但是类比会保持原始的字面真理,而隐喻会促使你重新考虑你现在准备认为正确的事情。而且,隐喻的冲击能推动你进一步思考。

正如我们将看到的,隐喻具有启发性的功能。这就是为什么托马斯·库恩在《科学革命的结构》一书中,当他想强调科学变革是突然而震撼的,并且能促使新的富有成效的思维方式(用他的话说,是新的"范式")产生时,坚持认为他的理论与隐喻性变化和创新息息相关。把心脏看作泵,就是用一种全新的方式来思考它,这种方式能引导人们提出各种各样的关于价值和流速的问题,而在其他情况下你是不会问这些问题的。如果心脏不是泵,这些问题就毫无意义。

将生物体视为手工制品的隐喻是达尔文演化生物学的核心。但我们不要只是听信别人的话——来看一下适应主义(adaptationism)的典型例子吧,一个达尔文演化论者坚持的适应性解释。在这种情况下,我们不仅允许使用功能性语言这一通向最终目的的话语,甚至还必须使用它。考虑一下三叶虫,这些众所周知的已灭绝的海洋无脊椎动物,今天它们的生态位已被蟹类和类似的生物占据。它们拥有相当复杂的眼睛,这种眼睛由多个小眼组成,与如今昆虫的眼睛类似。如果我们切开其中一个小眼,我们会发现它实际上似乎是由两片透镜状的组织组成的,中间由一个具有独特形状的屏障分开。为什么它具有这一特定的形状?可以是别的形状吗?这可能是偶然吗?显然不是。运用这种复杂的镜头,这些生物似乎避免了球面像差:不同波长的光被聚焦到了不同的位置。

果真如此吗?作为证明,三叶虫研究者们提供了由17世纪物理学家笛卡尔和惠更斯制作的透镜图例,这些图例恰好就是发现的三叶虫形态。这样的巧合不是偶然,而是某种事情的证据。更准确地说,这种巧合指向有机世界的设计特征,而达尔文主义者则会将其视为适应的证据——由于这些特征有助于生物体生存和繁殖,因此作为达尔文主义者,这种适应会被解释为选择性过程的最终结果。

设计。这就是为什么人们认为目的论语言是合适的。生物体中的适应性结构与人工制品的制造别无二致。当我们谈论人造物品时,我们谈论目的,因而以类比(或隐喻)方式来讲,当我们谈论适应性结构时,我们也谈论目的。如果心脏不像(人造的)泵一样,目的论语言就永远不会出现;但它确实是这样的。如果三叶虫眼的透镜状结构不像是为特定目的而制作的人造透镜,目的论语言也永远不会出现;但它也确实是这样的。里卡多·莱维–塞蒂(Ricardo Levi-Setti)说:"当然,物理定律在人类发现它们之前就存在了。也许我们不应该对优化生物功能的驱动力(所有生物体内的基本演化力量之一)使三叶虫在视觉系统的发展中充分遵循物理定律感到太惊讶。真正的惊喜不应该是他们构造了依据物理定律工作的眼睛,而是他们以如此独创性的方式做到了。"(1993,54)

古生物学家、历史学家马丁·鲁德威克(Martin Rudwick)正是这样说的。他问,为什么我们认为像翼龙这样的已灭绝生物的翅膀的功能只是滑翔,而不是飞行。为什么我们会说"它们的功能是通过滑翔来飞行"?鲁德威克认为,当然,我们会通过今天的飞行生物来进行类比。但最终,我们必须超越这个范畴。"从我们对无论是自然还是人造的翼,以及它们成功运行所需的结构要求的了解中,我们得出结论,翼龙的前肢本质上是可以作为翼来发挥作用的。从我们对动力飞行所需的能量和脊椎动物肌肉能量输出的了解,我们得出结论,翼龙的前肢不适合用于振动翼进行动力飞行。"即使今天没有滑翔动物,我们仍然可以推断出这些结论。"理想情况下,我们所需要的一切是对所有实际或可想象的飞行机制所涉及的操作原理的了解。因此,我们对化石功能的推断范围不受如今生物体所拥有的适应性范围的限制,而是受到我们对工程问题的了解范围的限制。"很明显,这里已经涉及了人工制品/适应性/功能。"我认为在对化石结构的可能功能或适应性意义做出任何推断时,运作原理的分析角度都是基本且不可避免的。这涉及任何一种

机器作为机器本质上所固有的有限'目的论'。"（Rudwick 1964）

这种思考方式和过程恰好就是我们在关于现代科学思维的章节中所看到的，尤其是在对剑龙骨板的研究中。换言之："从我们对自然和人造冷却系统鳍片的了解以及它们成功运行所需的结构要求来看，我们得出结论，剑龙骨板本质上是可以作为冷却鳍来发挥作用的。从我们对防御或战斗的应力需求和骨板结构性质的了解来看，我们得出结论，剑龙骨板不可能用作防御或攻击的工具。"

让我们来总结一下。生物学不需要超越物理和化学常规过程的特殊生命力量，它也不仅仅涉及纯机械和目标导向的系统的复杂物理和化学。但生物学理解似乎有一些独特之处——一些与演化的目的和目标有关的东西。在某个层面上，这似乎在于演化生物学所涉及的是一种特别相关的因果关系。我们有"目的因"。一组事物引起另一组事物，但第一组事物存在的原因似乎便是引起第二组事物。但更重要的是，第二组事物在某种意义上是值得欣赏的，是应该被重视的。我们必须回到开头的问题：涉及价值诉求是否违反了良好科学的规范。然而，如果我们现在能够同意这种价值诉求的存在，那么我们会开始看到，设计型思维之所以发生，恰恰是因为在制造产品时，有价值的目的变得相关和重要。我们的人工制品是为了实现某些期望的结果，而（与生物学类似）我们根据它们对我们所期望的目的的功能来理解这些人工制品的部件。历史和现代达尔文主义演化实践都向我们展示，这种设计思维涉及适应主义范式。我们把有机体——至少是它们的部件——当作制造品来处理，仿佛它们是被设计的，然后我们尝试解决它们的功能问题。在生物学中，朝向目的的思维——目的论思维——是合适的，因为，也仅仅是因为有机体看起来像是制造的，仿佛它们是由一个智能创造并投入工作的。

有组织的复杂性论证,类似于设计复杂性论证——这确实是达尔文演化生物学的核心所在。如果仅仅从科学的角度来考虑,那么达尔文主义几乎是不言而喻的,因为生物的设计应该根据其生存和繁殖来理解,正如达尔文所坚持的。奇怪的因果关系是由达尔文而产生的。某些事物之所以具有价值,是因为它们导致了生存和繁殖的目的,但这种生存和繁殖又是它们存在的原因。A 导致 B,但是 B 反过来又导致 A。这里没有倒推的因果关系,也没有(正如伯格森所暗示的)某种意向性。A 的心中并没有 B,也没有创造者在制造 A 时考虑到了 B。相反,这是一种循环的情况,第一个导致第二个,然后再回到第一个。达尔文主义没有将设计作为前提,但是当达尔文主义发挥作用,并且一些有机体比其他有机体更容易被自然选择出来时,设计就会出现。

我们已经解决了迈尔的第二个和第三个疑虑(关于物理规律的可行性以及是否会陷入如缺失目标这样的悖论)。那么我们的哲学家和早期思想家呢?我们是否处于他们的传统中?柏拉图从一开始就通过设计思维和对价值观的强调使我们走上了正确的道路。他没有专注于生物学思维的独特性(亚里士多德的观点中多少隐含了这一点),而是充分意识到理解生物实体需要参考目的因。我们可能不接受亚里士多德的答案(许多人认为这在某种程度上是活力论的),但我们赞赏他坚持认为理解生物实体的任何解决方案都必须以它们自己的术语范畴,而不是通过诉诸超科学实体来实现。亚里士多德的内在主义方法与柏拉图的外在主义方法形成了鲜明的对比,这使得他非常重要。

所谓的因果方法的康德特性已经被揭示了,即因果之间的双向联系。当然,居维叶对达尔文有直接的影响,这在我们的分析中有所体现。

我们的重点一直是有机体的综合运作与功能,而这也是生命世界的独特之处。最后,不需要论证就能表明自然神学的重要性。柏拉图坚持认为有机体世界就像是被设计的一样,但让我们再次看向达尔文,并通过达尔文望向我们,我们依然能够看到目的适应论与人工制品的类比。生命世界似乎被视为智慧的产物。

前达尔文时期的哲学家看到了问题。他们没有达尔文给我们的自然主义答案,因此他们的解决方案必然是偏颇的。康德看到了因果联系,但没有意识到这些联系会导致选择,并通过这一过程产生类似设计的效果。自然神学家也轻视了生命的非适应性方面(如同源性)。不过这在总体上是好的,我们今天所在的位置与思考有机体和目的因的西方传统非常吻合。我们如今拥有的理论是在旧观念上生根发芽的结果,而不是任何根本上全新的事物。这本身就是一个令人欣慰的结论。

第十三章

设计隐喻

现在已经很明了了：演化并没有什么神秘目的。在现代演化生物学中，核心是设计隐喻，因此功能论在这一语境下是合适的。生物体的外观仿佛是被设计过一样，而由于查尔斯·达尔文发现了自然选择，我们知道了这一事实的原因。自然选择能够产生类似人工制品的特征，这不是因为偶然，而是因为如果它们不能产生人工制品的特征，它们就不会起作用，也不能满足其拥有者的需求。

不过，我们在此使用了一个隐喻，一个基于人类的隐喻：这难道不令人担忧吗？我们是否过于人类中心了？请记住恩斯特·迈尔提出的第四个担忧："诸如'目的'或'目标导向'这类术语，似乎暗示着将人类的特质，例如意图、目的、规划、思考或意识，转移至有机结构和低于人类的生命形式。"(Mayr 1988, 40)确实如此！但正如达尔文指出的，我们在科学中一直使用隐喻，其中许多隐喻是直接基于人类的情感和行为的。力、压力、吸引力、排斥力、功、魅力、抵抗力只是其中的几个隐喻。如果没有这种隐喻，科学就会如同拴在桩子上的马一般驻足不前（用一个老生常谈的比喻来形容！）。达尔文自己写道："'自然选择'这个术语在某些方面是不好的，因为它似乎暗示着有意识的选择；但在熟悉之后，这个问题将被忽略。没有人反对化学家谈论'选择性亲和力'；当然，酸在与碱结合时没有更多的选择，如同生命的条件决定是否选择或保留新形式一样。"(Darwin 1868, 1.6)

坦白说，我不确定达尔文是否在这个问题上完全说服了自己。他一直在思考这个问题。当然，他并没有说服所有同时代的或后来的演化论者。设计隐喻——其假定的存在和意义——仍然是一个非常有争议的问题。在此,让我们来看看其中的一些问题。

设计隐喻

首先从最基本的问题开始。演化生物学是否真的以设计隐喻为核心? 演化论者是否真的认为生物体是人造的? 是的:我们有历史的支持,我们有演化论者自己的言论,我们也有他们工作的例子(记得三叶虫的眼睛)。然而,一些人,比如哲学家科林·艾伦(Colin Allen)和生物学家马克·贝科夫(Marc Bekoff),担心人造物和生物体之间存在不相似之处。因此,他们否认我们拥有一个真正的隐喻。"生物学中的功能性陈述完全基于自然选择,它并不源于像设计、意图和目的这样的心理观念。"(Allen and Bekoff 1995,612)在人类的情况下,他们写道:"许多人用自然物体(漂木、海贝壳、猎物的头部等)来装饰房间和建筑物。这些物体显然不是为那个目的而设计的(尽管它们可能是被有意识地放置在某处,如果我们一定要用主观设计的视角来看的话)。桌子上的石头可以用作镇纸,但除非它本身就已经被凿出了平坦的底座,或是进行了其他类似的修改,否则我们不能说这个物体是为了固定纸张而设计的。"因此,"功能并不意味着为了该功能而设计"(614)。

不过,虽然它确实暗示了关于概念和隐喻使用的重要事实,这依然不是一个有力的论点。关于用于某些人类功能的石头和类似的物件,尽管石头本身不一定是被设计成这样的,但它们是经过选择以特定方式设计和放置的(我们不会选择一块10吨重的石头作为镇纸)。至少我们有一些边缘情况,在数学以外的现实生活中,我们总是遇到这些情况。用作镇纸的石头是否是设计的实例,这便是一个边缘情况。生物学中也存在这种边缘情况。

假设某个特征是为了特定目的,通过选择而产生的——它被设计用于这个目的,具有这样的功能。现在假设这个特征开始被用于其他目的。骨头可能一开始是作为钙库,直到后来才被用作脊椎动物的支撑物。你是否想说,骨头是作为钙库而设计的,因此有且仅有钙库的功能？或者你是否允许骨头突然产生一个原本没有的新功能？举个例子,花园里有一个天竺葵花盆,它的前身是啤酒桶。从啤酒桶变成花盆,它改变了功能。无论设计的功能是否一以贯之,抑或任何原本未被设计的功能是否产生,这种变化都不否定功能和设计之间的联系。在把桶当作花盆使用的过程中,我改变的不仅仅是功能,同时还有设计：这一点在给木桶刷上鲜艳的颜色时格外突显出来。通过将骨头用作支持器官,自然界不仅改变了骨头的功能,同时也改变了它的设计：这一点在自然选择开始影响骨头的支撑特性时格外明显。

类比和隐喻的问题在于,它们仅仅是基于原对象和隐喻对象之间的差异和相似,从而导致了一定程度的松散或开放性。"月亮是夜对太阳的回应。"我们大致知道这意味着什么：太阳在白天,月亮在晚上。但我们如何看待月亮？它是像太阳一样温暖友好,还是与太阳完全相反的冷酷无情？这个问题是开放的,在这种情况下取决于许多因素,包括说话者的语调——是支持的,还是冷漠、愤世嫉俗的？同样,人工制品的设计背景和有机体的设计背景之间应该也存在一些差异。毕竟,前者是有意制造的,而后者不是。和人类的设计品比起来,有机体的设计似乎更像是一个由绳子和封蜡拼凑而成的家伙什,它并不高效,也不智能。

乔治·威廉姆斯以人类男性生殖系统为例阐明了这一点。当然,在他之前,达尔文本人就曾强调有机设计的临时性:"在自然界中,每个生物的几乎每个部分可能都在稍加修改后用于不同的目的,并在许多古老而独特的特定生命机器中发挥作用。"(Darwin 1862,348)

回归目标导向的系统

我们之所以认为我们在演化中使用功能性语言是适当的,是因为设计隐喻,即佩利-达尔文隐喻。由自然选择产生的有机体具有适应性,这使它们看起来像是被设计出来的。这不是偶然或神迹。如果有机体看起来不是被设计出来的,它们就不会工作,因此也无法生存和繁殖。但有机体确实有用,它们看起来确实是被设计出来的,因此设计隐喻及其所涉及的所有价值观和前瞻性、因果关系似乎是适当的。

现在,让我们回想一下目标导向或直接生成的系统。我认为人类是目标导向的系统的巅峰,这指向了人类世界中两个相关的目的论概念。一方面,我们有人类的意图和目标——我们有想要为自己和他人实现的事物,以及为实现这些目的和目标而拥有、制定和采取的思想和行动。另一方面,我们有我们设计和制造的物品——艺术品。因此,人类赋予物品的目的是为了实现我们自己的目的。刀本身几乎没有切割的目的。我们有切割的目的,因此我们设计和制造刀。

我不确定我们个人的欲望和意图是否需要我们展示灵活性、抗逆能力和坚持心——简而言之,表现出被组织起来的行为。但无疑,指令式组织与人类意图密切相关。回到本书开头的例子:我想获得博士学位,所以我报名参加研究生课程。作为我课程的一部分,我必须通过一项语言考试,而我在法语考试时失败了。因此,我又试了一次,但这次我用德语参加考试。现在,无论你是否赞同我的行动,无论你是否认为我足够出色、能够在完成学业后找到工作，至少你可以理解我正在做什么，以及我为什么这样做。更重要的是，你可以理解我的行动是有意的，因为我在任务中坚持不懈，在挫折下仍试图实现我的目标。这里没有任何有趣的因果关系问题，但是要解释我的行为，你必须考虑到这对于我未来的影响，而这显然与价值观密切相关。

正如我所说，我认为我们有两种目的——个人目标和人工制品。在某些方面，人类展示的意图，动物界也有。弗兰斯·德瓦尔（Frans De Waal）对圈养的黑猩猩的研究和珍·古道尔（Jane Goodall）对野生黑猩猩的研究中包含了各种复杂的、以目的为导向的行为的例子。当雄性黑猩猩被其他雄性挑战、受到阻碍时，它们会在联盟等方面寻求雌性的帮助。由于雌性有自己的目标，因此获得它们的帮助可能需要大量的操纵、说服和努力。我认为没有理由否认这些情况的"意图"标签。此外，我认为这些动物制造或使用的工具足以被称为"制品"——例如用来戳或够的木棍等。与人类制品相比，它们很简单、很粗糙，但它们仍然是制品。

当我们进入更具隐喻性的领域时，情况变得更加有趣、更具有争议。我们该如何看待非思考的目标导向的组织的例子？鱼雷是一种制品。那么我们要不要说，带有自动导航设备的鱼雷具有超越制品功能的目标导向性？那么，在自然界中实现稳态的非思考、目标导向系统呢？例如用出汗和颤抖来保持体温恒定的机制？对此，我承认我没有答案，也不确定这是否有一个明确的答案。假设我们已经承认，除非我们已经有了适应性，否则我们可能永远无法获得适应性，那么我们是否要说非思考的适应性包含了一个目标导向的维度，而这一维度在适应性中并不存在？我怀疑有些人可能认为它存在，另一些人可能认为不存在。但这种开放性恰恰是隐喻性思维所允许的。有些思想家会比其他人更多地扩展他们的隐喻。最终,没有绝对正确或错误的答案。问题仅仅在于你是否觉得以这种方式思考特别有帮助。

错误的焦点

一旦引入设计隐喻,我们就可以讨论问题的灰色地带了。但这是否是一个合适的隐喻呢?真正的问题不在于是否应该使用隐喻,而在于是否应该使用具体的设计隐喻来解释演化。

达尔文主义者坚定地主张使用这种隐喻。理查德·道金斯在这一点上明确发声,询问人们会期待演化理论去承担哪些任务。他同意约翰·梅纳德·史密斯的观点,即"任何演化理论的主要任务是解释适应的复杂性,也就是解释佩利口中造物主存在的证据"。他笑称自己为"新佩利主义者",与自然神学家一致,"即适应的复杂性需要一种非常特殊的解释:要么如帕莱所说,存在一个设计者;要么如自然选择那样,找到一种能够胜任设计者工作的机制。事实上,适应的复杂性可能是生命存在的最佳标志"(Dawkins 1983, 404)。

形式论者持有不同意见。他们认为适应性以及相关的设计隐喻起源于达尔文之前不久的英国自然神学,并质问为什么在21世纪的世俗世界中,我们还要受到这种思维的限制。至少,他们希望不要那么频繁地提及隐喻。哲学家彼得·戈弗雷-史密斯(Peter Godfrey-Smith)明确表达了这种担忧,他想知道,除了对于我们本心的反映之外,我们对自然设计的兴趣还能带来什么。他区分了三个概念:经验适应主义(empirical adaptationism),即相信一切都是选择的结果、具有适应性价值;解释适应主义(explanatory adaptationism),即认为适应主义是演化论者所面临的真正重大的问题;方法适应主义(methodological adaptationism),即当面对生物,尤其是新的和陌生的生物时,应该寻找它们的适应性。大部分人都会否定第一种观点,同时赞同第三种观点,因此这两个观点并不会给人带来困扰。但问题在于第二个观点——解释适应主义:它既有趣又麻烦。戈弗雷－史密斯(1999,188)提出了以下问题:

> 为什么我们会认为我们恰好发现的这些现象是"最重要的"呢?对于像道金斯或丹尼特这样的解释适应主义者来说,人眼属于生物学中独一无二的重要现象,而脚趾甲则大概不属于。但是脚趾甲和眼睛一样真实存在,并且同样有着漫长的演化历史。在通俗读物和公共活动中,关于眼睛的奇思妙想总有一席之地,而脚趾甲的问题却无人问津。但冷静客观的生物学家不应该关注这一点吗?如眼睛这样显而易见的设计隐喻具有"特殊地位",就像可爱的动物在保护运动中具有特殊地位一样。向人群展示濒危树袋熊的图片比展示濒危蜘蛛的图片更容易获得巨额捐款,但这本身是不科学的。

戈弗雷－史密斯相信适应主义"只不过是一些生物学家和哲学家的个人偏好;他们认为选择很重要,因为它回答了他们感兴趣的问题"。他认为,就文化而言,达尔文主义中的适应论意义非凡。它破坏了传统的神学上的源自设计的论证,使我们对人类自身的观念被修正得更自然主义了。但是他警告说,"过度地将自然选择置于我们关于自己在自然界中的地位这一观念的核心,可能会产生对于那种观点的巨大误解"(Godfrey-Smith 2001,351)。他并不认为设计观点应当"在世俗的眼光中完全消失",但他确实认为"设计问题在最近的讨论中被过度宣传了"(191)。最终,我们似乎不再有任何好的科学的理由来聚焦于适应。"解释适应主义思维的根源不在于生物学数据,而在于生物学在科学与文化整体中所处的学科地位。"

关于设计隐喻(这里特指解释适应主义)的辩论双方似乎都认同这一点。演化生物学家并不需要将大把时间投入适应性问题;其他问题,比如生命的历史、变异的本质、物种形成的原因等同样值得探讨。但这也适用于任何科学领域,例如,有些物理学家喜欢研究星系,有些则偏向于研究夸克。然而,就像在物理学中一样,生物学中也有一些基础问题格外重要,对它们的解决能够影响许多领域。在物理学中,力的理论具有广泛的影响力;同样,在生物学中,适应性就是这样一个问题。

批评者可能会提出,这里存在着循环:达尔文主义者将寻找适应性作为他们的核心任务,然后当他们找到了他们热心寻找的适应性后,他们又将其作为支持达尔文主义的依据。但与其说这是"循环",不如换一个术语,称之为"自我强化"。达尔文主义是一个成功的理论,这是可以被科学例子证明的。无论是此时此刻还是未来的某一刻,无论在什么情况下,它都是唯一的游戏规则。果蝇、林岩鹨、恐龙、无花果小蜂——这一理论无疑能够有力地解释这一切的物种演变。它是能够预测生物演变进程的。

适应性并不是唯一值得研究的演化问题。如今,许多一流演化生物学家都在研究发育问题,而这种研究已经超越了原本的功能问题。但适应性依然蕴藏在几乎所有演化问题的背景中。以变异为例,理查德·莱温廷指出,如大家所见,分子水平上具有大量自然变异。单独来看,这些发现可能与适应性无关;但从另一个角度来看,它们与适应性有着千丝万缕的联系。最初,是杜布赞斯基关于自然选择的动力问题引发了人们对变异的研究讨论。在这以后,莱温廷发现的大量变异引发了新一轮讨论;在这讨论中,人们为这种变异究竟是通过自然选择的作用而保持在种群中的,还是由于遗传漂变或其他非适应性产生的力量所导致的而争论不休。这些问题归根结底都是适应性的问题。在当今的物理学中,我们无法脱离力的问题;同样,在当今的生物学中,我们也无法逃脱适应性的问题。

以上的讨论,与适应性在生物演化中到底有多普遍,以及我们是否应该对其他因素更为关注是截然不同的问题。当然,我们并没有适应性不存在或不普遍的论据,我们也不反对将它列为最为基本的问题之一。道金斯是对的,生命非常复杂,需要解释。如果你是一位生物学家,那你就已经致力于解释生命的复杂性了——无论你是达尔文主义者还是非达尔文主义者,事实就是这样。因此,也许在事情陷入停滞、在问与答的源泉枯竭之前,我们可以暂时搁置戈弗雷-史密斯的担忧。从更广泛的历史视角来看,设计问题已经"被过度炒作"了:我们有充分的科学理由将适应性视为基本问题。

当然,莱温廷及其派系并不太在意适应主义者的许多发现。但如果要说服我们退出这场讨论,则还需要一些有说服力的论据。当然,比论据更好的是实例。让那些担心解释适应主义的人展示他们的林岩鹨、恐龙和无花果小蜂吧!当他们证明他们可以在不使用任何适应性话语的情况下进行科学解释或预测时,我们再来认真考虑他们的立场。

回到还原论

现在,让我们回到开始这场讨论时的担忧。如果我们继续使用目标导向的概念,我们是否会陷入某种不可接受的活力论或目的论呢?是否还存在令人满意的、合法的还原论?物理和化学在演化生物学中是否还有一席之地?当然,最糟糕的担忧早已消失。提出"存在"问题的体论层面上,我们没有看到任何证据能够导向特殊力量或推动力这类东西。把生物看作设计的产物,并不意味着它们具有生命力。恰恰相反,它们是通过一种老式的机械方式,由自然选择创造出来的。

但是,当我们来到理论上的还原层面,从物理学和化学来推导生物学的问题时,情况就不同了。这里有一个不可逾越的障碍:我们对生物功能的分析不能违反因果关系。没有人会说三叶虫的眼睛是通过一种未来导向的方式演化成现在的样子。但分析确实意味着我们在反向思考原因,以预期发生的事情为基础来理解正在发生的事情。我们通过我们自己的理解来判断晶状体会有什么功能。这是因为,一般来说,我们会反复经历一些事情,而我们也会因此理解在未来晶状体会干什么。此外,我们还会进行价值判断,会在评价某一器官时关注其为生物体带来的整体利益或好处。很难想象通过任何量的演绎(这是理论还原的核心!)可以消除或解释这些因素。我可能不会使用设计隐喻,但我们不会将它们转化成非设计型的描述。生物学带来了不同的视角,这是事实。

我们应该努力将生物学中的目的论转化为非目的论,还是完全消除它?我现在想到的不是那些不喜欢适应主义,并且想通过放弃适应主义来减少目的论思考的人,而是那些自诩适应主义者却认为应该摒弃谈论目的或功能的人。他们是一群为自己科学的弱点感到羞耻的达尔文主义者。当古尔德和莱温廷认为我们过度使用了适应主义策略时,迈克尔·吉塞林(1983)建议我们"完全放弃目的论"。他建议人们转变问题的方向。"我们不再问'什么是好的？'，我们问'发生了什么？'。新问题具有旧问题的一切，而且还包含了更多内容。"(363)更为激进的是，恩斯特·迈尔想通过另一个名字，即"目的性"(teleonomy)来隐藏目的论。一些哲学家会认为，由于对目的的迷恋是基于设计隐喻的，因此当更成熟的科学理论出现后，我们应当抛弃这个隐喻及其背后的目的论。"在我们进行科学研究时，隐喻消失了，取而代之的是统计学。"(Fodor 1996, 20)此外，内格尔的学生，哲学家莫顿·贝克纳(Morton Beckner)似乎也认为目的和设计的谈论可以被除去。"尽管目的论语言无法通过翻译消除，但有一种意义上的目的论语言是可以消除的。那就是，对于任何可以用非目的论语言描述，却已经以目的论语言来描述的例子。我所说的是，对于在事实上以目的论概念为基础来描述的活动，在它的每个可观察的方面，也都可以通过非目的论的概念工具来描述。"(Beckner 1969, 162)

当然，亚里士多德、康德、居维叶和惠威尔不会同意这一切。他们会认为，如果要思考有机体，就必须从目的和设计的角度来思考。我对这种旧有观点持同情态度，尽管我对那些坚称思考方式必须像过去一样的哲学主张持谨慎态度。也许，如果制造人工制品与理性有关，那么实际上，认真思考有机体始终都将聚焦于目标导向性。但无论如何，如果没有一直追问"为什么"，那么我们今天所了解的生物学，包括分子生物学和传统的演化生物学，都将非常贫乏。与三叶虫的眼睛一样，基因密码也不过是设计隐喻的一部分。

实际上，尽管贝克纳认为我们有可能消除设计隐喻，但他对这一观点依然非常赞赏："假设我们有一个水族箱，里面最初有一条凤尾鱼，然后我们将一条梭子鱼引入箱中。起初什么也没发生，但当凤尾鱼看到了梭子鱼时,它便会进行如下行为:它会急转身,快速游到水面,跳出水面,重新进入水中,然后重复这个过程。"这个描述(称之为 B)完全没有目的论,它当然表达了更多的细节,但在另一种意义上却表达了更少的东西,因为我们无法把目的论语句(称之为 A)中表达的内容翻译过来:"在看到梭子鱼后,凤尾鱼做出了逃避反应。"正如贝克纳指出的那样:"A 比 B 少了一些信息,因为 B 提供了 A 没有提到的细节。它又表达了更多的信息,因为将凤尾鱼的行为称为'逃避反应'意味着它具有逃避的功能,而 B 则没有这个含义。"(Beckner 1969, 162–163)

这才是问题的关键。如果我们不关心剑龙背部奇怪的陈列物为什么会出现,不关心三叶虫眼睛的独特形状,不关心为什么有些蝴蝶会模仿其他蝴蝶,不关心向日葵的螺旋花序,那么也许我们可以采取一些措施来建立一种不关心这些问题的生物学。对于分类等一些基础生物学活动,如果我们不问为什么,我们确实可以比以往做得更好——他们总是抱怨说,适应性使工作变得困难,并且对演化的假设只会让形势变得更复杂。我认为,在没有适应性问题的情况下,我们也能进行一些胚胎学、生理学等学科的生物学研究——例如,我们看到劳德和阿蒙森推广了一种能力类型的功能分析,用于分析这类事物。但这一切无疑会非常有限——经典的例子就是为了反对哲学上的观点,牺牲了我们科学的发展。杜布赞斯基最著名的说法是,除非是以演化(即达尔文演化论)的视角来看待,生物学中的一切都没有意义。对于许多在今天依然活跃的演化生物学家来说,寻找演化的原因是永不过时的主题。

但是,让我们回到自华莱士起直到迈尔时代一直困扰着演化论者的担忧:使用隐喻不是软弱的表现吗?演化论者不应该努力避免使用隐喻吗?事实上,我不认为这是一件值得担忧的事情。在这一点上,我与查尔斯·达尔文站在一起。避免隐喻并不是物理学家和化学家觉得自己必须做的事情。当然,逻辑实证主义者可能会要求我们避免使用隐喻,但我们没必要受制于他们那些奇怪的要求,正如我们也不必受制于佩利的自然神学。如今的共识是,隐喻远非软弱的表现,而是思维(包括科学思维)不可或缺的一部分。它是推动人们以新的、富有想象力的方式思考的主要动力。它们是启发式思维的关键因素之一,是伟大的科学最受推崇的优点之一。隐喻不是提供答案,而是引发问题。正因为我们(隐喻性地)认为生物体就像是被设计出来的,我们才会有许许多多问题需要解答。为什么剑龙的背部有骨板?三叶虫的眼睛为什么形状那么奇怪?为什么一种蝴蝶会模仿另一种蝴蝶?为什么松果和向日葵具有螺旋形排列的种子?等等。没有隐喻,科学将停滞不前。骨板在那里;晶状体在那里;模仿者在那里;螺旋在那里。这只是纯粹的陈述,它们甚至可能根本不会引导我们做出这些陈述,因为没有理由去注意它们。谁会关心三叶虫的眼睛?为什么描述它而不是其他东西?无论这个问题的最终答案是什么,就实际生活层面而言,康德说得对。生物学家"事实上离不开这种目的论原则,正如他们无法从普通物理科学的原则中解脱出来。正如放弃后者会使他们完全没有任何经验,放弃前者也会使他们在观察一类自然事物时没有任何线索可循,而这类事物曾经在物理目的的概念下被思考"(Kant 1790, 25)。

在《科学》(Science)杂志的最新一期中,封面图片与内文文章相呼应,探讨了一个有些生僻的问题,即蜥脚类恐龙梁龙的鼻孔应该长在哪个位置。封面标题以那些批评者认为应该避免的语言写道:"恐龙和其他脊椎动物的鼻孔位置及其对鼻部功能的影响。"讨论这个问题时,骨骼并没有提供太多有效信息,因为骨骼上的孔非常大(见本章章首插图)。传统上认为鼻孔应该靠近眼睛,这样这些水生动物只须把鼻孔和眼睛露出水面,就可以在水下停留很长时间。现在,通过与这种恐龙的近亲进行比较研究,我们发现几乎它所有的近亲都有长在嘴附近的鼻孔。这一发现改变了固有的观点。在此,作者再次使用了批评者所厌恶的方法来回应。在这个过程中,他展示了整个设计隐喻思维方式对他的重要性,展示了后者如何推动他得到发现并证实假设(Witmer 2001,851):

> 因此,如果肉质鼻孔位于传统的后端位置[靠近眼睛的位置],那么鼻腔的绝大部分将处于主要的气流之外,形成一个死角。从设计的角度来看,这似乎是有问题的。另一方面,如果肉质鼻孔位于口鼻区前方或前下方[靠近嘴巴的位置],那么鼻腔将完全处于开放的气流中,从而使鼻腔更有效地参与强迫性对流散热、促进蒸发散热以及间歇性逆流热交换等过程,这些过程在热和水平衡以及选择性脑温调节中发挥着重要作用。

对于演化生物学,目的论显然依然具有生命力,甚至完全融入了其中! 但是设计隐喻中对于设计价值的追求呢? 一个人,即使不是逻辑实证主义者,也可以认为科学应当与(例如)宗教和政治不同,是价值无涉的。因此,由于设计比喻引入了价值观念——这是我们分析的重要结论之一——这让人担心出了什么问题,除非我们认为任何东西都可以是价值无涉的,包括——尤其是包括——科学在内。像莱温廷这样的人会争辩说,科学的一部分压迫性力量在于,它披着价值无涉的虚伪外表,实际上却是西方资本主义、父权制、种族主义社会的所有价值观的代表。

幸运的是,我们不必在此探讨这个话题。即使是逻辑实证主义者,也会同意科学可以被实用价值、审美价值等所塑造。我已经证明了方法论适应主义不仅仅是个人品味的问题。当然,个人品味也依然是这个问题的一部分。达尔文主义确实对有组织的复杂性具有浓厚的兴趣,并且如形式论所表现那样,将这种兴趣推到了前台。请记住托马斯·亨利·赫胥黎(1900,1.7–8)说的:"我关心的是结构和工程的部分,即在数以千计不同的生物构造中那令人惊叹的计划统一性。"因此,在这个层面上,达尔文主义和所有科学一样都有价值的成分。

但是隐喻所固有的价值是什么?难道这就是说,人类眼睛对人类来说是"好的",枫树叶对枫树来说是"好的"?这让哲学家彼得·麦克劳林(Peter McLaughlin)感到不安。他用一句话成功地批判了上帝、隐喻和价值观。"目前而言,对自然功能隐喻性的或神圣性的陈述只是反自然主义信条的一种特殊变体,其原貌无论如何都不比承认自然中固有的价值观更形而上学。"(2001,5)他或许是对的,但我们可以指出一件事情,就像我们已经指出的那样——隐喻带入的价值是相对价值而不是绝对价值。相对价值可能在任意的价值尺度上,而这一价值尺度并不一定为所有人认可。绝对价值则站在另一个尺度,一个所有人都接受为真正定义的尺度(如果它存在的话)。在现实生活中,绝对价值和相对价值的区别非常模糊。纳粹主义者会声称,纳粹德意志民族优于犹太人,但这本应是一种我们所有人都会否认的绝对尺度。因此,更好的说法应该是,绝对价值是其持有者认为普遍可接受的、具有决定性的东西。

无论我们如何区分,设计隐喻引入的价值成分都是相对的——相对于生物的福祉而言。位于面部前方的鼻孔有什么作用？它是为了保证良好的气流，使大脑可以高效地调节体温。三叶虫形状奇怪的眼睛有什么功能？它能在其所处的水环境中聚焦光线，使三叶虫能够看得清晰。没有这样的透镜或者只有部分有效的透镜的三叶虫在生存和繁殖方面都处于劣势。科学不会问三叶虫的生存和繁殖是否是终极或绝对的好。病毒等寄生者具有良好的功能——从某些宿主的角度来看，甚至"过于良好"了。因此，没有科学家说寄生者是终极或绝对的好。

绝对价值观的"好"是有问题的，这是我们希望将其排除在科学之外的理由。相对价值观是司空见惯的。这种差异反映在"价值判断"（valuation）和"评估"（evaluation）的区别中，即便是欧内斯特·内格尔这样的保守哲学家也承认并尊重后者作为科学内部的现象。以"贫血"概念为例。它指动物缺乏足够的红血球的现象，这意味着在该物种中，它不能像正常动物一样保持恒定的体温。但在这种情况下，什么是"正常"？对此，我们必须做出某种判断。研究人员或医生将不得不决定这种情况对于动物的幸福感是否有很大影响。它能像其他动物一样正常运转吗？如果这个动物是人类，他或她是否和其他人一样过得舒适？我们都有高低起伏的健康情况，但这个人的情况是否在可接受的范围之外？等等。重要的是要注意，这不是一种冒犯性的价值判断——人们是在依据某种标准做出判断。这是在做"评估"。这正是演化生物学中发生的事情。人们不是在做出绝对的价值判断，而是在根据生存和繁殖上的成功这一标准进行判断。

那么，我们真的能说三叶虫的眼睛对三叶虫有价值吗——即使是相对价值？考虑到三叶虫几乎没有完全的意识和对自身需求的认识，它们对它有什么价值呢？用来切面包的锯齿刀对我有价值，因为——

确切地说——我有利益。这就是我们的出发点。三叶虫没有利益。它只是存在。但这显然是争议的焦点。我们把三叶虫看作有利益,好像某些目的对它有价值。这导致了一种理解——我们的理解。无论我们是否想接受康德所声称的一切关于必要性的论断,他在看到我们进行科学研究并试图理解三叶虫及其眼睛的方面是正确的。我们通过隐喻进行这个过程——我们将三叶虫看作有意图和自身利益的主体,就像它们有价值一样。这些利益和价值在现实中不存在,但它们是我们描绘现实方式的一部分,能够帮助我们理解。

对于那些认为科学的目的是对现实给出一个一锤定音的结论的人来说,这是一个让人不舒服的结论。他们渴望的科学就像健康食品一样——不添,不减,如生胡萝卜和未经巴氏消毒的牛奶。但对于那些认为科学的目的是为了理解现实的人来说,这是一个现实的结论。就像法式烹饪——挤压和塑形,添加和浓缩,烹饪和冷却,直到菜肴完成。如红酒炖鸡配上一瓶博若莱葡萄酒。

但达尔文的演化生物学与此不同。由于生物的本质——它们独特的复杂性——设计隐喻在这个学科中是恰当且非常有帮助的。有关有组织的复杂性论证,恰是关于组织和设计(被视为隐喻)的论证。这产生了一种前瞻性的理解——以目的因为基础的理解。这是一种有力的理解方式,它引发了有趣而意涵丰富的问题,引导我们去寻找重要的答案。我们应该庆祝这一点,而不是对此感到遗憾。

第十四章

自然神学的演变

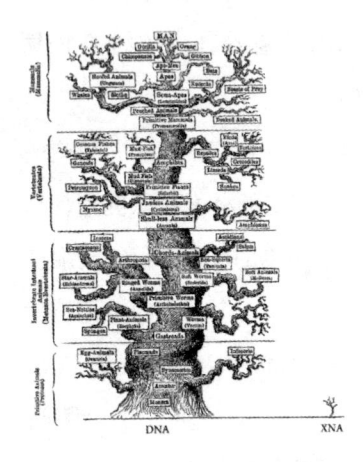

让我们把聚光灯从有组织的复杂性论证转向设计论证,即在神学意义上指向一位创造性的智慧存在的论证吧。在现代科学、现代达尔文主义的照耀下,关于神祇存在的推论,我们可以说些什么?生物学在这方面给我们带来了何种理解?这种理解是消极的还是积极的?为了引入这一话题,我首先介绍西方基督教的一些历史背景。毕竟,达尔文主义是其子嗣,而在家庭单位内,关系是最为紧密、充满张力且重要的。

在大多数科学简史中,达尔文主义革命被视为科学与宗教之间的一场战争,其重要性仅次于200年前天主教迫使年迈的伽利略放弃的哥白尼日心说。《物种起源》出版后,主教与教授陷入争执,政治家也拿演化论开玩笑,激进分子(包括卡尔·马克思和他的好友弗里德里希·恩格斯在内)则为唯物主义的胜利振臂欢呼。然而,这种常识往往是事实和谬误的大杂烩。确实有主教与教授发生冲突,如牛津主教塞缪尔·威尔伯福斯(Samuel Wilberforce)和达尔文主义支持团队的领导者托马斯·亨利·赫胥黎,他们在1860年英国科学促进会的年会上就演化论展开辩论;也确实有政治家调侃人类起源,如保守党领袖、维多利亚女王最喜爱的首相本杰明·狄斯雷利(Benjamin Disraeli)宣称自己站在天使一边,反对类人猿一方。更有甚者,作为一名演化论的激进信徒,卡尔·马克思曾考虑将《资本论》的一部分献给达尔文。

然而,另一方面,许多基督徒很快就欣然接受了演化论。在《物种起源》墨迹未干之时,那位热衷于不间断法则的神职人员巴登·鲍威尔牧师就向世人宣告:"达尔文先生关于'自然选择'法则的物种起源的杰作,如今已经以无可辩驳的理由证实了博物学家长期以来谴责的原则——新物种由自然原因产生:这本著作必将很快引发一场有利于自然自发演化力量的宏大原则的观念革命。"(Powell 1860,139)狄斯雷利和其他政治家所代表的公众常常对演化论感到既兴奋又震惊,但很快便普遍接受了这一基本观念。在这之前,钱伯斯的《创造的自然史遗迹》的出版已经为此铺平了道路,因此当达尔文这样的权威人物公开支持演化论时,许多人都会欣然表示赞同。

在各种社会理论家纷纷采纳演化论思想的同时,许多达尔文主义的奇特变种也产生了。尽管马克思充满热情,但他明确表示自己不愿与达尔文的工业家隐喻扯上关系,而是寻求更高的(即日耳曼式的)对于生物变化的理解。每有一个追随达尔文的人,就会有十个追随赫伯特·斯宾塞的人,为其充满英国中产阶级社会经济教条和类欧陆形态学唯心主义的大杂烩思想而倾倒。

关于持续激烈反对演化论的故事之所以长讲不衰——这种反对由各种基督徒领导和支持——是因为达尔文主义者喜欢讲述这样的故事。赫胥黎和他的朋友们正在努力改革维多利亚时代的英国,他们需要一种世俗宗教来对抗反动势力,而这些势力由英国圣公会代表。像英国科学促进会上的争论这样的故事(在这些故事中,赫胥黎据说压倒了主教——有点像摩西与法老的冲突)具有神话般的地位,并且其意义和胜利在讲述和重述的过程中不断扩大。就像袭击福斯塔夫的强盗,被击败的反对派无止境地壮大。然而,现代学术研究已经表明,在事件本身中,主教及其朋友们对自己的努力感到非常满意,之后每个人可能都会高兴地一起去享用晚餐。没有人长疖子,也没有长子被杀。

我急于补充的是,并不是说没有神学反对达尔文主义,尤其是演化论。狄斯雷利对于演化论可能抱有玩笑态度——他对很多事情都抱有玩笑态度——但他伟大的对手,狂热的英格兰教会成员威廉·格莱斯顿(William Gladstone),直到临终都相信《创世记》是关于生命起源的最佳权威。在他晚年时,他和赫胥黎进行了一系列交流,尤其是关于加大拉猪群事件的意义:耶稣将恶魔赶入这些猪中,猪就跳下了悬崖。两位老人兴致勃勃地讨论这是否是对他人财产的异常滥用。

虽然对这些问题做出明确的概括非常困难,但在19世纪70年代或稍晚一些时候的英国,那些具有宗教倾向的人确实开始跟随其他阅读和思考的公众接受某种形式的演化论。鉴于达尔文主义本身就发源于英国,而英国新教徒中又有高比例的圣公会信徒(一些从未像卫理公会和浸信会等非国教徒那样极端信仰《圣经》的信徒),我们难以估计早期演化论在传播时到底受到了多少阻力。确实,达尔文的老地质学老师亚当·塞奇威克就曾对此大发雷霆,但他对一切事物都大发雷霆,而且他的影响力停留在19世纪30年代,而不是演化论崛起的60年代。其他人,如阿盖尔公爵,坎贝尔家族族长、保皇党政治家、维多利亚的女婿、科学通才,对自发的自然选择没什么兴趣,但以一种阿萨·格雷式的方式承认某种受引导的演化事实是存在的。"依据法则创造——依据法则演化——依据法则发展,或者包括所有类似的观念,依据法则统治,无非是创造性力量在创造知识的指导下,在创造力的控制下,实现创造目的的统治。"(1867,293–294)

美国社会对演化论的反对比英国持续得更久一些。直到1875年之后,演化论才在美国被普遍接受。在当时的美国,像阿萨·格雷那样既是演化论者又是虔诚的福音派信徒的情况并不普遍。1875年之后,美国的宗教界和英国的宗教界一样逐渐认识到,演化论作为一个理论已经难以被祛除了：它已经被科学界接受了。因此，新教徒（神学家、传道者，然后是平信徒）开始在某种程度上接受演化论。到1900年左右，英语世界中大约有75%的新教徒以某种形式接受演化论——这种形式通常淡化了纯粹的自然选择，并且认为演化的最终方向是演化出人类。基督复临安息日会和摩门教徒连这种程度的演化论也不认同；普世教会接受了演化论的主体，并且可能认为自然选择在这一过程中起到了一定作用；其他教派则介于两者之间。此外，不同地理区域对于演化论的接受程度也有所不同，如美国北部通常比南部更容易接受演化论。在英国则可能相反，但无论如何，在两国都发现了许多例外。

1900年之后，尽管这些比例可能没有发生很大变化，但情况变得更复杂了。完全拒绝演化论的声音变得愈发响亮，尤其是在20世纪20年代的美国，原教旨主义者在田纳西州代顿市引发了著名的"猴子"审判，当时一位年轻的教师约翰·托马斯·斯科普斯（John Thomas Scopes）因教授演化论观点而受到起诉。美国这一反演化论思潮的兴起，主要是因为社会问题，而非神学和科学问题——禁酒运动的成功使得人们开始寻求新的目标，在第一次世界大战的破坏下人们将德国军国主义视为社会达尔文主义的一部分进行批判，以及（这或许是最重要的）公共教育兴起之际孩子们接触到的新思想（对于这些思想，保守的父母和牧师不仅认为它们是错的，并且把它们视为一种意识形态，一种由波士顿、纽约和芝加哥等城市的美国知识分子酝酿出来的意识形态）。这一运动昙花一现，在达到顶峰后便逐渐消退，但在这之后，美国和英联邦的大多数新教基督徒都已经以某种形式接受了演化论，摒弃了19世纪初的世界观。如今，这种情况仍在继续，尤其是在美国，宗教在美国文化中的地位比很多年来在英国的地位要高得多。

天主教徒几乎没有参与达尔文主义革命。除了在伽利略事件中受到伤害之外，他们还有其他更紧迫的问题需要解决。在英国和美国，天主教徒往往是移民或较低的阶层——在英国是爱尔兰人，在美国是爱尔兰人和欧洲人（尤其是地中海人和东欧人）。一方面，他们在为生存、地位和子女的未来而战，没有时间参与关于演化论的深奥辩论；另一方面，他们的教会也从未像新教徒那样对《圣经》有如此强烈的关注。但是，一部分天主教徒依然参与了这个话题，并且他们的观点也遵循着新教徒的模式。一些天主教徒接受了有方向的演化形式，并坚称只要为神奇的人类灵魂的创造留出空间，这种演化形式是可以与教会的教导相调和的。

这是约翰·亨利·纽曼的立场。我们已经看到，他从未对自然神学有太多兴趣，所以这从未成为他接受演化论的障碍。《圣经》的字面意义也是如此。"神父们对《创世记》第一章的解释并不一致。因此，即使否认世界在六天或六个时期内被创造或形成，人们也不会将不真实或错误归咎于《圣经》。神父们有权说这一章是象征性的表述，因为圣奥古斯丁似乎就是这么认为的。"（1864 年的信件，见 Newman 1971, 266）从积极的方面来看，纽曼对科学总是抱有一定的同情。在本科期间，他曾参加巴克兰的地质学讲座；即使他并不想将地质学与《创世记》联系起来，但这并不妨碍他对于这些讲座的热情。此外，当他在 19 世纪 50 年代努力在都柏林建立一所天主教大学时，纽曼强烈表示，科学研究需要摆脱宗教教条的束缚。

纽曼自己的立场是，科学和宗教处理不同的领域，因此，在正确理解的情况下，它们既不会互相影响，也不会产生冲突。在谈到自然界和超自然界时，他说："总的来说，人们会发现这两个世界、这两种知识是彼此分离的；由于它们是分离的，它们之间不会存在根本性的矛盾。"（Newman 1873, 389）在明确支持培根的同时，纽曼也支持着另一位哲学家，即使后者反对那些"专注于讨论目的因，并通过它们解决物质自然界中的困难"的科学家和神学家（401）。

为了捍卫教义和通过教会持续启示的权威（相对于静态的《圣经》直译主义），纽曼一直主张对知识和信仰采取一种演化式的态度。在他的《基督教教义发展论》（*Essay on the Development of Christian Doctrine*）中（这部作品标志着他从圣公会教徒转向罗马天主教教徒），纽曼引用了主教巴特勒的观点，并表示赞同："整个自然界及其管理是一个方案或系统；它不是固定的，而是一个会进步的方案；在这个方案中，各种手段的作用需要很长的时间才能达到它们所趋向的目的。"（Newman 1845, 74, 引自 Butler 1736, ii.4）在《物种起源》出版后，纽曼明确表示，他对生物演化本身并无非议。1870 年 6 月 5 日，纽曼写信给保守派圣公会教徒爱德华·普西（Edward Pusey），支持达尔文获得牛津大学的荣誉学位（Newman 1973, 137）：

1. 这[达尔文的理论]是否违背了《圣经》的明确教导？诚然，假若如此，那么他主张的便是反基督教的理论；但就我个人而言，在这一理论可能被纠正的情况下，我不认为它与《圣经》相矛盾。

2. 抛开启示不谈，这是否违背了有神论？——我不明白它怎么可能违背。否则，自亚当而起的繁衍这一事实就违背了有神论。假设在有一名全能的上帝这一基础上产生的次要原因是可以接受的，我不明白为什么这个繁衍演化的过程不能持续数百万年，而只能持续数千年。

实际上，纽曼并不喜欢达尔文理论的细节。与普遍观点一致，他认为这一切不仅仅是自然选择。而且，纽曼将宗教和科学分开，不承认人类的出现或灵魂的创造是由自然演化盲目生成的。但对他来说，演化论本身是没有问题的。

20世纪初，在基督教原教旨主义兴起的同时（尽管二者之间没有直接关联），罗马教会对那些试图接受世俗化思想的人进行了打压。在此过程中，演化论也遭到打压，并逐渐变得不受欢迎。德日进神父（Pierre Teilhard de Chardin）是一位法国耶稣会古生物学家，也是试图在演化论和基督教之间寻求平衡的重要思想家。但在他的有生之年（他于1955年去世），他的作品都未被允许发表。随着时代的进步，这种压迫才逐渐消失。

教皇约翰·保罗二世虽然在教义上非常保守，但他对科学一直持友好态度——毕竟，他也曾是克拉科夫大学的一名教员（该校第一位著名教授是尼古拉·哥白尼）。除了与灵魂相关的话题外，他允许演化思想在其他领域中的发展。不仅如此，他似乎还支持主导的因果范式（John Paul II 1997, 382）。"这一理论正逐渐为各个领域的研究者接受，并引发了多个知识领域的发现：这是多么令人瞩目的成就呀！这些彼此独立进行的研究的成果的汇聚，本身就是支持这一理论的有力论据。"

巨大的分歧

总结一下，在《物种起源》之后，宗教思想家们（新教徒和天主教徒）要么接受传统的、类似于佩利的设计论，即认为只有通过某种非自然干预才能解释手和眼这样的器官，要么接受某种能够根据自然规律产生器官结构的演化论形式。道金斯曾说，只有在《物种起源》之后，人们才能成为真正合理的无神论者。他说得有道理。在达尔文之前,不管休谟说了什么,无论是适应性还是复杂性论证,似乎都只能通过某种形式的设计论来解释——这已经是最好的解释。但在达尔文之后,情况就不再是这样了。这导致了一个两难境地。我们到底是完全(in toto)拒绝设计论这一观点(对于这一观点,赫胥黎会兴高采烈地接受,但是达尔文则会犹豫不决),还是通过赞美演化来修正设计论呢?或者,作为第三个选项,我们还可以拒绝演化论,转而坚持传统的设计论;或许对于这一设计论,我们需要用现代科学进行些许改进,但最终我们会坚持它。自《物种起源》以来,这三个选项在历史上都已经出现过了——顺便说一下,这恰好是前几章所讲述的那个时代的科学家们所预期的。

从大约1875年开始(当时宗教信徒对演化假说仍然高度怀疑),传统的源自设计的论证依然占据主导地位,而且无论人们怎么解释演化论,设计论都被视为对达尔文主义的直接反驳。塞奇威克(1860,103)在他的指控中包括了这一点,他抱怨说,他对这个理论"深恶痛绝"是因为它"完全否定了目的因"。普林斯顿神学院的查尔斯·霍奇(Charles Hodge)教授的态度更加复杂,他是一位保守的长老会教徒,也是当时最杰出的神学家之一。他坚定地支持传统的设计论;他认为,即使设计论并不能证明基督教上帝的每一个方面,它也确实证明了上帝的创造性和关爱的本质。这一论点以及其他类似的论点"自苏格拉底以来,一直被最聪明的人认为是合理和令人信服的"(Hodge 1872, 1.203)。目的因和设计的证据确实存在,而且是决定性的。"自然界中目的因的学说必须与人格神的学说共存亡。当其中的一个被否定时,意味着另一个学说也被否定了;反之,对于其中任何一个的承认都意味着承认了另一个学说。所谓的目的因并不是指一种单纯的趋势,或者事件实际上

或表面上所倾向的目的;而是指在使用旨在实现目的的手段时所考虑的目的。"(227)

赫奇并不满足于仅仅依赖自然神学的明确陈述。他给出了许多例子——布里奇沃特论文是明确的来源——而且许多内容是众所周知的。对任何人来说都不意外,眼睛扮演了主角,因为它"是根据光的隐藏法则构造的最完美的光学仪器"。而且的确,"如果眼睛不是表明了手段对于目的的智能适应的话,那么在任何人类智慧的作品中都找不到这样的适应"(218)。赫奇列举了所有科学上的对达尔文主义的反对意见。例如,人工选择未能产生新物种。但结论是明确的,并且对我们关于设计的思考有着不容置疑的后果。"普通人以愤怒和决断拒绝这种达尔文理论,不仅是因为它要求他们将可能性作为已证实的真理来接受,而且因为它将世界上到处展示的目的和设计的奇迹归于盲目的、非智能的原因;因为它有效地将上帝从他的作品中驱逐出去了。"(30)

大约在1875年以后,在美国西部发现了一大批化石,其中一系列化石能够证明马是从一种五趾的小型动物演化到如今具有单趾马蹄的大型动物的。对于专业的演化论者来说,化石记录始终只是故事的一部分,而且不一定是最重要或最令人信服的部分。但是,没有什么比一把骨头化石更能说服普通大众的了。现在,当具有宗教倾向的人被拉上船时——他们并不一定是被勉强的,尤其是加尔文主义者,后者非常重视科学理解——我们开始看到对设计论的态度发生了转变。差异由此显现了。我们无法再简单地坚持佩利的立场——适应性不一定意味着设计,更不一定意味着上帝。物种有其创造的法则,这恰恰意味着在讨论物种演化时不应再涉及上帝了。因此,现在的挑战是如何以略微不同的方式重新把目的因引入生物演化中,并用这两种互补的方式解决问题。

第一,设计与设计者之间的绝对联系被削弱了。对于这一问题,人们的观点逐渐从胡克或霍奇的立场转变为阿奎那或惠威尔的立场——从相信有组织的复杂性暗示着上帝存在,转变为相信这一复杂性只是对于我们业已相信的上帝的补充。第二,必要性得到了美化,并且与世俗的演化论如今所采用的普遍进步主义倾向一致,以人类为终点的进步被视为一种迹象,表明一切并非都是随机的,而是由伟大的演化论者计划的。关于进步与上帝的旨意之间的冲突的神学担忧被淡化或遗忘了,尽管有一些人担心,进步可能不是不可避免的,衰退和崩溃可能才是我们的实际命运。

换言之,一种由神圣力量推动的历史目的论开始主导演化论的故事。从神启的、短期的、适应性的目的因转向神启的、长期的、历史性的目的因:从有计划的生物目标到有计划的创世目标。在英国,19世纪80年代的弗雷德里克·坦普尔(Frederick Temple,后来的坎特伯雷大主教)明确提出,有必要从旧式的自然神学转向一种新的、以演化论为基础的替代品。他强调,在达尔文之后,如果要重写佩利的《自然神学》,那么重点将会有所不同。他说:"我们不再坚持生物和植物结构中手段与目的之间的奇妙适应性,而是更多地关注从一开始就赋予物质的原始属性,以及从这些属性中产生的有益后果。"(Temple 1884, 118–119)

让我们穿越大西洋,回到普林斯顿。在这里,新任校长詹姆斯·麦科什(James McCosh)是一位出生于爱丁堡的长老会神职人员。在出生后,他移居北爱尔兰,最后又来到了美洲。他对科学敏感,对信仰忠诚,认为演化论是自然神学的关键,而非旧有观念的终结者。他倡导将演化视为如同引力一般的神圣法则。引力是同时性的自然的法则，束缚着空间中的物体。演化论是延续性的自然的法则，约束着时间中的事件。这两个法则是赋予世界统一性和一致性的强大工具，使世界成为一个紧密联系、和谐共存的系统，让有智慧的思想者们赞叹不已（McCosh 1887, 1.217）。他详细阐述了进步、演化和设计之间的联系。"我有一个证据，能够表明设计在世界的有机统一和发展中无处不在，它正如目的并不存在于植物的任何器官中，而是存在于植物这一整体中……同样，设计的证据并不仅仅存在于单一植物体或动物体内，而是存在于整个世界的结构中，在它沧海桑田的变幻里。"但不要认为这一切都是偶然发生的。上帝必然安排并驱动了一切，尤其是那些受自然法则约束的事物（McCosh 1871, 90–92）。

这就是新教徒的情况。在这个话题上，天主教作家并不活跃，而直到教会施以压制前，他们的立场也与新教徒并无太大不同。圣乔治·米瓦特（St. George Mivart）首次发表于1871年的《物种的创始》（*Genesis of Species*）大力批判了自然选择，认为纯粹的达尔文主义充满问题。米瓦特（他从未怀疑演化论的真实性）与赫胥黎一样，认为自然演化中有时确实会发生重大的跃变，他认为这些跃变是有目的的，并且产生了适应性——这些适应性是一位善良的上帝的设计产物。这并不是说米瓦特对设计上的明显缺陷与谬误漠不关心。"有机生命对于许多人的头脑来说，显然在总体上表现出秩序、和谐和美的智慧行为，然而这种智慧的方式并不是我们所熟悉的方式。"（273）但总的来说，即使现在略微被削弱，这依然是一个明确的设计。"目的论关心的是生物体被设计的目的。因此，如果有其他的支持性因素存在，那么即使承认生物体是通过一种非偶然的演化过程形成的，也不能否

定它们与目的因的联系。"(277)

当然,灵魂是被奇迹般地创造出来的。但演化论,则是余下部分的法则,它能够解释我们的物种,即智人,是如何演化出来的。毫无疑问,无论演化论是对是错,我们都已经进入了某种全新的、更好的境界。"当我们进入自我意识、理性和自由意志的世界时,我们触及了一个与所有低于它的生物所揭示给我们的不同的生命秩序——这个宇宙秩序就像是在同一块岩石中相互交叉的不同裂缝和层理线。"(Mivart 1876, 198–199)

20 世纪

原教旨主义主要是由福音派新教徒推动的一场运动,旨在回归严格的、字面解读的、基于《圣经》的信仰。几乎自相矛盾的是,赋予这一运动名称的小册子——在本世纪的第二个十年出版的《基本原则》(*The Fundamentals*),由"两位基督教平信徒"赠送并"分发给任何一位能在英语世界里找到其地址的牧师、福音传道者、传教士、神学教授、神学生、主日学校长、基督教青年会和基督教女青年会秘书"——包含了一些对受引导的变异论表示同情的文章。但总体上,原教旨主义者强烈反对演化论,尽管这种反对并不完全是基于自然神学的理由。

考虑一下关于斯科普斯审判的材料,尤其是威廉·詹宁斯·布赖恩(William Jennings Bryan)的著作。(威廉是三届总统候选人和出色的演说家,领导了诉讼团队。)毫无疑问,对设计论的威胁是其因素。"我们对自然的了解足以使任何无偏见的头脑确信其背后有一个设计者、创造者,但是……一些科学家变得唯物主义了。"(Bryan 1922, 24)更令人反感的是,演化论与按字面解读的《创世记》的前几章之间存在明显的矛盾。对于曾在伍德罗·威尔逊（Woodrow Wilson）内阁短暂任职的布赖恩来说——他因为（正确地）觉察到美国正走向军国主义并准备参与第一次世界大战而辞职——演化论与社会达尔文主义之间的联系是一个影响并不亚于自然神学的麻烦。

更主流的神学家的思想仍然与 19 世纪末的最后二十多年保持一致。20 世纪 20 年代，弗雷德里克·坦南特（Frederick Tennant）在吉福德讲座（Gifford Lectures）中明确表示，从以目的为导向的角度来看，对于转向科学来寻求启示和理解的基督徒来说，真正重要的不是有机适应的问题，而是进步、人类地位和命运的问题：这些才是必须认真对待的真正问题。

然后还有德日进。他自豪地、毫不含糊地将进步放在了他的愿景的核心。泰勒（1959）看到生命通过生物圈向上演变，到达人类和意识的领域，然后再向上和向前走到奥米加点（Omega Point），在某种程度上，他将其与神格和耶稣基督联系起来。在亨利·柏格森等人的影响下，泰勒并不痴迷于适应，而是关注进步："一条不断上升的曲线，其转折点从不重复；在时代的有节奏的潮汐之下是一股持续上升的潮流——正是在这条基本曲线上，就我所见，生命的现象必须被定位于与这个不断上升的水位的关系中。"（101）如是等等。

柏格森同时影响了剑桥大学的查尔斯·雷文（Charles Raven）教士，后者是 20 世纪中叶最有影响力的新教教徒之一，是关于约翰·雷的作品的作者，热衷于调和科学与宗教。现在，科学界已经完全进入孟德尔-达尔文主义的复兴阶段，但对于雷文来说，这并不重要。如果说遗传学有什么作用的话，那就是让事情变得更糟，因为突变的随机性使得对自然的适当解释变得更加困难——这种解释可以充分说明上帝的设计和目的。某种程度上,我们需要一种重新焕发活力的拉马克主义,这种主义既符合现代科学,又能预示生命发展的未来。"尽管突变的原因几乎完全未知,但达尔文主义理论认为它们是偶然产生,这与某些新结构和新行为的突然出现是不一致的,因为后者需要许多相互依赖的变化同时完成……在此,一个使它们协调的原则,一个能证明主动设计的原则,显然是在起作用的。"(Raven 1943, 107)在吉福德讲座中,雷文(1953, 146)阐述了自己对演化过程的观点:

> 在生物学方面,如果将连续性、创造性和设计的证据与人类宗教经验中所揭示的事实联系起来,那么它们与基督徒所认可的对神性的解释是相容的。这表明,在整个演化过程中,有一个目的性的冲动,它不仅促进了更广泛的活动范围、更充分的个体化以及最终人格的出现,还促进了多样性中的和谐、计划的逐渐实现以及设计中各个元素的整合,最终促成了一种复杂而包容的模式。

在他生命的最后阶段,雷文对德日进的观点产生了极大的兴趣。

新正统神学对自然神学的批判

20世纪上半叶,一场名为新正统神学的运动席卷了新教神学界。尽管这一运动并非直接源于科学与宗教之间的碰撞,但其中一些有影响力的声音反对任何形式的自然神学——包括对于设计论的支持与复兴。这一观点至少可以追溯至19世纪丹麦思想家索伦·克尔凯郭尔(Søren Kierkegaard),他认为真正的信仰只能在极度的不确定性面前产生。而这个世纪最重要的思想家、瑞士神学家卡尔·巴特(Karl Barth),

则呼吁人们从乐观的进步之上帝回归严格的天命和恩典之上帝。

巴特描绘并宣扬了一个深陷罪恶的人类形象，这个形象只能通过神自由赐予的、无偿的宽恕或恩典来拯救。在第一次世界大战的恐怖以及德国国家社会主义的兴起面前，巴特认为，任何试图通过理性认识神及其本性的尝试都是错误的——唯有信仰才能带领我们走向神。而信仰带领我们走向的神是基督教的上帝——为我们的罪而死在十字架上的上帝之子——他不仅仅是希腊哲学家眼中那个遥远的神。巴特认为，在某种程度上，终极现实与我们通常所认识的经验截然不同，甚至完全不相干；这是两个不同的概念框架。我们既有我们的世界，"人类的世界，时间的世界和事物的世界……"，也有未知的世界，"天父的世界，原初创世的世界和救赎的世界"。在巴特看来，这些不同的维度通过耶稣基督这个人物联系在了一起，他是我们的救世主："这是两者交汇线上，使这种关系变得可见可感的那个点。"（Barth 1933, 29）因此，自然神学从根本上是有缺陷的，它是一个错误的尝试。

当然，有些人进行了反击，认为即使从《圣经》的角度（这是巴特基督教立场的核心支点）也可以为自然神学辩护。"诸天述说上帝的荣耀；穹苍传扬他的手段。"（Psalm 19:1）。同样，圣保罗——他是一个受过教育的人，对希腊思想很熟悉——也使用了自然神学的讨论方式（Romans 1:20）。那些利用生物学理论来支持自己信仰的人甚至不需要这种论据。他们只是辩称巴特在他的主张中犯了错误，对自然的荣耀视而不见，这是错误的。雷文在这个问题上有些激进，他的著作中充斥着对巴特的批评，就像狄克先生提到查尔斯国王头部一样。

然而，对于许多基督徒（包括新教徒和天主教徒），新正统神学对自然神学的批判依然有所影响。他们更充分地认识到自然神学方法的地位、优势和局限,尤其是那些诉诸设计论的观点。基于改革宗的传统,著名哲学家阿尔文·普兰丁格(Alvin Plantinga)写道,他允许一种可能会帮助无神论者建立信仰的自然神学,但他自己更喜欢遵从加尔文的观点,将对上帝的信仰视为一种基本信仰。这种信仰是上帝亲自植入人类的,因此上帝"在宇宙的整个杰作中显现了自己,并且每天都在揭示自己"(Plantinga 1983,66,引自 Calvin's *Institutes*,50)。

同样,路德宗神学家沃尔夫哈特·潘能伯格(Wolfhart Pannenberg)——他曾是巴特的学生(一个不太喜欢接受年轻人批评的人)——认为人们不能再信仰传统自然神学。相反,他主张所谓的"自然的神学"(theology of nature)。这是我们看到的从佩利到惠威尔的转变,人们放弃了对于严密确凿的证明的追求,转而支持和阐述一些已经基于其他理由而被接受的东西。当然,这绝对是纽曼的立场。无论是将他视为一位新教徒还是天主教徒,他都是一位最为微妙的神学家。我并不是说他的立场是模棱两可和二流的。潘能伯格写道:"如果《圣经》中的上帝是宇宙的创造者,那么在不涉及该上帝的情况下,我们就无法充分或恰当地理解自然过程。相反,如果可以在不涉及《圣经》中的上帝的情况下恰当地理解自然,那么这个上帝就不可能是宇宙的创造者,因此他也不能真正成为神,不能作为道德教导的根源而受人信任。"(Pannenberg 1993,16)科学探究世界,而神学则赋予意义:"对规律的抽象知识不应声称在自然解释方面具有充分和排他性的能力;如果这是真的,那么事实上就否定了上帝存在这一现实。"

用价值观的语言来表达这一立场,即人不能简单地从自然中读取绝对价值——人不能简单地得出结论说,世界证明了一个慈爱上帝的兴趣和意图。但如果有人(基于信仰)带着自然具有价值(至高无上的价值)的信念来接近自然,那么这种信念就会被自然加强和说明。在信徒和上帝将他或她置于其中的世界之间存在一种反馈循环。即使是今天的天主教徒,也与这个立场不太远。这一点几乎不足为奇,毕竟他们一直强调启示宗教优先于自然宗教。这一点在教皇约翰·保罗二世的通谕信《信仰与理性》(*Fides et Ratio*, 1998)中表现得淋漓尽致。我们从信仰开始,从耶稣是救世主、弥赛亚的启示开始。这种知识不能通过理性来获得,我们只能在这个基础上转向理性。"启示在历史中设定了一个参考点,如果要了解人类生命的奥秘,就不能忽视这个参考点。然而,这种知识不断地指回到人类理智无法穷尽而只能通过信仰来接受和拥抱的上帝的奥秘。在这两个极点之间,理性在其可以询问和理解的特定领域内受到的限制,仅限于它面对上帝无限奥秘时的有限性。"(第14节)在阐述基督徒思想家的正确立场时,教皇强调了信仰的重要性,并(引用克尔凯郭尔的话表示赞同)指出了理性的局限性。的确,即使是理性在发挥作用,它也只能在有限的范围内,以信仰作为其基础。

约翰·保罗毫不含糊地将圣托马斯放在了神坛上,赞扬他对于我们的思考的贡献。"阿奎那渴望展示智慧的首要地位,这智慧是圣灵的恩赐,它为认识神圣现实开辟了道路。他的神学使我们理解了智慧的独特之处,因为它与信仰以及对上帝的认识密切相关。"(第49节)鉴于圣托马斯对于设计论的重要性,以及教皇对现代演化思想的欢迎态度,人们得出结论,对于教皇约翰·保罗二世来说,接受达尔文主义并不威胁我们对世界的目的论理解,这种目的论理解引导我们感知并欣赏创造者。

宗教如今的立足点

如今,在主流神学界中,很少有人会主张自然神学能够绝对证明上帝的存在。这对设计论来说意味着什么？我认为,过去125年的传统仍在继续。有组织的复杂性论证的重要性被淡化了,而沿着阶梯逐步上升,最终到达人类物种的演化过程得到了强调。(这种倾向也许并不完全是神学上的,而可能更多的是因为今天许多在科学-宗教关系问题上有影响力的评论家具有物理学而非生物学的背景。)与这种进步主义相结合的是对自然选择能否真正实现预期结果的不信任。鉴于达尔文主义是如今公认的科学范式,人们无法再简单地诉诸领域内最杰出的专家的权威,我们现在发现的是更多关于需要一种新的或经过修订的演化论论证,一种保证会使人类来到地球上的演化论。

霍姆斯·罗尔斯顿三世(Holmes Rolston III),环境哲学家、长老会牧师、职业物理学家和最近的吉福德讲座主讲人,是一个典型的例子。他以我一本书中的一行文字为本:"有机世界的秘密是由自然选择作用于小的、无方向的变异而引起的演化。"他立即明确指出问题在于设计和方向(Rolston 1987,91):

> 令人困扰的词语包括:"偶然""意外""盲目""斗争""暴力""无情"。达尔文惊叹这一过程是"笨拙的、浪费的、犯错的、低级的和可怕的残酷"。这些词语中没有任何一个是有意义的。它们使世界及所有从中生发出来的生命显得荒谬。这一过程是不敬神的;它只是模仿设计。亚里士多德找到了质料因、动力因、形式因和目的因的平衡;这与一神论是和谐的。牛顿的机械性自然将神学推向了自然神论。但现在,在达尔文之后,自然更像是丛林而不是天堂,这禁止了任何形式的神学。的确,作为一门科学,演化论只解释事情是如何发生的。但这种如何

的特性似乎意味着没有为什么。达尔文似乎不仅仅是非神学的，甚至还是反对神学的。

那么我们要怎么做呢？我们必须有某种方式，通过它，自然能够保证秩序和向上的方向。显然我们需要（并且有）一种棘轮效应，通过它，分子自发地将自己组织为更复杂的配置，然后被整合入生命体，从而使生命体向上提升一个层次，从这一点来看，似乎没有回头路。这些是斯图尔特·考夫曼和其他人所提倡的"自发秩序"类型的事件。罗尔斯顿写道："但要使生命以这种方式组装，必须有一种推升、锁定的效应，通过它，无机能量输入、辐射到物质上，可以自发地合成负熵的氨基酸亚基、形成复杂但不完整的原蛋白质序列，这些原蛋白质序列会被熵降解，除非通过螺旋和折叠自己来对抗降解。它们是亚稳态的，可以说是通过棘轮效应上锁的，这样的折叠链条比周围环境的熵水平高得多。一旦提升到那里，它们就享有了一个热力学生态位，至少在一个幸运的微环境内能得以保存。"（111–112）

这为生命带来了一种向上的进步。尽管并非每一种"生命形式都趋向上坡"，最终，正如预期的那样，我们演化到了人类，上帝的特殊创造（116–117）。在这一点上，罗尔斯顿（呼应许多早期的基督教进步主义者）将演化的向上斗争与人类的向上斗争联系起来：

> 神学家们过去所称的创造的既定秩序，实际上是一个自然秩序。它能够动态地创造，是一个创造的秩序。秩序和新的解释都一致认为，现在的生物存在着，而曾经它们并不存在。但它们诞生的方式必须被重新评估。牛顿式的、从外部设计的建筑师观念，

以及佩利借用这一思想提出的钟表匠之神,都必须被替换(至少在生物学中,如果不是也在物理学中)为一个连续的创造过程,一种在自我教育中的发展斗争。在这个过程中,通过"经验",生物变得越来越"擅长"生活。

不要为此感到不安。"这种增加的自主性,尽管起初可能被认为是一种漠不关心,但并非完全不同于父母允许孩子自我发现的方式。由于它不是建筑学式的、机械式的,它便已经是一个更丰富的创造模型了。它解释了演化的'尝试和错误'方面。上帝就像一个心理治疗师,他为自我实现设定了背景。上帝允许人们在他们向更充实的生活奋斗的过程中有不完美……而且似乎在生物学上也有这样的类比。这是创造过程的一部分,而不是一个缺陷。"(131)我们可能回到了托马斯·亨利·赫胥黎和阿萨·格雷的时代。我们可能在读詹姆斯·麦科什或威廉·坦普尔的作品——尽管人们怀疑后者,因为当他担任拉格比学校的校长时以纪律严格著称("一个野兽,但是是一个公正的野兽"),会认为上帝推荐使用藤条、板球和冷水浴,而不是在治疗师的沙发上进行会话。

达尔文主义和进步

即使有人从自然神学转向自然的神学,人们肯定能看到并且共情那些使宗教人士试图在演化的时代里从宗教废墟里恢复一些东西的原因。佩利式的设计论证可能不再有效,但包含人类作为解决方案核心部分的,拥有特殊地位的神学显然具有吸引力。新的设计论证——或者(如果不是论证的话)那种将生命视为向我们这个物种上升的新画面——对于基督徒来说是一个好举动,其背景是科学的发展。然而,尽管可以理解这种策略的动机,但这本身并不意味着它是正确的。尽管在达尔文之后几年的社会背景下,某些举动是可以理解和辩护的,但这并不意味着在现代演化生物学背景下,它仍然是可以理解和辩护的。

霍姆斯·罗尔斯顿之所以推崇演化论,是因为(而且正是因为)他不是一个达尔文主义者。对他来说,自组织可以做到所需的一切。但如果你是一个达尔文主义者,而你认为自组织被严重高估了呢?如果你认为自然选择仍然占据主导地位呢?整个试图保存设计论证的尝试——全新的、基于进步的、以人类为终点的版本——是否会彻底崩溃?的确,一些达尔文主义者确实看到了进步,并且相信选择——尤其是由军备竞赛产生的选择——带来了进步。其他人则不那么确定。显然,你可以下赌注、做出选择。对于那些关心这些问题的人来说,可以为那些主张人类的到来——无论在哪里、以何种方式——并非完全偶然的达尔文主义者找到资源。但这些资源是否足以让人对修订后的、后佩利时代的自然神学有信心,则是另一个问题。

那么,这就是最后的结论吗?坚持自然神学的基督徒对达尔文主义的关注是正确的,他们的担忧貌似还没有最终消散。能否找到一条既忠实于达尔文主义又摒弃了对进步的担忧,同时又能满足信徒的前进之路?人们可以简单地采用纽曼的方式,宣称科学和宗教是不同的领域,因此并不相互作用。人类的特殊地位等神学问题应该用神学的解决方案来解决,而不是用科学(无论是达尔文主义还是其他)来解决。奥古斯丁认为上帝站在时间之外,因此对他来说,创造的思想、创造的行为和创造的完成是一体的。因此,人类的到来从一开始就是有保证的,其具体的生产机制在神学上是无关紧要的。但现在的解决方案是否比问题本身更糟？通过使达尔文主义变得无关紧要，人们已经使其不再具有威胁性。

是否存在一条介于无关紧要和相互矛盾之间的中庸之道(*via media*，用圣公会喜欢用于自己的术语)？对于基督徒来说，达尔文主义能否变得并非无关紧要，同时又不那么自相矛盾？这必须成为我们最终的问题，尽管要回答它，我们必须首先越过那些因为各种原因而认为道路已经封闭、达尔文主义和神学永远不可能相容的人们所设置的障碍。

第十五章

溯时而回

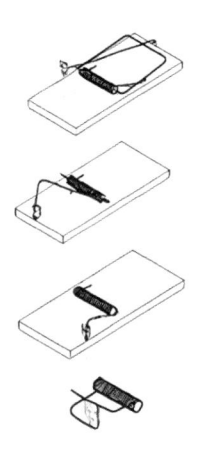

尽管基督教原教旨主义运动在斯科普斯审判后略有消退,但它从未消失。20世纪90年代,一群对演化论持有敌意的新一代福音派基督徒成为了这场运动的主导力量。他们因伯克利法学教授菲利普·约翰逊所著的《审判达尔文》(*Darwin on Trial*)而聚集起来;在这部作品中,《物种起源》的作者被审判、定罪并被戴上镣铐带走了。

在这十年的发展后,原教旨主义者们从纯粹否定达尔文主义转向了更为主动的攻击。表面上,这个团体把他们的神学动机降到了最低,把注意力转向了他们所谓的"智能设计者"。在畅销书《达尔文的黑匣子》(*Darwin's Black Box*)中,生物化学家迈克尔·贝赫(Michael Behe)完整地阐述了实证案例。他注重"不可化简的复杂性",并将其定义为"一个由多个相互匹配、相互作用的部分组成的单一系统,其中任何一个部分的移除都会使系统停止运行"(39)。贝赫补充说,任何"不可化简的复杂生物系统,一旦存在,便是对达尔文演化论的有力反驳。由于自然选择只能作用于已经在运行中的系统,那么如果一个生物系统无法逐步形成,它就必须作为一个整体一次性地形成,才能成为自然选择的对象"(39)。

按照贝赫的观点,常见的捕鼠器便是这样子一个不可化简的复杂事物。这种设备的标准模型包括弹簧、基座等的五个部分,它们被组装在一起,从而能够在小型啮齿动物尝试取食时,通过激发器的激活而产生对于老鼠来说致命的一击。按照贝赫的观点,捕鼠器的捕鼠是一个全或无的过程,无论你拿走原本的任何哪部分,这个捕鼠器都会一无所用。你无法使用一个只有四个半部分或者只有四部分的捕鼠器。"如果没有锤子,老鼠可以在平台上跳舞一整晚,而不会被固定在木质基座上。如果没有弹簧,锤子和平台会松松垮垮地摇晃,而老鼠也同样不会受到阻碍。"(42)同样的道理对于其他部分也成立。捕鼠器只有在完全设置好并运行时才能发挥作用,它不可能是渐进产生的。当然,我们知道它并非演化所得:它的背后是人们的意图和行动,它是人类有意识地制造产生的。

让我们回到生物世界,尤其是细胞尺度的微观世界,以及我们在这一世界中发现的机制。以细菌为例,它们用一种旋转马达驱动的鞭毛来移动。鞭毛的每一个部分都极其复杂,而当它们组合在一起时更是如此。例如,鞭毛的外部鞭毛丝是一个单一的蛋白质,它能够形成一种在游动过程中与液体接触的桨状表面。而靠近细胞表面的鞭毛则有些许增厚,使得这些鞭毛丝能够连接到转子驱动器上。在这两者之间自然需要一种连接器,而这便是我们所称的"钩状蛋白"。在鞭毛丝中没有马达,因此在鞭毛中,还需要在其他结构内制作一个能量系统——按照贝赫的说法,这一能量系统位于鞭毛的基底处;在这里,电子显微镜显示出了几个环形结构。按照贝赫的观点,这些结构都有些太复杂了,无法逐渐形成,只有一步到位才行;而这种一步到位的过程则必须涉及某种设计原因。贝赫谨慎地没有将这个设计者与基督教的上帝联系起来,但他暗示,这是一种超出自然正常进程的外力。事情的发生是通过"智能行为者的指导"(96)。而在最近,贝赫更明确地表示了他对基督教上帝的信仰。

智能设计的概念论证

支持贝赫的经验性论证的是哲学家兼数学家威廉·邓勃斯基（William Dembski）提出的概念性论证。他的目标有三个。首先，给我们提供一种标准，让我们可以区分被我们标记为"设计"的东西。其次，展示我们如何区分由设计或自然法则产生的东西与出于偶然的东西。最后，解释为什么任何自然过程，包括通过自然选择的演化，都无法产生我们今天所看到的有机世界，这个设计的世界（或者，如果不要预设的话，披着设计外衣的世界）。

要推断出设计这一事实，邓勃斯基需要三个要素：偶然性、复杂性和特定性。偶然性是指某事发生，不能简单归因于盲目的法则。因谋杀被绞死是偶然的；我从凳子上跳下来摔倒是必然的。设计需要偶然性。邓勃斯基使用的例子是电影《接触》（*Contact*）中从外太空收到的信息。这成串的点和划、零和一，是无法从物理定律中推出的。它们是偶然的。但是，它们证明了设计吗？

根据邓勃斯基的观点，复杂性在这里起了作用。假设我们可以以二进制的方式解读这个序列，而最初得出的数字组合是2,3,5。事实上，这些数字是质数序列的开头，但因为这个结果太短，没有人会为此感到兴奋。这可能只是偶然，而不是设计的产物。但是，现在假设你继续在这个序列中进行下去，结果发现它以确切且精确的顺序给出了直到101的所有质数。这个时候，你开始觉得事情有些不对劲了，因为这个情况看起来太复杂了，似乎不可能仅仅是偶然。否则，这也太荒谬了。

虽然我们大多数人在看到这个令人难以置信的质数序列后，会很乐意得出外星人存在的结论，但实际上，还需要另一个组成部分，即具体化。"如果我抛1000次硬币，我将参与到一个高度复杂的（也就是说，高度不可能的）事件中。事实上，我最后得到的抛硬币的序列将是 10 亿亿亿……个可能性中的一个，而省略号后面需要再加上 25 个'亿'。然而，这个抛硬币的序列并不会触发设计推断。尽管这个序列很复杂，但它并没有展示出合适的模式。"在此，我们可以将其与从 2 到 101 的质数序列进行对比。"这个序列不仅复杂，而且体现了一个合适的模式。在电影《接触》中，发现这个序列的 SETI 研究员是这样描述的：'这不是噪音，这有结构。'"（Dembski 2000, 27–28）

这是怎么回事？根据邓勃斯基的观点，我们在设计中认识到的不仅仅是任意的或随机的事物，而是一种在一开始就被指定或坚持的事物，或者可以以某种方式被指定的事物。在与外太空接触之前或之后的任何时候，我们都可以推导出质数的序列。然而，抛硬币的随机序列只会在事件发生后出现。"关键的概念是'独立性'。我将规范性定义为一个事件与独立给定的模式之间的匹配。高度复杂而特定的事件（即匹配一个独立给定的模式）表明了设计存在。"

这一观点使得邓勃斯基得以进行他论述的第二部分，也就是我们实际上是如何检测到设计的。在此，我们有他所称的一个解释性过滤器。比如说，我们现在有了一个特殊现象；问题是，是什么导致了它？考虑到自然规律，它是否会是一件还没有发生的事情？它是偶然的，还是必然的？我们知道，月球每天绕着地球转，这是因为牛顿定律。讨论到此为止。这里没有设计。然而，现在我们有一些相当奇怪的新现象，其成因令人困惑。假设有一个突变，虽然我们可以预测其宏观发生的规律，但我们无法预测一个特定个体的发生。比如欧洲的皇室家族中导致血友病的基因突变。它复杂吗？显然不，因为它导致的是功能的丧失而非其他。因此，在这里讨论机率比讨论设计更合适：血友病突变只是一次意外。

现在假设我们有一个复杂的矿物组成模式,其中珍贵的金属矿脉镶嵌在其他材料中,整体上错综复杂而多变——这肯定不是一个人可以简单地从物理、化学、地质或任何其他法则中推导出来的模式。人们也不会把它当作和恶性突变一样的纯粹混乱。这是否因此就是设计呢?几乎可以肯定,不是,因为没有任何方式可以预先指定这样的模式。这非常即兴,不太像是深思熟虑的结果。

但是,假设最后我们有了一个贝赫提及的微观生物装置和过程。它们是偶然的,它们是不可还原的复杂性,它们是预先指定的形式。因此,它们可以经受住解释性的过滤,并被适当地认为是真实设计的产物。

当然,它们的设计者的性质是另一回事。这是因为,即使人们接受了智能设计,这也并不意味着人们就必然会对《创世记》的前几章进行字面解读——如6天,6000年,全球洪水。然而,邓勃斯基明确表示,这种分析排除了演化的可能性。为什么会这样?这就引出了他论述的第三部分,也是较新的部分。邓勃斯基引用了所谓"没有免费的午餐"定理,该定理基本上声称你不能得到超出输入内容的东西。如果输入的是垃圾,那么产出的也是垃圾。或者在我们特定的情况下:没有设计输入,就没有设计输出。在邓勃斯基看来,即使是阿萨·格雷那种有指导的"有神论"演化也是不可接受的。

邓勃斯基将"演化算法"视为某种自动选择过程或规则(如"三次中有两次选择黑色而非白色"),并写道:"'没有免费的午餐'定理强调了达尔文机制的基本限制。在证明这些定理之前,人们认为,由于达尔文机制可以解释所有的生物复杂性,因此演化算法(即其数学基础)一定能够解决普遍的问题。'没有免费的午餐'定理则认为,如果没有程序员的精细调整,演化算法并不会比盲目搜索更好,因此也不比纯粹的机会更好。因此,这些定理对达尔文机制能否解释所有生物复杂性产生了怀疑。"(Dembski 2002, 212)。

智能设计批判

根据贝赫和邓勃斯基的说法,不可化简的复杂性无法通过不间断的法则产生,尤其无法通过自然选择的作用产生。然而,贝赫以老鼠夹为例是不太幸运的,因为实际上并非只有全部五个部件到位时夹子才能工作。首先,通过移除底座并将夹子固定在地板上,可以将部件数减少到四个。如果你能移动它会更好,但选择从来没有声称要产生完美的东西——只是要产生比当前的可选项更好的东西。实际上,从本章开头的插图可以看出,我们甚至可能将部件数量减少到一个!那虽然不是一个很好的夹子,但毕竟是一个夹子。

不过,更重要的是,贝赫的老鼠夹体现了对自然选择工作方式的误解。没有达尔文主义者会否认,在有机体中存在一些部件,一旦移除,将立即导致它们所在系统的功能障碍或失效。重点不是现在到位的部件是否可以在不导致崩溃的情况下被移除,而是它们是否可以通过自然选择被放置到位。

为了反驳贝赫的人造类比,我们可以考虑其他人工制品类比,这些类比清楚地展示了看似不可能的事情是如何实现的。考虑一个由切割的石头制成的拱桥,它没有水泥,仅通过石头之间的力量保持到位。如果你试图从头开始建造桥梁,向上然后向内,你会失败——石头会一直掉到地上。实际上,如果你现在移除了关键石块或其周围的任何一块石头,整座桥都会倒塌。构造一个拱形的正确方法是,首先,建造一个支撑结构(可能是一个土堤),在其上放置桥梁的石头,直到它们全部到位。然后你移除这个现在不再需要的结构,因为实际上它阻碍了在桥下通行。同样,可以想象一个具有几个阶段的生化过程,其中的某些部分附带着其他过程。当迄今为止非顺序的寄生过程连接起来并开始独立运作时,原始序列最终被自然选择移除,因为它是多余的或者会消耗资源。

从假设转到实际,今天的达尔文主义者有许多例子,说明最复杂的过程是通过选择而形成的。以将食物中的能量转化为细胞可使用的形式的过程为例。有一个称为克雷布斯循环(Krebs cycle)的过程,它发生在细胞的线粒体中,围绕着两个分子,即ATP(腺苷三磷酸)和ADP(腺苷二磷酸)进行。前者比后者含有更多的能量,并在身体需要能量时被降解。不仅分子本身复杂,它们使ATP从其他能源中产生的克雷布斯循环也同样复杂。循环中有十几个子过程,每一个都从前一个产生新的产物。这些子过程中的每一个都需要它自己的酶(这些是激发化学反应的分子物质)。但是,不要以为这个循环就这样凭空出现,完整无缺。循环的每个部分最初都在做其他事情,然后(以真正的希斯·罗宾逊风格)被细胞捕获并用于新的用途。尽管当他们开始研究时,发现这一切的科学家们肯定没有想到贝赫和他的"不可化简的复杂性",人们可以想象他们确实这样做了,尤其是从他们设定问题的方式来看:"克雷布斯循环经常被援引为活细胞演化的一个关键问题,它很难用达尔文的自然选择来解释:自然选择如何在中间阶段没有明显的适应性功能时,解释一个复杂结构的整体构建?"(Meléndez-Hervia et al. 1996, 302)

这是一个贝赫类型的问题，但它的答案不是贝赫类型的。相反，克雷布斯循环的各个部分都有它们最初的用途，然后这些部分被用于整体（302）：

> 克雷布斯循环是通过雅各布（1977）所称的"通过分子修补进行的演化"（evolution by molecular tinkering）过程构建的，他指出演化不会从无到有创造新奇事物：它在已经存在的基础上工作。我们分析的最新结果是看到演化如何以最少的新材料，创造了最重要的新陈代谢途径，达到了化学上可能的最佳设计。在这种情况下，一个寻找该过程最佳设计的化学工程师，不可能找到比活细胞中的循环更好的设计。

鉴于我们对突变的性质和生物系统随时间推移的稳定性的了解，贝赫的立场似乎不太可信。智能设计者究竟应该是在什么时候完成其工作的？在《达尔文的黑匣子》中，贝赫认为设计可能在很久以前就已完成，然后便任其自行发展。"我讨论的不可化简的复杂的生化系统……并不一定是最近才产生的。仅仅从系统本身来看，它们完全有可能是在数十亿年前设计的，并且通过细胞复制的正常过程传递到现在。"（227–228）尽管贝赫忽略了从它们的起源（当时不需要它们）到今天（它们被充分使用）之间的预形成基因的历史，我们却不应该这样做。根据生物化学家肯尼斯·米勒（Kenneth Miller）的说法（1999，162–163），"任何生物学的学生都会告诉你，因为这些基因没有被表达，自然选择无法淘汰遗传错误。这些基因中的突变会以惊人的速度积累，早在贝赫说它们将被需要的数亿年前，就使它们被完全改变并失效"。

大量实验证据表明这是事实。贝赫关于设计者在那时做了一切然后让事情自然发展的想法是"纯粹而简单的幻想"。

那么恶性突变呢？如果需要并且可以利用设计者来解决复杂的工程问题，为什么设计者不能花些时间处理简单的事情，尤其是那些如果不解决就会导致极其可怕后果的简单事情呢？一些最严重的遗传疾病是由 DNA 的一小部分的一点变化引起的，例如镰状细胞贫血。如果设计者有能力并愿意做非常复杂的事情（因为它是非常好的），那么为什么它不做非常简单的事情（因为替代方案是非常糟糕的）呢？贝赫称之为邪恶的问题——确实如此，但仅仅给它贴上标签并不是很有帮助。鉴于做好事的机会和能力如此明显，却没有采取行动，我们需要知道为什么。

解释性过滤器

在这里，邓勃斯基前来救场。一个不良突变肯定会被解释性过滤器（Explanatory Filters）中途捕获，即便不是被简单地归为必然性，也会作为偶然事件而被分流至一旁。它肯定不会通过规范性测试。这意味着镰状细胞贫血不会被归因于设计者，而鞭毛则会。邓勃斯基强调这些是相互排斥的选择。"将一个事件归因于设计意味着它不能合理地被归因于法则或偶然。通过将设计表述为法则-或-偶然（law-or-chance）的集合论补集，从而保证这三种解释方式将是相互排斥且穷尽的。"（Dembski 1998, 98）

对此，人们可能会回应说，当然可以按照自己的意愿定义事物，如果规定设计、法则和偶然是相互排斥的，那么就这样吧。但缺点是，现在有了一个规定性定义，而不一定是一个词典性定义，即一个符合一般使用的定义。假设某件事被归因于偶然,这是否意味着法则被排除了?当然不是!如果我认为一个孟德尔突变是偶然的,我的意思是就那个特定理论而言,它是偶然的。但我可能确实相信(我肯定会相信)突变是由正常原因引起的,如果这些都被知晓了,那么它就不再是偶然,而是必然了。正如一位维多利亚时代的著名科学家曾经就这类事情所说的:"到目前为止,我有时候会说,有机生物在驯化之下如此常见和多样的变异,在自然状态下程度较小——是由于偶然。这当然是完全不准确的表达,但它清楚地表明,我们对于每个特定变异的原因一无所知。"(Darwin 1859, 131)关键是,偶然是对无知的承认,而不是——如人们可能会认为的量子世界中的情形——关于事物本质的断言。也就是说,关于偶然的声明不是本体论的断言,正如关于设计者的声明必须是本体论的断言。

更重要的是,人们可能会争辩说,设计者总是通过法则工作。这让我们回到了自然神论,或是巴登·鲍威尔所支持的那种立场。设计者可能更喜欢以这样的方式启动事物,使其意图随着时间的推移展开和显现。休·米勒的机器制造的布料图案,与手工织机织出的布料图案一样,都是设计的对象。换言之,从术语的常用意义上来说,人们可能想说某物是由法则产生的,对于我们的知识或理论而言是偶然的,并且符合伟大秩序者或万物创造者设计的整体背景。

人们确实发现了明确提出这种主张的人。在达尔文撰写《物种起源》时,这甚至可能也适用于他。后来,罗纳德·费希尔肯定符合这一点。他认为自然选择促进了演化中的持续进步。选择作用于每个自然种群中发生的多种偶然突变。他将整个过程概括起来,认为这是一个善良上帝的行动和意图的体现;这实际上(并不奇怪)就是费希尔一生所崇拜的那位典型的英国国教徒的上帝。

没有免费的午餐？

邓勃斯基的过滤器并没有让贝赫的设计者摆脱困境。如果设计者能够创造出非常复杂和优秀的作品，并且理所当然地得到认可，那么设计者也能够阻止非常简单和可怕的事情，并且因为未能阻止而受到恰当的批评。神学中的问题与科学中的一样严峻。但从某种意义上说，邓勃斯基案例真正的关键在于他论点的第三部分，即绝对不可能通过自然过程完成任务。如果这部分论点成立，那么通过一种新的佩利式的最佳解释论证，邓勃斯基可以正确地指出必须有一个解决方案（为什么不是他的呢？）来解释设计者允许（或无法阻止）一些可怕事情的发生。

因此，我们必须将批判性关注集中在可能性问题上，首先我们承认，不可能性论证（通常被称为归谬法）在数学和逻辑中是众所周知的。以归功于欧几里得的著名断言为例：不存在最大的质数。假设存在这样的质数，并称之为 P。然后考虑通过将 P 与所有小于 P 的质数相乘再加 1 得到的数。即 $2 \times 3 \times 5 \times 7 \times \cdots \times P_{-1} \times P + 1$。这个数大于 P，要么本身是一个质数，要么可以分解为大于 P 的质因数。（提示：没有任何小于或等于 P 的任何质数可以整除这个数，而不留下余数 1。）因此，不存在最大的质数，你不需要花一生的时间去检查是否存在一个大于（比如说）$102876 + 37$ 的质数。它确实存在。

这里的关键是你是否能提供一些适用于现实世界的类似证明，表明选择无法产生设计。贝赫提出了一个经验论证，但我们已根据其实际说服力予以否定。邓勃斯基提供了一个更理论性的论证，声称"没有免费的午餐"定理表明，如果你不投入设计，就无法得到设计。幸运的是，这里不需要深入任何复杂的数学，因为正如邓勃斯基本人所承认的，这些定理的唯一真正相关性在于它们指出了显而易见的事实——输出的必然是输入的。在声明"这些定理对达尔文机制解释所有生物复杂性的能力提出了质疑"之后，邓勃斯基（2002,212）立即让步说："当然，'没有免费的午餐'定理是记账的结果。"然后他试图补救："但记账可能非常有用。它使我们对我们的各种事业——科学就是其中之一——能够和不能兑现的期票保持诚实。就达尔文主义而言，我们不再有权认为达尔文机制可以提供生物复杂性作为免费的午餐。"

当然，达尔文主义者会回答说，这都非常正确，但与问题无关。达尔文主义者不期望得到设计。达尔文主义者期望得到具有设计外观的现象——眼睛、手。而能够得到这些类似设计现象的原因是自然选择作用于输入的无组织现象。繁殖、突变、竞争等带来了选择，选择带来了适应，适应是类似设计的现象。问题不是设计是否需要设计。所有人都可以承认这一点。问题是类似设计的东西是否需要设计，或者选择是否可以完成这项工作。如果存在这样的不可能性证明，它就必须在这一点上发挥作用。

实际上，这样的证明一直潜伏在所有像邓勃斯基这类讨论的背后。它认为随机突变根本无法产生适应或类似设计的效果。它从突变率开始，将其乘以动植物所携带的平均基因数量，得出创造生物的时间尺度比对于地球年龄的最大预测值还要长数十亿年。10的幂不受控制地向外爆炸，就像科幻电影中的怪物。"显然……100万连续成功的突变步骤，每个步骤的概率为一半，几乎和瞬间偶然组装100万个组件成为一个整体一样难以想象。这种情况下的成功概率变成了$(2)^{1\,000\,000}$，或者$(10)^{300\,000}$。"（Morris et al. 1974,69）如此等等。这些演化论的反对者声称,自然过程产生适应的可能性就像一只猴子随机打出一部莎士比亚的剧本一样。

理查德·道金斯对这种论证做出了著名的反驳。选择消减了不断增加的随机性因素。选择一句来自莎士比亚的诗行——METHINKS IT IS A WEASEL(我认为这是一只黄鼠狼)——道金斯阐释道,可以设置一个计算机程序,在这句话占据的28个空间中随机产生字母(或空格)。例如,它可以产生 UMMK JK CDZZ F ZD DSDSKSM,或者 S SS FMCV PU I DDRGLKDXRRDO。如果随机工作,在一次尝试中产生目标句子的概率约为 10^{-46}。这在实际上是不可能的。现在重新调整程序,以便它记住一个成功的举动,在这种情况下,它更接近目标句子了。当这个限制加入产生随机字母的系统后,目标可以在不到50步内达成。那些乘法都到此为止了。"那么,累积选择(其中的每一点改进,无论多么微小,都被用作未来建设的基础)和单步选择(其中每一次新的'尝试'都是一个新的开始)之间有很大的区别。"(Dawkins 1986,49)

支持智能设计的人并不认为这个例子很有分量,他们(正确地)指出它与现实生活中的情况有许多不同之处,首先,道金斯指定了终点,而在自然中,据推测没有这样的固定目标。即使是像道金斯这样的进步论者也不会说寒武纪不可避免地导致了英国人的出现。但道金斯一给出他的例子就承认了这一点。他并不是试图在各个方面模拟自然。他只是展示了,将随机性增加至不可能的程度的论证时,反而可以通过引入选择机制来反驳这种观点。真正的问题是,更复杂的计算机模型是否可以显示,选择压力可以产生真正的复杂性——我们与真正的适应性有机体相关联的那种复杂性——而不必首先将这种复杂性放入池中。答案是,它们可以。

生物学家托马斯·S. 雷（Thomas S. Ray）设计了一个美妙的例子。Tierra——一个他创造的人工世界——在雷的电脑里运行着；居住在其中的"生物"是最初长度固定（80条指令长）的自我复制程序。"确定了其［生物的］起始和结束地址后,它从中去掉这两个地址以计算其大小,并为一个子细胞分配一个这样大小的内存块。然后它调用复制程序,一次一条指令地将整个基因组复制到子细胞的内存中。"（Ray 1996, 121–123）除了自我复制外,这些生物（我们可以这样中性地称呼它们）没有内置的功能。它们存在于一种内存池中,每个生物都有一块这样的内存。它们不能写入其他生物的程序,但它们可以读取其他生物的信息并使用这些信息。每个生物的时间是有限的,当它有一段时间时,它可以利用它来自我复制。然后它排到队列的末尾,等待下一次获得更多的时间。存在一个过程（"死神"）,生物通过该过程被淘汰,但生物可以通过比同伴更有效地执行任务（如繁殖）来推迟灭绝。通过使生物的信息及其复制受到随机变化的影响,突变被引入混合物中。

当你启动这个过程时会发生什么（Ray 1996, 124）？

> 一旦系统充满了,个体最初的寿命就会很短暂,通常只繁殖一次就死亡；因此,个体更迭非常快。更慢地,出现了大小为80的新基因型,然后是新的大小类别。随着新突变体的出现,每个大小类别的遗传组成发生变化,其中一些的频率显著增加,有时还会取代原始的基因型。占据群落主导地位的大小类别也随时间而变化,随着新的大小类别的出现……其中一些在竞争中排除了较早出现的大小类别。一旦群落变得多样化,个体的寿命和繁殖

力的差异就更大了。

除了基因型和基因组大小的原始多样性以外,生态多样性也在增加。从中演化出了专性共生寄生者,这些寄生者在孤立培养中无法自我复制,但在与正常(自我复制的)生物一起培养时可以复制。这些寄生者执行其宿主某些代码的一部分,但除了作为竞争者外,不会对它们造成直接的伤害。一些潜在的宿主已经对寄生者产生了免疫力,而另一些寄生者已经演化出了绕过这种免疫力的能力。

这些研究结果更加激动人心,包括超级寄生者的演化。这些寄生者不仅能够自我繁殖,而且在受到寄生时,能够转而利用寄生者自身的资源来增加自身的福祉。一个特别引人注目的新特征是,当其中一个端点(模板)丢失时,它能够测量内部的长度。"这些生物定位了标记其开始的模板的地址,然后是基因组中间某个模板的地址。然后减去这两个地址来计算它们大小的一半,再将这个值乘以二(通过左移)来计算它们的全尺寸。"(127)

所有这些都导致了一个结论,即我们在这里看到的是通过选择而演化的适应性——特定的复杂性,而无须首先引入设计。这正是邓勃斯基等人认为不可能发生的事情。当然,这是一个人造的情境。我们没有真实的生物体,我们引入了简化,程序被设置为在我们有生之年给出结果,等等。但我们无法因此反对这个(或任何类似的)程序,也不能认为因为雷(或其他人)必须首先应用设计来构建系统,所以这个程序不能证明特定的复杂性并非由设计产生——这完全误解了实验的整个重点。关键问题是,即使从原则上说,盲目的变异受到选择的作用是否可以产生适应性,或者类似设计的特征。答案是它可以,并且确实做到了。

我们不可能比雷的变异更盲目。他无法控制它何时何地发生。但是,它产生了寄生现象。当然,这是人造的寄生。我们知道这一点。但如果你让一个程序员产生寄生现象,他或她不能通过随机敲击键盘来实现:这需要设计。我们也知道,人造情境并不是真实情境。雷的系统是否告诉我们关于自然的任何真实信息,例如是否需要询问突变率等问题,这是另一回事。我们现在要处理的是邓勃斯基的主张,即盲目过程不能导致特定的复杂性,而像雷的 Tierra 这样的系统表明邓勃斯基是完全错误的。

盲眼钟表匠

如果你决定接受达尔文的演化论,这是否意味着你必须拒绝自然神学?达尔文主义是否对任何形式的真正设计——无法解释的、示范性的、启发性的或其他任何形式的——持明确的敌意?道金斯与其他许多人在这一点上提出了自己的观点。科学和宗教都提出了主张,而这些主张发生了冲突。一方是对的,另一方是错的。道金斯对此毫不留情。"面对悠久的宗教信仰,即便是理性的人也会受到智力上的懦弱的妨碍。"(Dawkins 1997)作为一个达尔文主义者,道金斯不会否认基督徒们提出了正确的问题:他们的答案错了。道金斯尊重甚至敬畏地谈到教区长威廉·佩利,他愿意承认《自然神学》"比以往任何人都更清楚、更具有说服力地阐述了目的论论证"(Dawkins 1986, 4)。问题是"望远镜和眼睛之间、手表和生命体之间的类比是错误的。与表面现象相反,自然界中唯一的钟表匠是物理的盲目力量;尽管它以一种非常特殊的方式进行部署"。一个真正的钟表匠计划一切并付诸行动,而自然选择仅仅是行动,它没有目的。"它没有思想,没有思想的眼睛。它不为未来计划。它没有远见,没有预想,它根本就没有前瞻性。如果可以说它在自然中扮演钟表匠的角色,那么它就是盲目的钟表匠。"(5)用我们的语言来说,佩利在复杂性论证上是准确的,但在设计论证上却是完全错误的。

显然,并非所有基督徒都会因此感到不安。沃尔夫哈特·潘能伯格的回应是简单地认为佩利的错误在于认为上帝的创造力只能通过神迹来展现。(弗雷德里克·坦普尔在100多年前就确切地提出了这一点。)达尔文展示了通往创造的途径必须是经过自然选择的演化。但为什么上帝应该以这种方式而不是其他方式工作呢?当达尔文撰写《物种起源》时,他自己就是这样认为的。确实,那时达尔文是一位自然神论者而不是一位有神论者,但在基督徒中,例如奥古斯丁就没有这种神学上的担忧。你不能将"成为"和"存在"分开。尽管奥古斯丁本人绝对不是演化论者,但他为这样的科学理论奠定了神学基础。

所有这些都不会说服道金斯,他准备了几个备用论点来保持达尔文主义和基督教的分离。对他来说,反对上帝存在的最有力的论据是传统的痛苦和邪恶问题,而达尔文主义的方法使这一问题格外突出。自然选择预设了生存斗争,而这种斗争在许多情况下是非常残酷的。道金斯使用"效用函数"的概念来表示最终目的,使人们关注猎豹和羚羊之间的相互作用,并问:"上帝的效用函数是什么?"猎豹似乎被精心设计来杀死羚羊。"猎豹的牙齿、爪子、眼睛、鼻子、腿肌、脊柱和大脑正是我们所期望的,如果上帝设计猎豹的目的是最大化羚羊的死亡。"但相反,"我们也发现了同样令人印象深刻的设计证据,而目的完全相反：羚羊的生存和猎豹的饥饿"。这几乎就像是两个交战的上帝在工作，制造不同的动物，然后让它们相互竞争。如果只有一个上帝创造了这两种动物，那么这种上帝是什么样的？"他是一个喜欢观看血腥运动的虐待狂吗？他是在试图避免非洲哺乳动物的过度繁殖吗？他是在设法最大化大卫·阿滕伯勒的电视收视率吗？"整件事情都是荒谬的（Dawkins 1995, 105）。确实，道金斯得出结论，生命没有终极目的，没有深层的宗教意义。什么都没有。

苦难

在这一点上，科学/宗教界的发言人选择了简单的逃避。在他们出门的路上，大多数人同意道金斯有一个很好的观点——达尔文主义确实表明生命是残酷和严苛的，没有任何目的。但避免如此不愉快的结论的最佳方式是放弃达尔文主义，而不是放弃宗教甚至演化本身。他们急于寻找一种更温暖、更友好的演化论。毕竟，一定有某种方式可以实现你想要的东西——它可能是适应性，但肯定和人类相关——你所期望的方向是有坚实保证的。我们已经看到霍姆斯·罗尔斯顿三世的行动，他之所以突出，是因为——值得赞扬的是——他在自己的喜好和厌恶以及他个人的信念方面是如此清晰和坦率，即认为达尔文主义者不会对此发声。

这是不够的。无论达尔文主义——通过自然选择带来的适应——作为一个整体是否既真实且在大纲上基本完整，它都是一种积极向前的科学。无论我们是否喜欢，我们都被困在其中。达尔文革命已经结束，达尔文获胜了。因此，任何令人满意的对道金斯的回应必须以他的条件为基础——适应、选择、盲目变异、痛苦，等等。它必须建立在承认如下事实的基础上,即道金斯是正确的,达尔文主义是对宗教信仰的重要挑战,你不能简单地假装什么也没发生。但一旦接受这一点,事情就开始变得明朗起来。

道金斯是绝对正确的,宗教和科学的完全分离不是解决方案。达尔文主义确实谈论了起源,而有神论倾向者必须注意它的教导。即使走纽曼这种分离科学和宗教的道路,人们也必须同意这条道路并不授予一个人在另一个领域的事件和现象上随意发表言论的权利。考虑到达尔文的演化论,仅仅是佩利式的纯粹主义也不再可能;自然选择排除了需要上帝干预的必要性。只剩下第三个选项,即自然的神学。对道金斯的唯一可能的回应是,无论有没有达尔文,你都觉得必须接受我们对自然、生物的理解,通过接受上帝的存在、创造力和持续性而被改变、被启发和变得完善。

在道金斯的攻击下,这一回应处于什么地位?人们仍然能"将所有自然与神学的真正主题——上帝的现实——联系起来"(Pannenberg 1993,73)吗?邪恶的问题怎么办?这总是最棘手的问题。道金斯想声称,达尔文的到来使上帝假设变得不可能。达尔文之后,我们看到世界并不是像全能全爱的创造者所创造的那样(猎豹和羚羊的论点)。如果有一个慈爱的上帝,这样的事情是不可能发生的。但这正是人们从盲目、无目的的法则中期望的。然而,对盲目的、不间断法则的呼吁——不完美运行的事情以及痛苦和冲突是普遍存在的——可以被颠倒过来,产生一个传统的论证来维护基督教上帝的可能性。正如达尔文自己看到的,人们可以并且必须恰当地使用哲学家莱布尼茨使用的某种版本的论证,即上帝的能力只延伸到做可能的事情。一旦他自己承诺通过法则来创造,其他一切都会自然而然地随之而来。伏尔泰在《老实人》(Candide)中讽刺了莱布尼茨的论证——这个世界上的一切都是出于一切可能的最好的理由而发生的——但正如这种反论在宗教世界中失败了,它在科学世界中也失败了。

想象一下尝试使物理过程完全无痛。从火开始。它将不再燃烧或产生烟雾。但如果是这样,它还会热吗? 如果是,这将如何实现? 需要在分子层面进行大规模的改变。如果火不热,我们将如何取暖和烹饪食物? 上帝的一次改变将需要一个接一个的补偿措施。即便如此,我们能得到一个正常运作的系统吗? "人类是自然界中有感觉的生物。作为生理性的存在,他们与自然互动;他们引起自然事件,反过来也受到自然事件的影响。因此,只要人类是自然的、有感觉的生物,由与自然相同的物质构成并与之互动,他们将在任何自然系统中受到合乎法则的自然事件的影响。"(Reichenbach 1982, 111–112)

一旦我们开始改变事物以消除痛苦和苦难,那就没有尽头了——除非我们改变人类,使他们不再真正是人类。即便如此,谁敢说我们人类的处境会更好呢?"无法判断,人类是否会演化出来,而没有感染性病毒或细菌,或者是否会出现更糟糕、更令人痛苦的疾病,或者根本不会有自觉的、道德的生命体。"(113)世界上的所有事物都融入了一个相互关联的整体中。我们不应假设上帝可以用另一种方式创造事物以避免物理邪恶的实例。

实际上,有趣的是,人们可以引用道金斯自己的著作来加强这一论点。作为一个优秀的达尔文主义者,他坚持适应性复杂性是生命的标志。这一点,也只有这一点区分了活着的和死去的,或是从未活过的。但如何获得这种适应性复杂性呢? 道金斯坚持,只有通过自然选择才能实现。像拉马克主义或希望怪物产生(突变论)这样的替代机制根本行不通。"无论在宇宙的何处找到适应性复杂性,它都是通过一系列小的改变逐渐形成的,而不是通过大的和突然的适应性复杂性增量而形成的。"(Dawkins 1983,412)适应性复杂性不是通过常规的物理过程即刻带来生命的标志。突然的变化带来混乱和无序。坠毁的飞机分解成无用的碎片。飞机不会突然从废墟中自发地组合成功能完整的整体。这同样适用于生物。道金斯并不喜欢斯图尔特·考夫曼的"自发秩序"。这里没有自然选择的替代方案,没有其他纯粹的物理过程可以带来生命体的适应性和有组织的复杂性。"无论演化机制如何多样,如果不能对宇宙中所有的生命做出其他的概括,那么我敢打赌它总会被识别为达尔文式的生命。达尔文法则……可能和物理学的伟大法则一样普遍。"(Dawkins 1983,423)没有自然选择就不能得到适应性复杂性。

换言之,如果上帝是通过不间断的法则来创造的,那么他必须这样做——自然选择、痛苦和煎熬、不完美,等等。人们仍然可以争辩说,上帝本不应该创造(基督教神学的一个基本部分是上帝的创造行为是出于爱而自由进行的),但这是一个有些不同的观点。如果有人反对,就像小说家陀思妥耶夫斯基那样,认为世界上的痛苦永远不能为最终的幸福结果抵消——天堂中特蕾莎修女的任何幸福都无法平衡一个被忽视、挨饿的孩子的痛苦——他并不一定认为达尔文主义的到来是不可避免的。无论自然选择如何,痛苦都会发生。所以,最终,这种论证线路是否有效,与我们主要的讨论无关。达尔文主义本身并没有使关于自然邪恶的论证变得不可抗拒。它甚至可能使解决方案更容易理解。

我们能让时间回流吗？

贝赫、邓勃斯基以及他们的对手道金斯，都有一个回归维多利亚时代的愿望。那时，英国统治着海洋，科学和宗教永远不可能达成共识。他们会确保赫胥黎与威尔伯福斯之间的冲突确实像人们所说的那样。但世界已经前进了。旧的二分法已经消失。演化已被证明是真实的，且被广泛接受为事实。上帝没有通过神迹干预来分别创造每个物种。基督徒可以并且确实接受这一事实。然而，从另一个意义上说，我来是为了赞美这些老派人物，并且认为他们从过去把握到了太多科学－宗教关系的写作者已经失去或从未见过的某些东西。这就是有组织的、适应性复杂性的论点。

无论人们如何批评贝赫的结论，当他谈论细胞的内部运作时，他的听众会感觉到他是一个真正热爱自然的人。无论你如何批评道金斯，当他书写蝙蝠的回声定位机制或是眼睛及其多样性时，他向读者展示了对有机世界错综复杂的运作的非凡喜悦。在这一点上，贝赫和道金斯与亚里士多德、约翰·雷、乔治·居维叶，当然还有查尔斯·达尔文是一致的。他们也与像尼古拉斯·戴维斯这样的现代研究人员一致，后者在剑桥清晨的黑暗和雨中与他的林岩鹨和大杜鹃一起度过了漫长而极端乏味的时光——观察、测量、理论化。他在灌木丛的泥土中翻找，试图找出雌性林岩鹨被雄性啄击后排出的东西。他耐心等待，观察大杜鹃幼鸟系统性地摧毁所有寄养家庭的兄弟姐妹。他带着假的塑料蛋去冰岛测试一个假设。这样一个人，无论是在字面上还是在比喻意义上，都与生活世界有更多的接触——并且热爱着它；这一点，我们很难想象。但他与所有其他人一样，俯身在显微镜前，惊叹于果蝇眼睛的美丽；在潮湿的热带流汗，浸在齐腰深的水中寻找小鱼；在巴拿马的无花果树上攀爬,试图找到微小的蜜蜂。所有这些人都被造物的荣耀淹没。他们欣赏自然世界中有组织的复杂性。

　　大约在 1875 年,自然神学采取了一个错误但可以理解的转向,并在此过程中失去了这种欣赏。这是因小失大,因为随着老式的设计论证,它拒绝了——或至少开始明显忽略——复杂性论证。它认为当佩利的结论被推翻时,他的前提也必须跟着走。这在 1875 年左右是可以理解的,那时像赫胥黎这样的达尔文主义者强调同源性并贬低适应性。但拒绝复杂性论证只是一个错误。适应性如今前所未有地占据主导地位,它像以往一样打动人心——实际上更多,因为现在我们可以开始理解为什么以及是什么。吉尔伯特·怀特知道林岩鹨和大杜鹃,但尼古拉斯·戴维斯的理解更深刻、更深邃、更令人满意。柯普和马什了解剑龙,但弄清楚那些荒谬骨板的原因的人理解得更深刻、更深邃、更令人满意。可能没有人对果蝇了解太多,但它们依然向演化论者揭开了自然的奥秘。

　　我主张的是一种自然的神学——让我们同意现在的自然神学已经消失了——其中的焦点回到了适应性。一种看到并欣赏生命世界的复杂、适应性荣耀,为之欢欣鼓舞并在其面前颤抖的自然的神学。我主张这一点,尽管那些如今以最宏伟的方式向我们展示它的人,可能是那些对基督教怀着从冷漠到彻头彻尾的敌意的不同情感的人。这无关紧要,尤其是对于那些了解职业达尔文主义演化论者的人来说。正如恩斯特·迈尔曾对我说的:"人们忘记了,在完全没有神学信仰的情况下,成为一个热情的宗教信徒是可能的。"(1988 年 3 月 30 日的采访)研究科学–宗教关系的神学家,他们中很少有人实际上有亲身与自然打交道的经历,他们常常因道金斯这样的无神论者的敌意,或是对智能设计支持者的尴尬,而看不到当今专业的演化论者对其研究对象怀有的真正的热爱和喜悦。我们应该抛开那些阻碍我们真正理解复杂性论证的伪命题,并开始分享激励旧时自然神学家和今日演化论者的观点。

卡农·查尔斯·拉文(Canon Charles Raven),虽然不是达尔文主义的朋友,却既是博物学家又是神学家。他明白我所说的。在吉福德讲座中,他写到他花了多少时间来追随和研究遍布英格兰和苏格兰的蝴蝶,从中获得纯粹的乐趣。"每一个标本都与众不同,细节上不同于同类中的其他成员,总体效果上不同于其他类别。每一个本身都是一个完美的设计,在整体和部分上都令人满意。它们邀请人们全神贯注于其中,从一个转向另一个,感受冲击的差异,解析这种差异在整体模式中的细微变化。这是一种深刻而动人的体验。"对于拉文来说,这是科学与宗教相遇的真正边缘。这是让所有信徒感到意义深远的东西。这不是证明,而仅仅是一种纯粹的洪流般的、无可否认的体验。用拉文的话来说(1953,112–113):"这里有美——无论那些从未仔细观察过蛾类的哲学家和艺术评论家怎么说——一种令人欢喜、令人谦卑的美,一种远离所有被称为随机或无目的、功利主义或物质主义的美,一种在冲击力和效果上类似于与上帝的真实邂逅的美。"

我没有更多需要补充的了。

参考文献与建议阅读书目

导 言

Aristotle. 1984. Physics. *The Complete Works of Aristotle*. Ed. J. Barnes. Princeton: Princeton University Press.

Darwin, C. 1859. *On the Origin of Species*. London: John Murray.

Dawkins, R. 1986. *The Blind Watchmaker*. New York: Norton.

Kershaw, I. 1999. *Hitler, 1889–1936: Hubris*. New York: Norton.

Mackie, J. 1966. *The direction of causation*. Philosophical Review 75: 441–466.

Williams, G. C. 1966. *Adaptation and Natural Selection*. Princeton: Princeton University Press.

第一章 两千年的设计史

Aquinas, St. T. 1952. *Summa Theologica*, 1. London: Burns, Oates and Washbourne.

Augustine. 1998. *The City of God against the Pagans*. Ed. and trans. R. W. Dyson. Cambridge: Cambridge University Press.

Bacon, F. [1605] 1868. *The Advancement of Learning*. Oxford: Clarendon Press.

Barnes, J., ed. 1984. *The Complete Works of Aristotle*, 1. Princeton: Princeton University Press.

Boyle, R. 1996. *A Free Enquiry into the Vulgarly Received Notion of Nature*. Eds. E. B. Davis and M. Hunter. Cambridge: Cambridge University Press.

Calvin, J. 1962. *Institutes of the Christian Religion*. Grand Rapids: Eerdmans.

Cooper, J. M., ed. 1997. *Plato: Complete Works*. Indianapolis: Hackett.

Dawkins, R. 1983. Universal Darwinism. In *Molecules to Men*, ed. D. S. Bendall. Cambridge: University of Cambridge Press.

Descartes, R. 1985. *The Philosophical Writings*, 1. Trans. J. Cottingham, R. Stoothoff, and D. Murdoch. Cambridge: Cambridge University Press.

Galen. 1968. *On the Usefulness of the Parts of the Body*. Trans. M. T. May. Ithaca: Cornell University Press.

Gotthelf, A., and J. G. Lennox, eds. 1987. Philosophical Issues in Aristotle's Biology. Cambridge: Cambridge University Press.

Goudge, T. 1973. Evolutionism. In *Dictionary of the History of Ideas*. New York: Scribner's.

Hume, D. [1779] 1947. *Dialogues Concerning Natural Religion*. Ed. N. K. Smith. Indianapolis: Bobbs-Merrill.

Hurlbutt, R. H. 1965. *Hume, Newton, and the Design Argument*. Lincoln: University of Nebraska Press.

Lucretius. 1969. *The Way Things Are: The De Rerum Natura of Titus Lucretius Carus*. Trans. R. Humphries. Bloomington: Indiana University Press.

McGrath, A. 2001. *A Scientific Theology*, 1: *Nature*. Grand Rapids: Eerdmans.

McPherson, T. 1972. *The Argument from Design*. London: Macmillan.

Müller, E. F. K., ed. 1903. *Die Bekenntnissschriften der Reformierten Kirche*. Leipzig: Böhme.

第二章　佩利和康德的反击

Boyle, R. [1688] 1966. A disquisition about the final causes of natural things. In *The Works of Robert Boyle*, 5, ed. T. Birch. Hildesheim: Georg Olms.

Brigden, S. 2001. *New Worlds, Lost Worlds: The Rule of the Tudors, 1485–1603*. New York: Viking.

Buckland, W. 1836. *Geology and Mineralogy.* Bridgewater Treatise, 6. London: William Pickering.

Butler, J. [1736] 1824. *The Analogy of Religion, Natural and Revealed, to the Constitution and Course of Nature.* London: Longman, Hurst, Rees, Orme.

Cannon, W. F. 1978. *Science in Culture: The Early Victorian Period.* New York: Science History Publications.

Derham, W. 1716. *Physico-Theology.* London: Innys.

Fermat, P. de. 1891–1912. *Oeuvres de Fermat.* Eds. P. Tannery and C. Henry. Paris: Gauthier-Villars. Gillespie, N. C. 1987. Natural history, natural theology, and social order: John Ray and the "Newtonian Ideology." *Journal of the History of Biology* 20: 1–49.

Gordon, E. O. 1894. *The Life and Correspondence of William Buckland.* London: John Murray.

Hooker, R. 1845. *The Collected Works.* Oxford: Oxford University Press.

Hume, D. [1779] 1947. *Dialogues Concerning Natural Religion.* Ed. N. K. Smith. Indianapolis: Bobbs-Merrill.

Kant, I. [1790] 1928. *The Critique of Teleological Judgement.* Trans. J. C. Meredith. Oxford: Oxford University Press.

———. [1781] 1929. *Critique of Pure Reason.* Trans. N. Kemp Smith. New York: Humanities Press.

McFarland, J. D. 1970. *Kant's Concept of Teleology.* Edinburgh: University of Edinburgh Press.

Newton, I. 1782. *Opera Quae Exstant Omnia.* Ed. Horsely. London.

Olson, R. 1987. On the nature of God's existence, wisdom, and power: the interplay between organic and mechanistic imagery in Anglican natural theology—1640–1740. In *Approaches to Organic Form: Permutations in Science and Culture*, ed. F. Burwick. Dordrecht: Reidel.

Osler, M. J. 2001. Whose ends? Teleology in early modern natural philosophy. *Osiris* 16: 151–168.

Pagel, W. 1967. *William Harvey's Biological Ideas: Selected Aspects and Historical*

Background. Basel: Karger.

Paley, W. [1794] 1819. *Collected Works*, 3: *Evidences of Christianity*. London: Rivington.

———. [1802] 1819. *Collected Works*, 4: *Natural Theology*. London: Rivington.

Ray, J. 1709. *The Wisdom of God, Manifested in the Works of Creation*, 5th ed. London: Samuel Smith.

Sober, E. 2000. *Philosophy of Biology*, 2nd ed. Boulder: Westview.

Zammito, J. H. 1992. *The Genesis of Kant's Critique of Judgment*. Chicago: University of Chicago Press.

第三章　播下演化论的种子

Appel, T. A. 1987. *The Cuvier-Geoffroy Debate: French Biology in the Decades before Darwin*. New York: Oxford University Press.

Chambers, R. 1844. *Vestiges of the Natural History of Creation*. London: Churchill.

Cuvier, G. 1813. *Essay on the Theory of the Earth*. Trans. Robert Kerr. Edinburgh: W. Blackwood.

———. 1817. *Le règne animal distribué d'après son organisation, pour servir de base à l'histoire naturelle des animaux et d'introduction à l'anatomie comparée*. Paris: Déterville.

———. 1858. *Lettres de Georges Cuvier à C.H. Pfaff, 1788–1792*. Paris: Masson.

Darwin, E. 1801. *Zoonomia; or, The Laws of Organic Life*, 3rd ed. London: J. Johnson.

Geoffroy Saint-Hilaire, E. 1818. *Philosophie anatomique*. Paris: Mequignon-Marvis. Goethe, J. W. 1946. On the metamorphosis of plants. In *Goethe's Botany*, ed. A. Arber. Waltham: Chronica Botanica.

Kant, I. [1790] 1928. *The Critique of Teleological Judgement*. Trans. J. C. Meredith. Oxford: Oxford University Press.

King-Hele, D. 1981. *The Letters of Erasmus Darwin*. Cambridge: Cambridge University Press.

Lamarck, J. B. 1809. *Philosophie zoologique*. Paris: Dentu.

Letteney, M. J. Georges Cuvier, transcendental naturalist: a study of teleological explanation in biology. Ph.D. diss., University of Notre Dame.

Lovejoy, A. O. [1911] 1959. Kant and evolution. In *Forerunners of Darwin*, eds. B. Glass, O. Temkin, and W. L. Strauss Jr. Baltimore: Johns Hopkins University Press.

McMullin, E. 1985. Introduction: evolution and creation. In Evolution and Creation, ed. E. McMullin. Notre Dame: University of Notre Dame Press.

Powell, B. 1855. *Essays on the Spirit of the Inductive Philosophy*. London: Longman, Brown, Green, and Longman.

Richards, R. J. 2000. Kant and Blumenbach on the "Bildungstrieb": A historical misunderstanding. *Studies in History and Philosophy of Biological and Biomedical Sciences* 31: 11–32.

Ruse, M. 1996. *Monad to Man: The Concept of Progress in Evolutionary Biology*. Cambridge: Harvard University Press.

Wells, G. A. 1967. Goethe and evolution. *Journal of the History of Ideas* 28: 537–550.

第四章 问题层出不穷

Babbage, C. [1838] 1967. *The Ninth Bridgewater Treatise. A Fragment*. 2nd ed. London: Frank Cass.

Bebbington, D. W. 1999. Science and evangelical theology in Britain from Wesley to Orr. In *Evangelicals and Science in Historical Perspective*, eds. D. N. Livingstone, D. G. Hart, and M. A. Noll. Oxford: Oxford University Press.

Brewster, D. 1854. *More Worlds than One: The Creed of the Philosopher and the Hope of the Christian*. London: Camden Hotten.

Chalmers, T. [1817] 1906. *A Series of Discourses on the Christian Revelation, Viewed in Connection with the Modern Astronomy*. New York: American Tract Society.

Clark, J. W., and T. M. Hughes, eds. 1890. *Life and Letters of the Reverend Adam Sedgwick*. Cambridge: Cambridge University Press.

Ker, I. 1989. *John Henry Newman: A Biography*. Oxford: Oxford University Press.

Kimler, W. 1983. One hundred years of mimicry: history of an evolutionary exemplar. Ph.D. diss., Cornell University.

Kirby, W., and W. Spence. 1815–1828. *An Introduction to Entomology: or Elements of the Natural History of Insects*. London: Longman, Hurst, Reece, Orme, and Brown.

Miller, H. 1856. *The Testimony of the Rocks, or Geology in Its Bearings on the Two Theologies, Natural and Revealed*. Edinburgh: Constable.

Newman, J. H. 1870. *A Grammar of Assent*. New York: Catholic Publishing Society

———. 1973. *The Letters and Diaries of John Henry Newman*, 25. Eds. C. S. Dessain and T. Gornall. Oxford: Clarendon Press.

Owen, R. 1834. On the generation of the marsupial animals, with a description of the impregnated uterus of the kangaroo. *Philosophical Transactions*: 333–364.

———. 1848. *On the Archetype and Homologies of the Vertebrate Skeleton*. London: Voorst.

Owen, Rev. R. 1894. *The Life of Richard Owen*. London: Murray.

Rupke, N. A. 1994. *Richard Owen: Victorian Naturalist*. New Haven: Yale University Press.

Todhunter, I. 1876. *William Whewell, DD. Master of Trinity College Cambridge: An Account of His Writings with Selections from His Literary and Scientific Correspondence*. London: Macmillan.

Topham, J. R. 1999. Science, natural theology, and evangelicalism in early nineteenth-century Scotland: Thomas Chalmers and the *Evidence* controversy. In *Evangelicals and Science in Historical Perspective*, eds. D. N. Livingstone, D. G. Hart, and M. A. Noll. Oxford: Oxford University Press.

Whewell, W. 1833. *Astronomy and General Physics*. Bridgewater Treatise, 3. London.

———. 1837. *The History of the Inductive Sciences*. London: Parker.

———. 1840. *The Philosophy of the Inductive Sciences*. London: Parker.

———. 1845. *Indications of the Creator*. London: Parker.

———. [1853] 2001. *Of the Plurality of Worlds. A Facsimile of the First Edition of 1853: Plus Previously Unpublished Material Excised by the Author Just before the Book Went to Press; and Whewell's Dialogue Rebutting His Critics, Reprinted from the Second Edition.* Ed. M. Ruse. Chicago: University of Chicago Press.

第五章　查尔斯·达尔文

Barrett, P. H., P. J. Gautrey, S. Herbert, D. Kohn, and S. Smith, eds. 1987. *Charles Darwin's Notebooks, 1836–1844.* Ithaca: Cornell University Press.

Browne, J. 1995. *Charles Darwin: Voyaging.* New York: Knopf.

———. 2002. *Charles Darwin: The Power of Place.* New York: Knopf.

Darwin, C. 1842. *The Structure and Distribution of Coral Reefs.* London: Smith Elder.

———. 1859. *On the Origin of Species.* London: John Murray.

———. 1871. *The Descent of Man.* London: John Murray.

Darwin, F., ed. 1887. *The Life and Letters of Charles Darwin, including an Autobiographical Chapter.* London: John Murray.

Darwin, F., and A. C. Seward, eds. 1903. *More Letters of Charles Darwin.* London: John Murray

Ghiselin, M. T. 1984. Introduction to C. Darwin, *The Various Contrivances by Which Orchids Are Fertilized by Insects.* Chicago: University of Chicago Press.

Huxley, T. H. 1863. *Evidence as to Man's Place in Nature.* London: Williams and Norgate.

———. [1864] 1893. Criticisms on "The Origin of Species". *Darwiniana.* London: Macmillan.

Kottler, M. J. 1974. Alfred Russel Wallace, the origin of man, and spiritualism. *Isis* 65: 145–192.

Lennox, J. G. 1993. Darwin was a teleologist. *Biology and Philosophy* 8: 409–421.

Lyell, C. 1830–1833. *Principles of Geology: Being an Attempt to Explain the Former *Changes in the Earth's Surface by Reference to Causes Now in Operation*. London: John Murray.

Malthus, T. R. 1826. *An Essay on the Principle of Population*, 6th ed. London: John Murray.

Ruse, M. 1979. The *Darwinian Revolution: Science Red in Tooth and Claw*. Chicago: University of Chicago Press.

———. 1980. Charles Darwin and group selection. *Annals of Science* 37: 615–630.

第六章 一项伟业

Barrett, P. H., P. J. Gautrey, S. Herbert, D. Kohn, and S. Smith, eds. 1987. *Charles Darwin's Notebooks, 1836–1844*. Ithaca: Cornell University Press.

Darwin, C. 1854a. *A Monograph of the Fossil Balanidae and Verrucidae of Great Britain*. London: Palaeontographical Society.

———. 1854b. *A Monograph of the Sub-Class Cirripedia, with Figures of All the Species. The Balanidge (or Sessile Cirripedes); the Verrucidae, and C*. London: Ray Society.

———. 1859. *On the Origin of Species*. London: John Murray.

———. 1862. *On the Various Contrivances by Which British and Foreign Orchids Are Fertilized by Insects, and on the Good Effects of Intercrossing*. London: John Murray.

———. 1868. *The Variation of Animals and Plants under Domestication*. London: John Murray.

———. 1871. *The Descent of Man*. London: John Murray.

———. 1872. *The Expression of the Emotions in Man and Animals*. London: John Murray.

———. 1958. *The Autobiography of Charles Darwin, 1809–1882*. Ed. N. Barlow. London: Collins.

———. 1959. *The Origin of Species by Charles Darwin: A Variorum Text*. Ed. M. Peckham. Philadelphia: University of Pennsylvania Press.

———. 1985–. *The Correspondence of Charles Darwin*. Cambridge: Cambridge

University Press.

Darwin, C., and A. R. Wallace. 1958. *Evolution by Natural Selection.* Foreword by G. de Beer. Cambridge: Cambridge University Press.

Darwin, F., and A. C. Seward, eds. 1903. *More Letters of Charles Darwin.* London: John Murray.

Di Gregorio, M., and N. W. Gill, eds. 1990. *Charles Darwin's Marginalia,* 1. New York: Garland.

Henslow, J. S. 1836. *Descriptive and Physiological Botany.* London: Longman, Rees, Orme, Brown, Green, and Longman.

Owen, R. 1992. *The Hunterian Lectures in Comparative Anatomy, May and June 1837,* ed. P. R. Sloan. Chicago: Chicago University Press.

第七章 达尔文主义者的内讧

Bannister, R. 1979. *Social Darwinism: Science and Myth in Anglo-American Social Thought.* Philadelphia: Temple University Press.

Bateson, B. 1928. *William Bateson, F.R.S., Naturalist: His Essays and Addresses Together with a Short Account of His Life.* Cambridge: Cambridge University Press.

Darwin, C. 1868. *The Variation of Animals and Plants under Domestication.* London: John Murray.

———. 1985–. *The Correspondence of Charles Darwin.* Cambridge: Cambridge University Press.

Desmond, A. 1994. *Huxley, the Devil's Disciple.* London: Michael Joseph.

———. 1997. *Huxley, Evolution's High Priest.* London: Michael Joseph.

Dupree, A. H. 1959. *Asa Gray, 1810–1888.* Cambridge: Harvard University Press.

Gray, A. 1876. *Darwiniana.* New York: D. Appleton.

———. 1879. *Structural Botany.* New York: Ivison, Blakeman, Taylor.

Huxley, L., ed. 1900. *The Life and Letters of Thomas Henry Huxley.* London: Macmillan.

Huxley, T. H. 1854. Vestiges, etc. *British and Foreign Medico-Chirurgical Review*

13: 425–439.

———. 1873. *Critiques and Addresses*. New York: Appleton.

———. 1879. *Hume*. London: Macmillan.

———. [1859] 1893. The Darwinian hypothesis. Times, December 26. *Darwiniana*. London: Macmillan.

———. [1864] 1893. Criticisms on "The Origin of Species." *Darwiniana*. London: Macmillan.

———. 1903. *The Scientific Memoirs of Thomas Henry Huxley*. Eds. M. Foster and E. R. Lankester. London: Macmillan.

Nyhart, L. K. 1995. *Biology Takes Form: Animal Morphology and the German Universities*. Chicago: University of Chicago Press.

Wright, C. 1871. *Darwinism: Being an Examination of Mr. St. George Mivart's "Genesis of Species."* London: John Murray.

第八章　演化论的世纪

Bates, H. W. (1862). Contributions to an insect fauna of the Amazon Valley Lepidoptera: Heliconidae, *Transactions of the Linnaean Society of London*, 23, 495–515.

———. [1863] 1892. *The Naturalist on the River Amazon*. London: John Murray.

Bateson, W. 1894. *Materials for the Study of Variation, Treated with Especial Regard to Discontinuity in the Origin of Species*. London: Macmillan.

Bennett, J. H., ed. 1983. *Natural Selection, Heredity, and Eugenics. Including Selected Correspondence of R. A. Fisher with Leonard Darwin and Others*. Oxford: Oxford University Press.

Box, J. F. 1978. *R. A. Fisher: The Life of a Scientist*. New York: Wiley.

Cain, A. J., and P. M. Sheppard. 1954. Natural selection in Cepaea. *Genetics* 39: 89–116.

Castle, W. E., and J. C. Phillips. 1914. *Piebald Rats and Selection: An Experimental Test of the Effectiveness of Selection and of the Theory of Gamete Purity in Mendelian Crosses*. Washington, DC: Carnegie Institution of Washington.

Dobzhansky, T. 1937. *Genetics and the Origin of Species*. New York: Columbia University Press.

Fisher, R. A. 1930. *The Genetical Theory of Natural Selection*. Oxford: Oxford University Press.

———. 1947. The renaissance of Darwinism. *Listener* 37: 1001.

Ford, E. B. 1964. *Ecological Genetics*. London: Methuen.

Goodrich, E. S. 1912. *The Evolution of Living Organisms*. London: T. C. and E. C. Jack.

Lewontin, R. C., J. A. Moore, W. B. Provine, and B. Wallace, eds. 1981. *Dobzhansky's Genetics of Natural Populations*. New York: Columbia University Press.

Mayr, E. 1942. *Systematics and the Origin of Species*. New York: Columbia University Press.

Provine, W. B. 1971. *The Origins of Theoretical Population Genetics*. Chicago: University of Chicago Press.

———. 1986. *Sewall Wright and Evolutionary Biology*. Chicago: University of Chicago Press.

Punnett, R. C. 1915. *Mimicry in Butterflies*. Cambridge: Cambridge University Press.

Sheppard, P. M. 1958. *Natural Selection and Heredity*. London: Hutchinson.

Simpson, G. G. 1944. *Tempo and Mode in Evolution*. New York: Columbia University Press.

Stebbins, G. L. 1950. *Variation and Evolution in Plants*. New York: Columbia University Press.

Vorzimmer, P. J. 1970. *Charles Darwin: The Years of Controversy*. Philadelphia: Temple University Press.

Wallace, A. R. 1866. On the phenomena of variation and geographical distribution as illustrated by the Papilionidae of the Malayan region. *Transactions of the Linnaean Society London* 25: 1–27.

Wright, S. [1931] 1986. Evolution in Mendelian populations. In *Evolution: Selected Papers*, ed. W. B. Provine. Chicago: Chicago University Press.

———. [1932] 1986. The roles of mutation, inbreeding, crossbreeding, and selection in evolution. In *Evolution: Selected Papers*, ed. W. B. Provine. Chicago: Chicago University Press.

第九章 适应进行时

Cave-Browne, J. 1857. *Indian Infanticide: Its Origin, Progress, and Suppression*. London: W. H. Allen.

Chambers, G. K. 1988. The *Drosophila* alcohol dehydrogenase gene-enzyme system. In *Advances in Genetics*, 25, eds. E. W. Caspari and J. G. Scandalois. New York: Academic Press.

Charlesworth, B. 1994. *Evolution in Age Structured Populations*. Cambridge: Cambridge University Press.

Davies, N. B. 1992. *Dunnock Behaviour and Social Evolution*. Oxford: Oxford University Press.

Dawkins, R. 1976. *The Selfish Gen*e. Oxford: Oxford University Press.

De Buffrénil, V., J. O. Farlow, and A. de Ricqulès. 1986. Growth and function of Stegosaurus plates: evidence from bone histology. *Paleobiology* 12: 459–473.

Dickemann, M. 1979. Female infanticide and the reproductive strategies of stratified human societies. In *Evolutionary Societies and Human Social Behavior*, eds. N. A. Chagnon and W. Irons. North Scituate: Duxbury.

Farlow, J. O., C. V. Thompson, and D. E. Rosner. 1976. Plates of the dinosaur Stegosaurus: forced convection heat loss fins? *Science* 192: 1123–1125.

Fastovsky, D. E., and D. B. Weishampel. 1996. *The Evolution and Extinction of the Dinosaurs*. Cambridge: Cambridge University Press.

Freriksen, A., B. L. A. De Ruiter, H.-J. Groenenberg, W. Scharloo, and P. W. H. Henstra. 1994. A multilevel approach to the significance of genetic variation in alcohol dehydrogenase of Drosophila. *Evolution* 48: 781–790.

Gibson, H. L., T. W. May, and A. V. Wilks. 1981. Genetic variation at the alcohol dehydrogenase locus in *Drosophila melanogaster* in relation to environmental variation: ethanol levels in breeding sites and allozyme frequencies. *Oecolo-

gia 51: 191–198.

Gosling, L. M. 1986. Selective abortion of entire litters in the coypu: adaptive control of offspring production in relation to quality and sex. *American Naturalist* 127: 772–795.

Hamilton, W. D. 1964a. The genetical evolution of social behaviour, 1. *Journal of Theoretical Biology* 7: 1–16.

———. 1964b. The genetical evolution of social behaviour, 2. *Journal of Theoretical Biology* 7: 17–32.

———. 1975. Innate social aptitudes of man: an approach from evolutionary genetics. In *ASA Studies*, 4: *Biosocial Anthropology*, ed. R. Fox. London: Malaby.

Hrdy, S. B. 1999. *Mother Nature: A History of Mothers, Infants, and Natural Selection*. New York: Pantheon Books.

Lewontin, R. C. 1974. *The Genetic Basis of Evolutionary Change*. New York: Columbia University Press.

Maynard Smith, J. 1982. *Evolution and the Theory of Games*. Cambridge: Cambridge University Press.

McDonald, J. H., G. K. Chambers, J. David, and F. J. Ayala. 1977. Adaptive response due to changes in gene regulation: a study with *Drosophila*. *Proceedings of the National Academy of Sciences USA* 74: 4562–4566.

McDonald, J. H., and M. Kreitman. 1991. Adaptive protein evolution at the Adh locus in *Drosophila*. *Nature* 351: 652–654.

Mercot, H., D. Defaye, P. Capy, E. Pla, and J. R. David. 1994. Alcohol tolerance, ADH activity, and ecological niche of *Drosophila* species. *Evolution* 48: 756–757.

Nesse, R., and G. C. Williams. 1995. *Evolution and Healing: The New Science of Darwinian Medicine*. London: Weidenfeld and Nicolson.

Oakeshott, J. G., T. W. May, J. B. Gibson, and D. A. Willcocks. 1982. Resource partitioning in five domestic *Drosophila* species and its relationship to ethanol metabolism. *Australian Journal of Zoology* 30: 547–556.

Reznick, D. N., and J. A. Endler. 1982. The impact of predation on life history evolution in Trinidadian guppies (*Poecilia reticulata*). *Evolution* 36: 160–177.

Reznick, D. N., and J. Travis. 1996. The empirical study of adaptation in natural populations. In *Adaptation*, eds. M. R. Rose and G. V. Lauder. San Diego: Academic Press.

Trivers, R. L., and D. E. Willard. 1973. Natural selection of parental ability to vary the sex ratio of offspring. *Science* 179: 90–92.

Williams, G. C. 1966. *Adaptation and Natural Selection*. Princeton: Princeton University Press.

Wilson, E. O. 1978. *On Human Nature*. Cambridge: Cambridge University Press.

Wynne-Edwards, V. C. 1962. *Animal Dispersion in Relation to Social Behaviour*. Edinburgh: Oliver and Boyd.

第十章 理论与检验

Akashi, H. 1994. Synonymous codon usage in *Drosophila melanogaster*: natural selection and translational accuracy. *Genetics* 144: 927–935.

Bakker, R. T. 1983. The deer flees, the wolf pursues: incongruencies in predatorprey coevolution. In *Coevolution*, ed. D. J. Futuyma and M. Slatkin. Sunderland: Sinauer.

Barrett, P. H., P. J. Gautrey, S. Herbert, D. Kohn, and S. Smith, eds. 1987. *Charles Darwin's Notebooks, 1836–1844*. Ithaca: Cornell University Press.

Bennett, J. H., ed. 1983. *Natural Selection, Heredity, and Eugenics. Including Selected Correspondence of R. A. Fisher with Leonard Darwin and Others*. Oxford: Oxford University Press.

Berry, R. J. 1986. Genetics of insular populations of mammals, with particular reference to differentiation and founder effects in British small mammals. *Biological Journal of the Linnaean Society* 28: 205–230.

Brandon, R. N., and M. D. Rauscher. 1996. Testing adaptationism: a comment on Orzack and Sober. *American Naturalist* 148: 189–201.

Buri, P. 1956. Gene frequencies in small populations of mutant *Drosophila*. *Evolution* 10: 367–402.

Coyne, J. A., N. H. Barton, and M. Turelli. 1997. Perspective: a critique of Sewall Wright's shifting balance theory of evolution. *Evolution* 51: 643–671.

Darwin, C. 1871. *The Descent of Man*. London: John Murray.

———. 1959. *The Origin of Species by Charles Darwin: A Variorum Text*. Ed. M. Peckham. Philadelphia: University of Pennsylvania Press.

Davies, N. B. 1992. *Dunnock Behaviour and Social Evolution*. Oxford: Oxford University Press.

Dawkins, R. 1982. *The Extended Phenotype: The Gene as the Unit of Selection*. Oxford: Freeman.

———. 1986. *The Blind Watchmaker*. New York: Norton.

Freeman, S., and J. C. Herron. 1998. *Evolutionary Analysis*. Englewood Cliffs: Prentice-Hall.

Gould, S. J. 1974. The evolutionary significance of "bizarre" structures: antler size and skull size in the "Irish Elk," *Megalocerus giganteus*. *Evolution* 28: 191–220.

———. 1988. On replacing the idea of progress with an operational notion of directionality. In *Evolutionary Progress*, ed. M. H. Nitecki. Chicago: University of Chicago Press.

———. 1989. *Wonderful Life: The Burgess Shale and the Nature of History*. New York: Norton.

———. 1996. *Full House: The Spread of Excellence from Plato to Darwin*. New York: Paragon.

———. 2002. *The Structure of Evolutionary Theory*. Cambridge: Harvard University Press.

Gould, S. J., and E. A. Lloyd. 1999. Individuality and adaptation across levels of selection: how shall we name and generalize the unit of Darwinism? *Proceedings of the National Academy of Sciences USA* 96: 11904–11909.

Gould, S. J., D. M. Raup, J. J. Sepkoski Jr., T. J. M. Schopf, and D. M. Simberloff. 1977. The shape of evolution: a comparison of real and random clades. *Paleobiology* 3: 23–40.

Hamilton, W. D. 1967. Extraordinary sex ratios. *Science* 156: 477–488.

Hamilton, W. D., R. Axelrod, and R. Tanese. 1990. Sexual reproduction as an adaptation to resist parasites. *Proceedings of the National Academy of Sciences USA* 87: 3566–3573.

Harcourt, A. H., P. H. Harvey, S. G. Larson, and R. V. Short. 1981. Testis weight, body weight and breeding system in primates. *Nature* 293: 55–57.

Harvey, P., and R. May. 1989. Out for the sperm count. *Nature* 337: 508–509.

Harvey, P., and M. D. Pagel. 1991. *The Comparative Method in Evolutionary Biology*. Oxford: Oxford University Press.

Herre, E. A., C. A. Machado, and S. A. West. 2001. Selective regime and fig wasp sex ratios: toward sorting rigor from pseudo-rigor in tests of adaptation. In *Adaptation and Optimality*, eds. S. H. Orzack, and E. Sober. Cambridge: Cambridge University Press.

Herre, E. A., S. A. West, J. M. Cook, S. G. Compton, and F. Kjellberg. 1997. Fig wasp mating systems: pollinators and parasites, sex ratio adjustment and male polymorphism, population structure and its consequences. In *Social Competition and Cooperation in Insects and Arachnids*, 1: *The Evolution of Mating Systems*, eds. J. Choe and B. Crespi. Cambridge: Cambridge University Press.

Hölldobler, B., and E. O. Wilson. 1990. *The Ants*. Cambridge: Harvard University Press.

Hull, D. L. 1980. Individuality and selection. *Annual Review of Ecology and Systematics* 11: 311–332.

Huxley, J. S. 1942. *Evolution: The Modern Synthesis*. London: Allen and Unwin.

Kimura, M. 1983. *Neutral Theory of Molecular Evolution*. Cambridge: Cambridge University Press.

Lewontin, R. C. 1978. Adaptation. *Scientific American* 239: 176–193.

Lloyd, E. A., and S. J. Gould. 1993. Species selection on variability. *Proceedings of the National Academy of Sciences* 90: 595–599.

Maynard Smith, J. 1978a. *The Evolution of Sex*. Cambridge: Cambridge University Press.

———. 1978b. Optimization theory in evolution. *Annual Review of Ecology and Systematics* 9: 31–56.

Mayr, E. 1954. Change of genetic environment and evolution. In *Evolution as a Process*, eds. J. S. Huxley, A. C. Hardy, and E. B. Ford. London: Allen and Unwin.

McShea, D. W. 1991. Complexity and evolution: what everybody knows. *Biology and Philosophy* 6: 303–325.

Orzack, S. H., and E. Sober. 1994a. How (not) to test an optimality model. *Trends in Ecology and Evolution* 9: 265–267.

———. 1994b. Optimality models and the test of adaptationism. *American Naturalist* 143: 361–380.

Oster, G., and E. O. Wilson. 1978. *Caste and Ecology in the Social Insects*. Princeton: Princeton University Press.

Raup, D. M. 1986. *The Nemesis Affair: A Story of the Death of Dinosaurs and the Ways of Biology.* New York: Norton.

———. 1988. Testing the fossil record for evolutionary progress. In *Evolutionary Progress*, ed. M. H. Nitecki. Chicago: University of Chicago Press.

Raup, D. M., and S. M. Stanley. 1978. *Principles of Paleontology*, 2nd ed. San Francisco: Freeman.

Reeve, H. K., and L. Keller. 1999. Levels of selection: burying the units-of-selection debate and unearthing the crucial new issues. In *Levels of Selection in Evolution*, ed. L. Keller. Princeton: Princeton University Press.

Ruse, M. 1993. Evolution and progress. *Trends in Ecology and Evolution* 8: 55–59.

Sepkoski J. J., Jr. 1978. A kinetic model of Phanerozoic taxonomic diversity, I: Analysis of marine orders. *Paleobiology* 4: 223–251.

Sober, E. 1984. *The Nature of Selection*. Cambridge: MIT Press.

Tishkoff, S. A., E. Dietzsch, W. Speed, et al. 1996. Global patterns of linkage disequilibrium at the CD4 locus and modern human origins. *Science* 271: 1380–1387.

Vermeij, G. J. 1987. *Evolution and Escalation.* Princeton: Princeton University

Press.

Williams, G. C. 1992. *Natural Selection: Domains, Levels and Challenges*. Oxford: Oxford University Press.

Wilson, E. O. 1992. *The Diversity of Life*. Cambridge: Harvard University Press.

Wynne-Edwards, V. C. 1962. *Animal Dispersion in Relation to Social Behaviour*. Edinburgh: Oliver and Boyd.

第十一章 形式论的回归

Alberch, P. 1982. Developmental constraints in evolutionary processes. In *Evolution and Development*, ed. J. T. Bonner. New York: Springer-Verlag.

Amundson, R. 1994. Two concepts of constraint: adaptationism and the challenge from developmental biology. *Philosophy of Science* 61: 556–578.

Ayala, F. J. 1987. The biological roots of morality. *Biology and Philosophy* 2: 235–252.

Balter, M. 2002. What made humans modern? *Science* 295: 1219–1225.

Carroll, S. B., J. K. Grenier, and S. D. Weatherbee. 2001. *From DNA to Diversity: Molecular Genetics and the Evolution of Animal Design*. Oxford: Blackwell.

Cavalli-Sforza, L. L., and W. F. Bodmer. 1971. *The Genetics of Human Populations*. San Francisco: Freeman.

Charlesworth, B., R. Lande, and M. Slatkin. 1982. A neo-Darwinian commentary on macroevolution. *Evolution* 36: 474–498.

Coates, M. I., and J. A. Clack. 1990. Polydactyly in the earliest tetrapod limbs. *Nature* 347: 66–69.

Dawkins, R. 1986. *The Blind Watchmaker*. New York: Norton.

Douady, S., and Y. Couder. 1992. Phyllotaxis as a physical self-organised growth process. *Physical Review Letters* 68: 2098–2101.

Eldredge, N., and S. J. Gould. 1972. Punctuated equilibria: an alternative to phyletic gradualism. In *Models in Paleobiology*, ed. T. J. M. Schopf. San Francisco: Freeman.

Futuyma, D. J. 1987. On the role of species in anagenesis. *American Naturalist* 130:

465–473.

Ghiselin, M. T. 1980. The failure of morphology to assimilate Darwinism. In *The Evolutionary Synthesis: Perspectives on the Unification of Biology*, eds. E. Mayr and W. Provine. Cambridge: Harvard University Press.

Gilbert, S. F., J. M. Opitz, and R. A. Raff. 1996. Resynthesizing evolutionary and developmental biology. *Developmental Biology* 173: 357–372.

Goodwin, B. 2001. *How the Leopard Changed Its Spots*, 2nd ed. Princeton: Princeton University Press.

Gould, S. J. 1971. D'Arcy Thompson and the science of form. *New Literary History* 2: 229–258.

Gould, S. J., and R. C. Lewontin. 1979. The spandrels of San Marco and the Panglossian paradigm: a critique of the adaptationist program. *Proceedings of the Royal Society of London*, Series B: *Biological Sciences* 205: 581–598.

Gray, A. 1881. *Structural Botany*, 6th ed. London: Macmillan.

Kauffman, S. A. 1995. *At Home in the Universe: The Search for the Laws of Self-Organization and Complexity*. New York: Oxford University Press.

Lewontin, R. C. 1991. *Biology as Ideology: The Doctrine of DNA*. Toronto: Anansi.

Maynard Smith, J. 1981. Did Darwin get it right? *London Review of Books* 3, no. 11: 10–11.

Maynard Smith, J. R. Burian, S. Kauffman, P. Alberch, J. Campbell, B. Goodwin, R. Lande, D. Raup, and L. Wolpert. 1985. Developmental constraints and evolution. *Quarterly Review of Biology* 60: 265–287.

Mitchison, G. J. 1977. Phyllotaxis and the Fibonacci series. *Science* 196: 270–275.

Niklas, K. J. 1988. The role of phyllotactic pattern as a "developmental constraint" on the interception of light by leaf surfaces. *Evolution* 42: 1–16.

Raff, R. 1996. *The Shape of Life: Genes, Development, and the Evolution of Animal Form*. Chicago: University of Chicago Press.

Reeve, H. K., and P. W. Sherman. 1993. Adaptation and the goals of evolutionary research. *Quarterly Review of Biology* 68: 1–32.

Ruse, M. 1998. *Taking Darwin Seriously: A Naturalistic Approach to Philosophy*,

2nd ed. Buffalo: Prometheus.

Ruse, M., and E. O. Wilson. 1986. Moral philosophy as applied science. *Philosophy* 61: 173–192.

Russell, E. S. 1916. *Form and Function: A Contribution to the History of Animal Morphology*. London: John Murray

Thompson, D. W. 1948. *On Growth and Form*, 2nd ed. Cambridge: Cambridge University Press.

Vogel, S. 1988. *Life's Devices: The Physical World of Animals and Plants*. Princeton: Princeton University Press.

Wagner, G. P. 1988. The influence of variation and of developmental constraints on the rate of multivariate phenotypic evolution. *Journal of Evolutionary Biology* 1: 45–66.

Williams, G. C. 1992. *Natural Selection: Domains, Levels and Challenges*. Oxford: Oxford University Press.

Wright, C. 1871. *Darwinism: Being an Examination of Mr. St. George Mivart's "Genesis of Species."* London: John Murray.

第十二章 从功能到设计

Amundson, R., and G. V. Lauder. 1994. Function without purpose: the uses of causal role function in evolutionary biology. *Biology and Philosophy* 9: 443–469.

Bergson, H. 1911. *Creative Evolution*. New York: Holt.

Black, M. 1962. *Models and Metaphors*. Ithaca: Cornell University Press.

Clarkson, E. N. K., and R. Levi-Setti. 1975. Trilobite eyes and the optics of Descartes and Huygens. *Nature* 254: 663–667.

Cooper, J. M., ed. 1997. *Plato: Complete Works*. Indianapolis: Hackett.

Cummins, R. 1975. Functional analysis. *Journal of Philosophy* 72: 741–764.

Huxley, J. S. 1912. *The Individual in the Animal Kingdom*. Cambridge: Cambridge University Press.

Kant, I. [1790] 1928. *The Critique of Teleological Judgement*. Trans. J. C. Meredith. Oxford: Oxford University Press.

Levi-Setti, R. 1993. *Trilobites*. Chicago: University of Chicago Press.

Mayr, E. 1988. *Toward a New Philosophy of Biology: Observations of an Evolutionist*. Cambridge: Harvard University Press.

Nagel, E. 1961. *The Structure of Science: Problems in the Logic of Scientific Explanation*. New York: Harcourt, Brace and World.

Rudwick, M. J. S. 1964. The inference of function from structure in fossils. *British Journal for the Philosophy of Science* 15: 27–40.

Simpson, G. G. 1949. *The Meaning of Evolution*. New Haven: Yale University Press.

Sommerhoff, G. 1950. *Analytical Biology*. Oxford: Oxford University Press.

Waddington, C. H. 1957. *The Strategy of the Genes*. London: Allen and Unwin.

Williams, G. C. 1966. *Adaptation and Natural Selection*. Princeton: Princeton University Press.

Wright, L. 1973. Functions. *Philosophical Review* 82: 139–168.

第十三章 设计隐喻

Allen, C., and M. Bekoff. 1995. Biological function, adaptation, and natural design. *Philosophy of Science* 62: 609–622.

Beckner, M. 1969. Function and teleology. *Journal of the History of Biology* 2: 151–164.

Darwin, C. 1862. *On the Various Contrivances by Which British and Foreign Orchids Are Fertilized by Insects, and on the Good Effects of Intercrossing*. London: John Murray.

———. 1868. *The Variation of Animals and Plants under Domestication*. London: John Murray.

Dawkins, R. 1983. Universal Darwinism. In *Molecules to Men*, ed. D. S. Bendall. Cambridge: University of Cambridge Press.

De Waal, F. 1982. *Chimpanzee Politics: Power and Sex among Apes*. London: Cape.

Fodor, J. 1996. Peacocking. *London Review of Books*, April, 19–20.

Ghiselin, M. T. 1983. Lloyd Morgan's canon in evolutionary context. *Behavioral and Brain Sciences* 6: 362–363.

Godfrey-Smith, P. 1999. Adaptationism and the power of selection. *Biology and Philosophy* 14: 181–194.

———. 2001. Three kinds of adaptationism. In *Adaptationism and Optimality*, eds. S. H. Orzack and E. Sober. Cambridge: Cambridge University Press.

Goodall, J. 1986. *The Chimpanzees of Gombe: Patterns of Behavior*. Cambridge: Harvard University Press.

Hesse, M. 1966. *Models and Analogies in Science*. Notre Dame: University of Notre Dame Press.

Huxley, L. 1900. *The Life and Letters of Thomas Henry Huxley*. London: Macmillan.

Kant, I. [1790] 1928. *The Critique of Teleological Judgement*. Trans. J. C. Meredith. Oxford: Oxford University Press.

Maynard Smith, J. 1969. *The status of neo-Darwinism*. In *Towards a Theoretical Biology*, ed. C. H. Waddington. Edinburgh: Edinburgh University Press.

Mayr, E. 1988. *Toward a New Philosophy of Biology: Observations of an Evolutionist*. Cambridge: Harvard University Press.

McLaughlin, P. 2001. *What Functions Explain: Functional Explanation and Self-Reproducing Systems*. Cambridge: University of Cambridge Press.

Nagel, E. 1961. *The Structure of Science, Problems in the Logic of Scientific Explanation*. New York: Harcourt, Brace and World.

Witmer, L. M. 2001. Nostril position in dinosaurs and other vertebrates and its significance for function. *Science* 293: 850–853.

第十四章 自然神学的演变

Argyll, Duke of. 1867. *The Reign of Law*. London: Alexander Strahan.

Barth, K. 1933. *The Epistle to the Romans*. Oxford: Oxford University Press.

Bryan, W. J. 1922. *In His Image*. New York: Fleming H. Revell.

Butler, J. [1736] 1824. *The Analogy of Religion, Natural and Revealed, to the Con-

stitution and Course of Nature. London: Longman, Hurst, Rees, Orme.

Ellegård, A. 1958. *Darwin and the General Reader.* Goteborg: Goteborgs Universitets Arsskrift.

Hodge, C. 1872. *Systematic Theology.* London: Nelson.

John Paul II. 1997. The Pope's message on evolution. *Quarterly Review of Biology* 72: 377–383.

———. 1998. *Fides et Ratio: Encyclical Letter of John Paul II to the Catholic Bishops of the World.* Vatican City: L'Osservatore Romano.

Larson, E. J. 1997. *Summer for the Gods: The Scopes Trial and America's Continuing Debate over Science and Religion.* New York: Basic Books.

Livingstone, D. N. 1987. *Darwin's Forgotten Defenders: The Encounter between Evangelical Theology and Evolutionary Thought.* Grand Rapids: Eerdmans.

McCosh, J. 1871. *Christianity and Positivism: A Series of Lectures to the Times on Natural Theology and Christian Apologetics.* London: Macmillan.

———. 1887. *Realistic Philosophy Defended in a Philosophic Series.* New York.

McMullin, E. 1985. Introduction: evolution and creation. In *Evolution and Creation*, ed. E. McMullin. Notre Dame: University of Notre Dame Press.

Mivart, St. G. 1871. *On the Genesis of Species.* London: Macmillan.

———. 1876. *Contemporary Evolution.* London: Henry S. King.

Newman, J. H. [1845] 1989. *An Essay on the Development of Christian Doctrine.* Notre Dame: University of Notre Dame Press.

———. 1971. *The Letters and Diaries of John Henry Newman*, 21. Eds. C. S. Dessain and T. Gornall. Oxford: Clarendon Press.

———. 1973. *The Letters and Diaries of John Henry Newman*, 25. Eds. C. S. Dessain and T. Gornall. Oxford: Clarendon Press.

Numbers, R. L. 1998. *Darwinism Comes to America.* Cambridge: Harvard University Press.

Numbers, R. L., and J. Stenhouse, eds. 1999. *Disseminating Darwinism: The Role of Place, Race, Religion, and Gender.* Cambridge: Cambridge University Press.

Pannenberg, W. 1993. *Towards a Theology of Nature.* Louisville: Westminster/John Knox Press.

Plantinga, A. 1983. *Reason and belief in God.* In *Faith and Rationality: Reason and Belief in God*, eds. A. Plantinga and N. Wolterstorff. Notre Dame: University of Notre Dame Press.

Powell, B. 1860. *On the study of the evidences of Christianity.* In *Essays and Reviews.* London: Longman, Green, Longman, and Roberts.

Raven, C. E. 1943. *Science, Religion, and the Future.* Cambridge: Cambridge University Press.

———. 1953. *Natural Religion and Christian Theology: Experience and Interpretation.* Cambridge: Cambridge University Press.

Rolston H., III. 1987. *Science and Religion.* New York: Random House.

Ruse, M. 2000. *The Evolution Wars: A Guide to the Controversies.* Santa Barbara, California: ABC-CLIO.

Sedgwick, A. [1860] 1988. Objections to Mr Darwin's theory of the origin of species. In *But Is It Science? The Philosophical Question in the Creation/Evolution Controversy*, ed. M. Ruse. Buffalo: Prometheus.

Teilhard de Chardin, P. 1959. *The Phenomenon of Man.* London: Collins.

Temple, F. 1884. *The Relations between Religion and Science.* London: Macmillan.

Tennant, F. R. 1930. *Philosophical Theology*, 2: *The World, the Soul, and God.* Cambridge: Cambridge University Press.

第十五章 溯时而回

Behe, M. 1996. *Darwin's Black Box: The Biochemical Challenge to Evolution.* New York: Free Press.

Darwin, C. 1859. *On the Origin of Species.* London: John Murray.

Dawkins, R. 1983. Universal Darwinism. In *Molecules to Men*, ed. D. S. Bendall. Cambridge: University of Cambridge Press.

———. 1986. *The Blind Watchmaker.* New York: Norton.

———. 1995. *A River Out of Eden.* New York: Basic Books.

———. 1997. Obscurantism to the rescue. *Quarterly Review of Biology* 72: 397–399.

Dembski, W. A. 1998. *The Design Inference: Eliminating Chance through Small Probabilities.* Cambridge: Cambridge University Press.

———. 2000. The third mode of explanation: detecting evidence of intelligent design in the sciences. In *Science and Evidence for Design in the Universe*, eds. M. J. Behe, W. A. Dembski, and S. C. Meyer. San Francisco: Ignatius Press.

———. 2001. What every theologian should know about creation, evolution and design. In *Unapologetic Apologetics: Meeting the Challenges of Theological Studies*, eds. W. A. Dembski and W. J. Richards. Downers Grove, IL: InterVarsity Press.

———. 2002. *No Free Lunch: Why Specified Complexity Cannot Be Purchased without Intelligence.* Lanham, MD: Rowman & Littlefield.

Jacob, F. 1977. Evolution and tinkering. *Science* 196: 1161–1166.

Johnson, P. E. 1991. *Darwin on Trial.* Washington, D.C.: Regnery Gateway.

Meléndez-Hevia, E., T. G. Waddell, and M. Cascante. 1996. The puzzle of the Krebs citric acid cycle: assembling the pieces of chemically feasible reactions, and opportunism in the design of metabolic pathways during evolution. *Journal of Molecular Evolution* 43: 293–303.

Miller, K. 1999. *Finding Darwin's God.* New York: Harper and Row.

Morris, H. M., et al. 1974. *Scientific Creationism.* San Diego: Creation-Life Publishers.

Pannenberg, W. 1993. *Towards a Theology of Nature.* Louisville: Westminster/John Knox Press.

Raven, C. E. 1953. *Natural Religion and Christian Theology: Experience and Interpretation.* Cambridge: Cambridge University Press.

Ray, T. S. 1996. *An approach to the synthesis of life.* In *The Philosophy of Artificial Life*, ed. M. A. Boden. Oxford: Oxford University Press.

Reichenbach, B. R. 1982. *Evil and a Good God.* New York: Fordham University Press.

Ruse, M. 2001. *Can a Darwinian Be a Christian? The Relationship between Science and Religion.* Cambridge: Cambridge University Press.

致　谢

我一如既往地非常感激那些支持我工作的私人和公共基金会,感激我所属的机构和我休假时候去过的地方,感激那些允许我使用纸质或电子藏书的图书馆。最重要的是,我感激那些人——那些在我家乡大学的人,那些图书管理员、档案管理员,还有我的同行学者——他们都给予了我帮助和建议,其中一些人对我怀着极大的信任。我是约翰·马克斯·坦普尔顿基金会慷慨资助的受益人,该基金会的支持对于准备写作本书具有突出的价值。多年来,我一直有幸接受来自(加拿大)社会科学与人文研究理事会的资助,最近,还得到了佛罗里达州立大学威廉与露西尔·沃克迈斯特基金会的资助。在编写这份手稿时给予我帮助和建议的同事包括巴里·艾伦、迈克尔·卡瓦纳、拉斯·丹西、沃德·古德纳夫、菲利普·赫夫纳、厄南·麦克马林和爱德华·T. 奥克斯父子。我要感谢理查德·道金斯在达尔文对性别比例的思考问题上给予我的纠正。一如既往,我的好朋友大卫·L. 赫尔、罗伯特·J. 理查兹和爱德华·O. 威尔逊都关注着我接下来会对我们所有人都珍视的理论说些什么。克里斯托弗·派恩斯和杰里米·柯比作为我的研究助理付出了巨大的努力。哈佛大学出版社的迈克尔·费希尔是一位杰出的编辑。苏珊·沃莱斯·博默也是一位出色的(简直是我遇到过的最好的)文字编辑。

我的家人——丽兹、艾米丽、奥利弗和爱德华对我来说比任何东西都重要。

索 引

（索引页码为原书页码，即本书边码）

Abortion,流产 190,191—192
Adaptation, 适应性,119,159,163—165,180—182,255,325,330,335；鸟类(雀鸟),5—6；植物,6；普遍性,57,113；复杂性,64；直接性,67；脊椎动物,82；作为装置,111；作为有组织的复杂性,115；眼睛的适应性,117—118；鸟类(鹅),118—119；鸟类(啄木鸟),119,147；形态学与适应性,140—141；蝴蝶(拟态),154,155—157,284,285；适应性问题,161；蜗牛,161—162；颜色模式与适应性,162—163,169,218；演化与适应性,163；"适应地形"隐喻,164—165,227；自然选择与适应性,166—167,169,179,193,214； 果 蝇,174—177,280,334,335；孔雀鱼,177—180；捕食与适应性,177—180；自私的基因对适应性的态度,180；不育作为适应性,181；鸟类(林岩鹨),182—184,198,203,218,257,280,334,335；通过温度控制的适应性,187—188,235,256,268,277；鸟类(布谷鸟),197—198,334,335；失败(不适应性),198—199,202,231,241；基因漂变与适应性,199—202；植物,200；异速生长与适应性,202—203；完美与适应性,202—208,215；选择层面与适应性,208—214；新兴属性的适应性,212；物种层面的适应性,214；比较研究,214—216；最优模型,216—218,220,222；无花果和小蜂,219—222,280,334；性别比与适应性,219—222；过去的适应性,220；同源性(类型统一性)与适应性,229,230—231,231—232；防止适应性,231；形态/结构与适应性,240,242；目标导向的系统与适应性,259；功能与适应性,262；类似制品的质量,266,268,270；生物学与适应性,280,281；通过适应性暗示上帝,301；适应性的演化,328；通过自然选择的适应性,330；复杂

性与适应性,332—333
Adaptationism,适应主义,278—280,286
Adaptive emphases,对适应性的强调,214
ADP (adenosine diphosphate) ADP（腺苷二磷酸）,320
Agassiz, Louis,路易·阿加西,142—143,262
Agnosticism,不可知论,124,127,137—138
Alberch, Per,佩尔·阿尔贝奇,226
Allen, Colin,科林·艾伦,274
Allometric growth,异速生长,202—203,235
Altruism,利他主义,181
Amundson, Ron,罗恩·阿蒙森,262,284
Anatomy,解剖学,61—62,133
Anglican Church,英国国教会。参见 Religious thought: Anglicom,宗教思想:英国国教
Animals,动物:分类,62—63,118;同源性,65—67
Antimony,锑,49
Archaeopteryx,始祖鸟,132
Argument for a creative intelligence,创造性智能的论证,293
Argument from design (argument for the existence of God),源自设计的论证(上帝存在的论证),6,19,39,43,72—73,110,123,251;柏拉图的论证,12—17;自然神学与之相关,305—308
Argument into science,科学论证,25
Argument to complexity,复杂性论证,16,18,27,34,39,50,58,110,111,120,125,126,128,135,140,146,193,299,329,334,335;居维叶的理论,60—64;基于自然选择的论证,251 设计和设计者的论证,15—16,17,18,22,27,34,39,42,50,110,112,127—128,138,146,251,269,299,308,329;演化与之相关,135;性别比与之相关,190;作为向上进展,310—311;反对意见,334
Argument to order,秩序论证,16
Argument to organized complexity,有组织的复杂性论证,161,293
Argyll, Duke of,阿盖尔公爵,295
Aristotle,亚里士多德,3,12,13,18,23,37,53,57,61,126,241,283,334;关于目的因,17—19,33,50,58,82,269;科学思维,110
Asexual reproduction,无性繁殖,211,212
Association for the Advancement of Science (British),英国科学促进会,293
Atomism,原子论,11—12,17,33,53
ATP (adenosine triphosphate) ATP（腺苷三磷酸）,320—321
Augustine, Saint,圣奥古斯丁,20—21,22,53,297,311,329
Autobiography (Darwin),《自传》（达尔文）,92,110
Ayala, Francisco,弗朗西斯科·阿亚拉,238

Babbage, Charles,查尔斯·巴贝奇,78,88
Bacon, Francis,弗朗西斯·培根,24,297
Bacteria,细菌,316
Barth, Karl,卡尔·巴特,305—307
Bates, Henry Walter,亨利·沃尔特·贝茨,154—157,161,167
Bateson, William,威廉·贝特森,132,157—158
Beckner, Morton,莫顿·贝克纳,283,284
Bees,蜜蜂,102,181
Behavioral biology,行为生物学,203

Behe, Michael, 迈克尔·贝赫, 315, 316, 318, 319, 320—321, 322, 324, 333, 334
Bekoff, Marc, 马克·贝科夫, 274
Beloussov-Zhabotinsky reaction, 贝洛乌索夫-扎博金斯基反应, 242, 243
Bentley, Richard, 理查德·本特利, 38
Bergson, Henri, 亨利·伯格森, 252, 253, 254, 255, 269, 304
Biblical literalism, 《圣经》直译主义, 53, 64, 161, 295, 297, 303—304, 319
Biological contrivance, 生物装置, 37—40
Biology, 生物学, 49, 60, 61, 64, 140, 142, 256; 目的因思维与之相关, 59; 达尔文关于生物学, 102; 种群生物学, 159; 演化生物学, 173, 189, 238, 251, 262, 266, 268, 269, 273, 280, 288, 298, 311; 分子生物学, 174; 行为生物学, 203; 基于选择的生物学, 211; 最优模型在生物学中, 217; 发育生物学, 230; 文化与生物学, 237—238; 终向思维与生物学, 259—260; 能力分析与生物学, 261; 适应性与生物学, 281; 细胞生物学, 316; 复杂性与生物学, 325
Birth weight, 出生体重, 232
Blind Watchmaker, The (Dawkins), 《盲眼钟表匠》(道金斯), 7—8
Blind watchmaker metaphor, 盲眼钟表匠隐喻, 310, 328—330
Boyle, Robert/Boyle's Law, 罗伯特·波义耳/波义耳定律, 24, 38—39, 57, 257, 258
Brain, human, 人脑, 236—237
Brandon, Robert, 罗伯特·布兰登, 218
Brewster, Sir David, 大卫·布鲁斯特爵士, 86
Bridgewater Treatises, 布里奇沃特论文集, 72, 75, 78, 84, 86, 113, 300
Bryan, William Jennings, 威廉·詹宁斯·布赖恩, 303—304
Buckland, William, 威廉·巴克兰, 45, 75, 297
Butler, Joseph, 约瑟夫·巴特勒, 40, 298
Butterflies, 蝴蝶, 154, 155—157, 284, 285, 335

Cain, A. J., A. J. 凯恩, 161, 169, 177
Calvin, John/Calvinism, 约翰·加尔文/加尔文主义, 34, 137—138, 301, 306
Capacity, 能力, 260—264, 284
Carnap, Rudolf, 鲁道夫·卡尔纳普, 173
Castle, W. E., W. E. 卡斯尔, 160, 163
Catholic Emancipation Act, 天主教解放法案, 40
Catholicism, 天主教。参见 Religious thought: Catholicism, 宗教思想:天主教
Causation, reverse, 逆因果关系, 48
Cause, 因果, 258—264; 因与果, 4, 48, 260, 269; 无设计的因果, 44
Cells and cellular processes, 细胞及细胞过程, 242—243, 320—321, 334
Cellular biology, 细胞生物学, 316
Chalmers, Thomas, 托马斯·查默斯, 71, 72, 75, 83, 84
Chambers, Robert, 罗伯特·钱伯斯, 58, 80, 81, 86, 99, 137, 232, 294
Chance, 偶然性, 104, 266, 322, 323
Change, 变化, 266; 变化的意识形态, 80; 选择与变化, 232—233
Chemistry, 化学, 258, 259, 268
Chimpanzees, 黑猩猩, 277
Christianity, 基督教。参见 Religious thought:

Christianity,宗教思想:基督教

Church of England,英格兰教会,34,71,79,133,295;达尔文与之的关系,93

Cicero,西塞罗,19

City of God (Augustine),《上帝之城》(奥古斯丁),21

Climate fluctuations,气候波动,95

Comparative linguistics,比较语言学,120

Competition,竞争,206,325,330;精子竞争,215;配偶竞争,219

Complexity,复杂性,252,317;适应性复杂性,16,67,278,332—333,334;表面的有组织复杂性,16;有组织的复杂性,16,77,115,121,125,135,144,145,161,162,169,239,265,269,286,289,293,301,334;复杂性的科学解释,112—113;复杂性的原因,121—122;演化与复杂性,206—207,254;不可还原的复杂性,315,319,321;生物学复杂性,325;复杂性的生成,326;特定的复杂性,328。参见 Argument to Complexity,复杂性论证

Conditions of existence,存在条件,60—64

Consciousness,意识,254

Contact (movie),《接触》(电影),317

Contingency,偶然性,317,318—319

Contrivance,装置,37—40,60,111,112,121;装置的设计性质,67

Cope, Edward Drinker/Cope's Rule,爱德华·德林克·柯普/柯普定律,185,204,335

Copernicus, Nicholas,尼古拉斯·哥白尼,20,24,46,126,293,299

Cosmic argument,宇宙论证,75

Cosmology,宇宙学,48,53,85,86—87,126,293

Creation, miraculous,奇迹般的创造,53,54

Creationism,神创论,53

Creative Evolution (Bergson),《创造进化论》(伯格森),253

Crick, Francis,弗朗西斯·克里克,174

Cuckoos,布谷鸟,197—198,334,335

Culture/cultural effects,文化/文化效应,236,237—238

Cummins, Robert,罗伯特·卡明斯,260—262,263

Cuvier, Georges,乔治·居维叶,65—67,73,75,88,110,140,142,269,283,334;复杂性论证与之相关,60—64;经验论证,80;关于目的因的观点,82;灾变论,94;关于适应性的观点,112;关于同源性的观点,114;比较解剖学研究,119;目的论思想,126

Darwin, Annie,安妮·达尔文,127

Darwin, Charles,查尔斯·达尔文,6—7,45,46,75,80,88,123,262,334;关于加拉帕戈斯群岛,5,96—97;性选择理论,57,111—112,114,123;与格雷的关系,91,127,147—149;与赫胥黎的关系,91,135—138;早年,91—93,110—114;"小猎犬号"航行,93—96,104,111,113;放弃基督教,96;在其工作中的演化论,96—99;与惠威尔的关系,99,102,113;"猴子问题"与之相关,103—106;宗教信仰,109,124—125,126,127,329;复杂性论证与之相关,111,112,125,126,128;目的因思维,111,114,118,119,120,125,241;居维叶/若弗鲁瓦关于同源性的冲突,113—

114;演化理论的早期版本,114—119;关于同源性,115—116;关于上帝的存在,116;补雄研究,118—119;关于存在条件,120;关于兰花的书,121—122,154;关于复杂性,121—122,206;《物种起源》后的出版物,121—124;不可知论思想,124,127;设计与之相关,124—128,276;关于共同起源,131;脱离目的论思维,149,329;皮肤颜色研究,153;将演化应用于人类,189;男女比例研究,191;关注功能,234;自然选择理论,273;关于有组织的复杂性,286;演化生物学与之相关,288

Darwin, Emma (nee Wedgwood),艾玛·达尔文(原姓韦奇伍德),92

Darwin, Erasmus,伊拉斯谟斯·达尔文,54—58,91,93,95,101

Darwin, Major Leonard,伦纳德·达尔文少校,159

Darwin on Trial (Johnson),《审判达尔文》(约翰逊),315

Darwin's Black Box (Behe),《达尔文的黑匣子》(贝赫),315,321

Davies, Nicholas,尼古拉斯·戴维斯,182—184,198,203,208,334,335

Dawkins, Richard,理查德·道金斯,67,180,206,235,278,281,299,325—326,328—329,333;目的论哲学,7;痛苦与邪恶问题与之相关,329—330,331;关于宗教与科学的分离,331;关于有机世界,334;无神论,335

De Fermat, Pierre,皮埃尔·德·费马,37

Deism,自然神论,56,96,103,125,323

Dembski, William,威廉·邓勃斯基,316—318,319,322,324—325,328,333

Democritus,德谟克里特,25

Derham, William,威廉·德勒姆,40

Descartes, René,勒内·笛卡尔,25,37

Descent of Man, The (Darwin),《人类的由来》(达尔文),105,121,123,134,190,211

Design,设计,109,135,264—270,273;复杂的,8;功能与之相关,274;检测,318;选择与之相关,324;演化与之相关,328。参见源自设计的论证(上帝存在的论证);设计与设计者的论证

Design metaphor,设计隐喻,265—267,274—276;演化生物学与之相关,274;目标导向的系统与之相关,276—278;焦点,278—281;还原与之相关,281—289;价值组成部分,287

De Waal, Frans,弗兰斯·德瓦尔,277

Dialogues Concerning Natural Religion (Hume),《关于自然宗教的对话》(休谟),27,33

Dickemann, Mildred,米尔德里德·迪克曼,192

Dinosaurs,恐龙,184—185,205,235,285;剑龙,4,7,185—188,214,268,335

Disraeli, Benjamin,本杰明·迪斯雷利,293,294,295

Divine condescension concept,神圣的降临概念,83—84

DNA,200—201,209,228,230;双螺旋,174,255;指纹,183;分子,255;变化,322

Dobzhansky, Theodosius,费奥多西·杜布赞斯基,165—169,174,189,254,255,280,284

Driesch, Hans,汉斯·德里希,252

Dunnocks/hedge sparrows, 林岩鹨, 182—184, 198, 203, 218, 257, 280, 334, 335

Ecological genetics, 生态遗传学, 161—163
Ecological niches, 生态位, 206
Education, 教育, 296
Edwards, Wynne, 韦恩·爱德华兹, 210
Élan vital, 生命冲动, 253—255
Eldredge, Niles, 奈尔斯·埃尔德里奇, 232
Electronics, 电子学, 261
Elizabeth I, Queen of England, 伊丽莎白一世, 英格兰女王, 35—36
Embryology, 胚胎学, 102—103, 230
End-directed thought/behavior, 目的导向的思维/行为, 256, 259—260, 268
Engels, Friedrich, 弗里德里希·恩格斯, 293
Epicurus, 伊壁鸠鲁, 25
Episcopal Church, 圣公会, 34
Essay (Darwin),《随笔》(达尔文), 99, 114, 117
Essay on the Development of Christian Doctrine (Newman),《基督教教义发展论》(纽曼), 298
Essay on the Principle of Population, An (Malthus),《人口原理》(马尔萨斯), 98
Ethics, 伦理学, 124, 134, 238—239
Euclid, 欧几里得, 324
Evidences of Christianity (Paley),《基督教的证据》(佩利), 41, 94
Evil, 邪恶, 50, 329—330, 331, 332, 333
Evolution, 演化, 131, 153, 251; 生殖理论, 48; 作为进程, 54—60, 309—311; 有机的, 55, 59; 作为自然法则, 56; 装置与之相关, 60; 反对, 60—64, 79—82, 294—296, 299, 315; 带有修饰的后代理论, 97, 115; 生存斗争理论, 100, 101, 117; 通过自然选择, 100—101, 105, 112, 114, 121—122, 125, 153, 164, 180, 197, 221, 294, 309, 317, 323, 329; "猴子问题"与之相关, 103—106; 早期理论, 114—119; 同源性(类型统一)与之相关, 115, 119, 120; 变异与变化, 116, 167—168; 与宗教比较, 133—134; 伦理与之相关, 134; 跃变, 141, 145, 158, 302; 适应与之相关, 163, 328; 与选择不同, 163; 动态平衡理论, 164, 165, 166; 动态, 166; 综合理论, 168; 马, 168—169; 体型增大与之相关, 204; 群体层面, 205; 随机, 207—208; 功能与之相关, 225; 文化与之相关, 236, 237—238; 生物学上的, 238, 298; 复杂性与之相关, 254; 目标导向的系统与之相关, 257; 演化中的目的, 273, 286; 早期争论, 293; 接受, 294, 295—296, 299; 神学反对, 294—296, 299; 引导的, 295; 科学反对, 300; 世俗理论, 301; 目的论与之相关, 301; 天主教与之相关, 302; 新教与之相关, 302; 设计与之相关, 328; 宗教思想与之相关, 329

Evolution: The Modern Synthesis (J. Huxley),《演化:现代综合理论》(J. 赫胥黎), 254
"Evolution and Ethics" (Huxley),《演化与伦理》(赫胥黎), 104
Evolutionary biology, 演化生物学, 173, 251, 262, 266, 268, 269, 273, 280, 288, 311
Evolutionary psychology, 演化心理学, 236, 237
Expression of Emotions in Man and Animals,

The (Darwin),《人类和动物的表情》(达尔文),123
Extinction of species,生物灭绝,205
Eye,眼睛,300,334;适应与之相关,117—118;演化与之相关,254,255;晶状体/透镜,263,264,282,285,287,288

Family structures,家庭结构,189
Feedback concept,反馈概念,256—257
Fibonacci, Leonardo,斐波那契列,莱昂纳多·斐波那契,244,245,246,247
Fig-wasp,无花果小蜂,219—222,280,334
Final cause(s),目的因,17—19,58,64,65,109,135,138,161,256,268,269,289,300;上帝的存在与之相关,34,79,301;思维,38,49,50,59,112,118,119,120;作为经验的条件,77;在生理学中,80;同源性与之相关,81
Finches,雀鸟,5—6
Fisher, Ronald A.,罗纳德·A. 费希尔,159—161,163,164,167,190,209,210,211,323—324
Flagellum,鞭毛,316,322
Flying mechanisms,飞行机制,267
Ford, E. B. (Henry), E. B. 亨利·福特,161,162,169
Form,形式,225,248;功能与之相关,202,225,227,241,244;正方形与圆形,239—240
Fossil record,化石记录,54—55,131—132,204—205,232,233,267;从中推断,62;支持演化论的案例,64
Fruit fly (*Drosophila*),果蝇,174—177,214,280,334,335;染色体变异,166,167—168;利用酒精,174—177;遗传漂变,200;基因,230,233—234

Function,功能,135,231,248,287,321;自然选择与之相关,119;赫胥黎关于功能,138—142;格雷关于功能,144—147;形式与之相关,202,225,227,241,244;演化与之相关,225;类型与之相关,226;目的与之相关,252;适应性与之相关,262;生物学理解,262;设计与之相关,274;能力与之相关,284;实用性,329—330
Fundamentalism,原教旨主义,315
Fundamentals, The (pamphlet),《基要》(小册子),303
Futuyma, Douglas,道格拉斯·富图马,233

Galápagos archipelago,加拉帕戈斯群岛,96—97,102
Galen,盖仑,20,37
Galileo,伽利略,293
Game theory,博弈论,182,203,210,211
Geese,鹅,118—119
Gene(s),基因,325;基因库,164;同源异型基因,229;Hox 基因,229—230,233;表达,322
Genesis of Species (Mivart),《物种的起源》(米瓦特),302—303
Genetic code,遗传密码,201,255
Genetic drift,遗传漂变,164,166,168,177,199—202,281
Genetical Theory of Natural Selection (Fisher),《自然选择的遗传理论》(费希尔),159,190
Genetics,遗传学,132,153,158,161,166,304;选择与之相关,160,227—229;种群遗传学,161,162,209,230;生态遗传学,161—163;自然选择与之相关,209

Genetics and the Origin of Species (Dobzhansky),《遗传学与物种起源》(杜布赞斯基),165—166,167

Geoffroy Saint-Hilaire, Etienne,艾蒂安·若弗鲁瓦·圣伊莱尔,66,67,73,81,86,111,113,142,225,241;超验解剖学研究,111;关于同源性,114

Geographical distribution of species,物种的地理分布,102

Geological record,地质记录,94

Germany,德国,294,296,305

Ghiselin, Michael,迈克尔·吉塞林,91,226,282

Gibson, H. L., H. L.吉布森,175

Gifford Lectures,吉福德讲座,304,305,308—309,335

Gladstone, William,威廉·格莱斯顿,295

Goal-directed systems,目标导向的系统,255—258,273;分析,261—264;机械性,268;设计隐喻与之相关,276—278

Godfrey-Smith, Peter,彼得·戈弗雷-史密斯,278—279,281

Goethe, Johann Wolfgang von,约翰·沃尔夫冈·冯·歌德,66,67,241

Golden Mean,黄金分割,245

Goodall, Jane,珍·古道尔,277

Goodwin, Brian,布赖恩·古德温,242,243,245

Gould, John,约翰·古尔德,97

Gould, Stephen Jay,斯蒂芬·杰伊·古尔德,205,207,212,213,214,231,232,233,234,235,236,242,251,282

Grammar of Assent, A (Newman),《同意的文法》(纽曼),72

Grant, Robert,罗伯特·格兰特,93

Gray, Asa,阿萨·格雷,91,127,199,295,310,319;作为达尔文和演化论的推广者,135,142—143,147—149;关于功能,144—147;达尔文与之相关,147—148,149;关于自然选择,149

Greek system of thought,希腊思维体系,11,306

Haeckel, Ernst,恩斯特·海克尔,131

Hamilton, William,威廉·汉密尔顿,181,189,208,212,219,220

Hardy-Weinberg law,哈代-温伯格定律,158

Harvey, Paul,保罗·哈维,215

Harvey, William,威廉·哈维,37

Helmholtz, Hermann von,赫尔曼·冯·亥姆霍兹,117

Henry VIII,亨利八世,35

Henslow, John,约翰·亨斯洛,93,110—111

Heredity,遗传,132,153—154,158,159,163,209;性别比与之相关,220

Herre, Edward Allen,爱德华·艾伦·赫尔,219,220

History of the Inductive Sciences, The (Whewell),《归纳科学史》(惠威尔),78,82,113

Hitler, Adolf,阿道夫·希特勒,3—4

Hodge, Charles,查尔斯·霍奇,300,301

Homology (unity of type),同源性(类型统一性),65—67,85,113—114,115—116,118,120,126,248,269,334;目的因与之相关,81;作为演化的副产品,119;器官的同源性,136;适应性与之相关,229,230—232;脊椎动物的同源性,230—231

Homosexuality, 同性恋, 238
Hooker, Joseph, 约瑟夫·胡克, 137, 143, 301
Hooker, Richard, 理查德·胡克, 36, 42
Horse, 马, 300
Hrdy, Sarah Blaffer, 萨拉·布拉弗·赫迪, 189
Human behavior, 人类行为, 259—260
Hume, David, 大卫·休谟, 26—29, 33, 34, 40, 41, 47, 50; 批判性思维, 44, 45, 46, 75, 87, 127
Huxley, Julian, 朱利安·赫胥黎, 204, 254
Huxley, Thomas Henry, 托马斯·亨利·赫胥黎, 115, 145, 204, 225, 286, 294, 295, 299, 310, 333; 作为达尔文的支持者, 91, 293; 作为演化论的推广者, 104, 135—138; 科学教育改革, 132—133, 134; 关于功能, 138—142; 关于适应性的观点, 146; 达尔文与之相关, 149; 在皇家地理学会中, 157; 关于同源性, 334; 拒绝适应性, 334
Hypergamy, 高攀婚姻, 192

Inbreeding, 近亲繁殖, 163, 164, 220
Indications of the Creator (Whewell), 《造物主的迹象》(惠威尔), 80
Individual in the Animal Kingdom, The (J. Huxley), 《动物王国中的个体》(J. 赫胥黎), 254
Industrial Revolution, 工业革命, 92
Infanticide, 杀婴, 189—193
Inheritance, 遗传法则, 121
Intelligence, 智能; 与选择相关, 104; 创造性, 112; 人类, 236
Intelligent design, 智能设计; 概念论证, 316—319; 批评, 319—322; 解释性过滤器, 322—324
Intelligent Design/Designer concept, 智能设计/设计者概念, 315, 319, 321, 326, 335
Intelligent life in the solar system, 太阳系中的智能生命, 86—87
Intention/intentionality, 意图/意向性, 4, 5, 6, 17, 276, 277
Interbreeding, 杂交繁殖, 164, 167, 212—213
Introduction to Entomology or Elements of the Natural History of Insects (Kirby and Spence), 《昆虫学引论或昆虫自然史要素》(柯比与斯班司), 73—74, 75

James II, 詹姆斯二世, 40
Jenkin, Fleeming, 弗莱明·詹金, 153
Jesuits, 耶稣会士, 36
Jesus Christ, 耶稣基督, 23
Jewish system of thought, 犹太思想体系, 11
John Paul II, Pope, 教皇约翰·保罗二世, 298—299, 307—308
Johnson, Phillip, 菲利普·约翰逊, 315

Kant, Immanuel, 伊曼努尔·康德, 34, 46—50, 53, 61, 63, 88, 214, 260, 269, 283, 285; 对适应性和目的因的承诺, 58, 60; 拒绝演化论, 58—60; 对科学思维的影响, 78; 关于组织, 79; 因果关系, 269; 关于科学的使用, 288
Kapital, Das (Marx), 《资本论》(马克思), 293
Kauffman, Stuart, 斯图尔特·考夫曼, 242, 309
Kettlewell, H. B. D., H. B. D. 凯特尔维尔, 161

Kierkegaard, Søren, 索伦·克尔凯郭尔, 305, 308
Kimura, Moto, 木村资生, 200
Kin selection, 亲缘选择, 181, 208, 210, 211
Kirby, William, 威廉·柯比, 73, 74, 75, 162
Knox, John, 约翰·诺克斯, 34
Krebs cycle, 克雷布斯循环, 320—321
Kuhn, Thomas, 托马斯·库恩, 87, 218, 266

Lamarck, Jean Baptiste de, 让·巴蒂斯特·拉马克, 55—56, 57, 58, 65, 67, 101, 142, 304
Lauder, George, 乔治·劳德, 262, 284
Law-or-chance concept, 法则或偶然概念, 322, 323
Least action principle, 最小作用原理, 37
Leibniz, Gotfried Wilhelm, 戈特弗里德·威廉·莱布尼茨, 331
Lennox, James, 詹姆斯·伦诺克斯, 91
Levi-Setti, Ricardo, 里卡多·莱维-塞蒂, 267
Lewontin, Richard, 理查德·莱温廷, 174, 215, 234, 238, 280, 281, 282, 286
Life science, 生命科学, 60
Linguistics, 语言学, 120
Local mate competition, 局域配偶竞争, 219
Logical empiricism, 逻辑经验主义, 256, 264
Lucretius, 卢克莱修, 26
Lyell, Charles, 查尔斯·莱尔, 94, 95, 96, 103—104, 111, 137, 147

MacLeay, William, 威廉·麦克莱, 74, 137
Macroevolution, 宏观演化, 203—204
Malmutation, 突变, 318, 322
Malthus, Thomas Robert, 托马斯·罗伯特·马尔萨斯, 98, 101, 125

Man's Place in Nature (Huxley), 《人在自然界中的地位》(赫胥黎), 104
Marsh, Othniel Charles, 奥斯尼尔·查尔斯·马什, 185, 335
Marx, Karl, 卡尔·马克思, 293, 294
Materialism, 唯物主义, 293
Mating practices, 交配活动, 215, 235
Maynard Smith, John, 约翰·梅纳德·史密斯, 211—212, 217, 220, 226, 231, 240—241; 关于适应性复杂性, 278
Mayr, Ernst, 恩斯特·迈尔, 168, 169, 200, 213, 252, 269, 282—283, 284, 335
McCosh, James, 詹姆斯·麦科什, 302, 310
McDonald, John, 约翰·麦克唐纳, 176
McLaughlin, Peter, 彼得·麦克劳林, 286—287
Mechanical physics, 机械物理学, 50
Medicine, 医学, 124, 132
Mendel, Gregor, 格雷戈尔·孟德尔, 132, 154, 157—158, 159, 160, 161, 163, 174, 212, 304, 323
Metaphor (general discussion), 隐喻(一般讨论), 265—267, 273, 275。参见 Design metaphor, 设计隐喻
Metaphysics, 形而上学, 49
Meteorology (Aristotle), 《气象学》(亚里士多德), 19, 33
Mill, John Stuart, 约翰·斯图尔特·密尔, 136
Miller, Hugh, 休·米勒, 74, 323
Miller, Kenneth, 肯尼斯·米勒, 322
Mimicry, 拟态, 154, 155—157, 159, 160, 162, 198, 203, 284, 285
Missing goal object, 缺失目标对象, 3, 5, 6
Missing link theory, 缺失环节理论, 132
Mitchison, G. J., G. J. 米奇森, 246—247

Mivart, St. George, 圣乔治·米瓦特, 302—303

Molecular biology, 分子生物学, 214, 251

Molecular evolution/molecular drift, 分子演化/分子漂变, 200—201

Morality, 道德, 237—239, 332

More, Sir Thomas, 托马斯·莫尔爵士, 35

More Worlds than One: The Creed of the Philosopher and the Hope of the Christian (Brewster),《不止一个世界：哲学家的信条和基督徒的希望》（布鲁斯特）, 86

Morgan, Thomas Hunt, 托马斯·亨特·摩尔根, 158, 166

Morning sickness, 孕吐, 189

Morphology, 形态学, 65—66, 81, 91, 118, 136, 225, 226, 262, 294; 演化形态学, 131—132; 理想形态学, 140; 适应性与之相关, 140—141

Mutation, 突变, 158—159, 164, 199, 209, 212, 318, 321, 328; 随机性, 304, 323, 325—326, 327

Nagel, Ernest, 欧内斯特·内格尔, 256, 257—258, 283, 287

Napoleon Bonaparte, 拿破仑·波拿巴, 40, 64, 66

Napoleonic wars, 拿破仑战争, 73

Natural history, 自然历史, 61

Natural philosophy, 自然哲学, 65, 66, 72

Natural science, 自然科学, 49, 91

Natural selection, 自然选择, 6, 168, 320; 与完美相关, 117, 126; 功能与之相关, 119; 拟态与之相关, 155—157; 适应性与之相关, 166—167, 193, 214, 330; 群体层面, 203; 特化与之相关, 206; 进步与之相关, 207; 遗传层面, 209; 复杂性论证与之相关, 251; 类似制品的特征, 273; 当前的思考, 308; 生物系统与之相关, 315, 321; 基因表达与之相关, 322; 含义, 329; 生存斗争理论, 329; 适应性复杂性与之相关, 332—333; 痛苦与苦难论证, 333

Natural theology, 自然神学, 21, 23—24, 37, 41, 44, 71, 72, 73, 76, 110, 278, 297, 300, 304, 306—307, 308, 310, 311, 328, 334; 与天主教相关, 36; 与新教相关, 305—306; 新正统批评, 305—308; 上帝存在的证据, 305—308; 批评, 306—307; 消亡, 335

Natural Theology (Paley),《自然神学》（佩利）, 41, 110, 301, 329

Naturphilosophen, 自然哲学家, 81, 82, 86, 111, 131, 142, 143, 226, 262

Neanderthal man, 尼安德特人, 132

Neo-Darwinism, 新达尔文主义, 168, 255

Neo-orthodoxy, 新正统, 305—308

Newman, John Henry, 约翰·亨利·纽曼, 72, 73, 297—298, 307, 311, 331

Newton, Sir Isaac, 艾萨克·牛顿爵士, 37—38, 48, 97, 102, 106, 309, 318; 运动定律, 79; 万有引力定律, 131

Nightingale, Florence, 佛罗伦萨·南丁格尔, 132

Niklas, Karl, 卡尔·尼克拉斯, 247

Nostril position, 鼻孔位置, 285—286, 287

Oakeshott, John G., 约翰·G. 奥克肖特, 175

Of the Plurality of Worlds (Whewell)《论世界的多样性》（惠威尔）, 83

On Growth and Form (Thompson),《论生长

与形态》（汤普森），241

On the Nature of Things (Lucretius)，《物性论》（卢克莱修），26

On the Origin of Species (Darwin)，《物种起源》（达尔文），6，8，58，75，95，99—103，119—121，124，131，153，169，225，294，299，323，329；早期版本，117，118，120；存在条件理论，120；评论，138—139，140—141；对目的论的影响，141，142；遗传信息的缺失，158；适应性方法，163

On the Various Contrivances by which British and Foreign Orchids Are Fertilized by Insects, and on the Good Effects of Intercrossing (Darwin)，《兰花的授粉》（达尔文），121—122，154

Optics，光学，131

Order，秩序，241—247

Order for free concept，自发秩序概念，241—247，309

Organization of life，生命组织，61

Oscillation，振荡，243

Osteology，骨学，113

Oster, George F.，乔治·F. 奥斯特，217

Owen, Richard，理查德·欧文，81—82，86，113，136，137，225

Owen, Robert，罗伯特·欧文，105，118

Oxford Movement，牛津运动，72

Pain，痛苦，50，329—333

Paley, William，威廉·佩利，33，34，41，42—44，50，57，71，77，125，140，161，276，299，301，329，334，376；关于目的因，58，118；关于《福音书》，94；关于自然神学，110，119；关于适应性，112；源自设计的论证观念，123；目的论论证，161；相信有造物主的证据，278；设计论概念，310，311；表达钟表匠上帝概念，310；复杂性论证与之相关，329；演化论与之相关，331

Pannenberg, Wolfhart，沃尔夫哈特·潘能伯格，306—307，329

Parasitism，寄生，197—198，212，264，287，327，328

Paul, Saint，圣保罗，24

Pelagianism，贝拉基主义，84

Perfection，完美，319；自然选择与之相关，117，126；适应性与之相关，202—208，215

Phaedo (Plato)，《斐多》（柏拉图），13

Philosophes，哲学家，40

Philosophie Zoologique (Lamarck)，《动物哲学》（拉马克），56

Philosophy of progress，进步哲学，54

Philosophy of the Inductive Sciences, The (Whewell)，《归纳科学哲学》（惠威尔），78

Photosynthesis，光合作用，257，258，260

Phrenology，颅相学，80

Phyllotaxy，叶序学，143，244，245，247

Phylogeny，系统发育，131，133，153

Physical sciences，物理科学，53，252，256，269

Physics，物理学，50，258，259，267，268，329，333

Physics (Aristotle)，《物理学》（亚里士多德），18

Physiology，生理学，80

Plantinga, Alvin，阿尔文·普兰丁格，306

Plato，柏拉图，18，21，33，53，109，110，126，137，264，269；源自设计的论证，12—17

Platonism, 柏拉图主义, 82, 87

Pleiotropy, 多效性, 227—228

Plurality of worlds, 世界的多样性, 82—88

Polymorphism, 多态性, 161

Population: theory, 人口理论, 98; 生物学, 159; 遗传学, 161, 162, 209, 230

Possibility issue, 可能性问题, 324

Poulton, Edward B., 爱德华·B. 波尔顿, 157, 255

Powell, Baden, 巴登·鲍威尔, 58, 78, 88, 294, 323

Predation, 捕食, 177—180, 203, 204—205

Presbyterianism. 参见 Religious thought: Presbyterianism, 宗教思想: 长老教会

Primates, 灵长类, 215

Principia (Newton), 《自然哲学的数学原理》（牛顿）, 102

Principles of Geology (Lyell), 《地质学原理》（莱尔）, 94, 111

Progress concept, 进步概念, 207, 304, 309—312

Protestantism. 参见 Religious thought: Protestantism, 宗教思想: 新教

Proto-evolution, 原始演化论, 53

Providentialism, 神意论, 54, 79

Ptolemy, 托勒密, 126

Punctuated equilibrium concept, 间断平衡概念, 232, 233

Punnett, Reginald, 雷金纳德·潘尼特, 160

Puritans, 清教徒, 36

Purpose, 目的, 4, 6, 14, 144—147, 264; 外部的, 17; 在宇宙中的, 17; 功能与之相关, 252; 缺乏, 329, 330, 331

Pusey, Edward, 爱德华·普西, 298

Raff, Rudolf, 鲁道夫·拉夫, 228, 233—234

Randomness factor, 随机性因素, 325—326, 327

Rausher, Mark, 马克·劳舍尔, 218

Ray, John, 约翰·雷, 39, 42, 61, 304, 334

Ray, Thomas S., 托马斯·S. 雷, 326—327, 328

Reason and faith, 理性与信仰, 307—308

Reductionism, 还原论, 281—289

Redundancy, 冗余, 235, 320

Reformation, 宗教改革, 20, 23—24, 34, 72

Relativism, 相对主义, 202

Religious thought, 宗教思想, 293—299; 基督教, 19—27, 134; 天主教, 20, 34, 35—36, 53, 293, 296—297, 306, 307; 新教, 20, 35, 43, 84, 295, 296, 306; 新教宗教改革, 23—24, 34; 长老教会, 34, 71, 83; 英国圣公会, 34—36, 40, 56, 71, 86, 294; 19世纪, 40—46; 卫理公会, 71, 72; 演化论与之相关, 133—134, 293—294, 329; 创造性智能论证与之相关, 293; 科学与之相关, 293, 297, 304, 305, 307, 331—336; 对演化论的反对, 294—296; 科学探究与之相关, 297; 分裂, 299—303; 20世纪, 303—305; 自然神学的批评, 306; 路德宗, 306; 21世纪, 308—310; 达尔文主义与进步, 310—312; 智能设计者概念与之相关, 319。参见自然神学

Reproduction, 繁殖, 269, 275, 325, 327; 自我复制, 326—327

Reproductive isolation, 生殖隔离, 213—214

Responsive adaptation variation, 回应型适应变异, 256

Revealed religion concept, 启示宗教概念,

307

Reversible thumb,可旋转的拇指,65

Reznick, David,大卫·雷兹尼克,177,178—180

Robinson, Heath,希斯·罗宾逊,125

Rolston, Holmes III,霍姆斯·罗尔斯顿三世,308—310,311,330

Rudwick, Martin,马丁·鲁德威克,267

Russell, Bertrand,伯特兰·罗素,173,218

Russell, Edward Stuart,爱德华·斯图尔特·拉塞尔,225

Saltations,突变,141,145,158,302

Science,科学,61,137—138,286;设计隐喻与之相关,287,288;宗教与之相关,293,297,304,305,307,331—336

Scientific Revolution,科学革命,20,23—26,53

Scientific societies,科学社团,80

Scopes, John Thomas/Scopes trial,约翰·托马斯·斯科普斯/斯科普斯审判,296,303,315

Sedgwick, Adam,亚当·塞奇威克,73,86,93,94,99,103,111,119,137,295,299

Selection,选择,123,159—160,167—169,193,328;性选择,57,101,105—106,114,123,203;人工选择,97—98,99—100,103,163,300;人类智能与之相关,104;反对,124;完美与之相关,126;机制,154;遗传学限制,160,227—229;与演化不同,163;适应性与之相关,169,179;自私的基因态度,180;传统群体,180;亲缘,181,208;通过竞争和成功,183—184;性质的变化,201;层次,208—214;群体层面,209,210,211,212;个体层面,209,210,211,212;文化影响,211;物种,212,213;最佳解决方案,215;限制,226—227;历史/系统发育限制,229—234;通过偏爱平均值,232;变化与之相关,232—233;结构限制,234—239;冗余特征,235;物理限制,239—241;自组织原则,242—247;设计与之相关,324

"Selfish gene" concept,"自私的基因"概念,180,209

Self-replication,自我复制,326—327

Sepkoski, Jack,杰克·塞普科斯基,205—206

Sex ratios,性别比,190—193,219—222

Sexuality,性,111—112,182,183,189,211—212;灵长类中,215—216

Shell structure,壳体结构,240—241

Sheppard, P. M.,P. M. 谢泼德,161,169,177

Sickle cell anemia,镰状细胞贫血,322

Simpson, George Gaylord,乔治·盖洛德·辛普森,168,255

Size,大小,206;增加,204;睾丸,215—216

Sketch (Darwin),《草稿》(达尔文),114,117

Skin color,皮肤颜色,153,177,232

Smith, Sydney,悉尼·史密斯,93

Sober, Elliott,埃利奥特·索伯,213

Social behavior,社会行为,102,189,208

Social Darwinism,社会达尔文主义,134,153,296,304

Socrates,苏格拉底,12,13

Solar system,太阳系,85,86—87

Specialization,特化,206

Speciation,物种形成,213,233,280

Species: barrier,物种壁垒,64;地理分布,102

Specification, 规范化, 317

Spencer, Herbert, 赫伯特·斯宾塞, 123, 134, 294

Sperm competition, 精子竞争, 215

Spiral patterns, 螺旋图案, 143, 244, 245—246, 247, 284, 285

Stebbins, G., Ledyard G. 莱德亚德 G. 斯特宾斯, 168

Stephen, Sir James, 詹姆斯·斯蒂芬爵士, 85

Sterility, 不育, 181

Structure: similarities across species, 物种间的相似结构, 57; 家庭, 189; 适应性与之相关, 240, 242; 壳体, 240—241

Structure of Evolutionary Theory, The (Gould), 《演化理论的结构》(古尔德), 233

Structure of Scientific Revolutions, The (Kuhn), 《科学革命的结构》(库恩), 87, 266

Sturtevant, A. H., A. H. 斯特蒂文特, 166

Supernatural, 超自然, 147, 297

Survival, 生存, 269

Survival of the fittest concept, 适者生存概念。参见 Natural Selection, 自然选择

Swimming capability, 游泳能力, 215

Teilhard de Chardin, Father Pierre, 德日进神父, 298, 304

Teleology, 目的论, 4, 49, 60, 81, 126, 128, 134—135, 138—139, 252, 276, 282—283, 302—303; 外部的, 18, 109; 希腊, 24; 达尔文思想与之相关, 91; 《物种起源》的影响, 141, 142; 语言, 266, 267; 演化与之相关, 301

Temperature control in animals, 动物的体温控制, 7, 187—188, 235, 256, 268, 277

Temple, Frederick, 弗雷德里克·坦普尔, 301, 329

Temple, William, 威廉·坦普尔, 310

Tennant, Frederick, 弗雷德里克·坦南特, 304

Theology of nature, 自然神学, 310, 311, 328, 331, 335

Thomas Aquinas, Saint/Thomism, 圣托马斯·阿奎那/托马斯主义, 20—22, 23, 72, 302, 308

Thompson, D'Arcy Wentworth, 达西·温特沃思·汤普森, 241—242, 244, 245, 251

Timaeus (Plato), 《蒂迈欧篇》(柏拉图), 15

Time Machine, The (Wells), 《时间机器》(威尔斯), 133

Trivers, Robert, 罗伯特·特里弗斯 191, 192

Values, 价值观, 208, 264, 269, 307; 善的概念与之相关, 287; 在设计隐喻中的位置, 287; 相对的, 287; 关于的判断, 288

Variation, 变异, 166, 167, 199, 252; 功能与之相关, 206; 作为响应性适应, 256; 在分子层面, 280; 盲目的, 331

Variation of Animals and Plants under Domestication (Darwin), 《动物和植物在家养下的变异》(达尔文), 148

Vermeij, Geerat, 海尔特·福尔迈伊, 204

Vertebrates, 脊椎动物, 81—82, 115, 230—231

Vestiges of the Natural History of Creation (Chambers), 《创造的自然史遗迹》(钱伯斯), 58, 80, 86, 99, 137, 294

Vitalism, 活力论, 252—255, 256, 269

Voyage of the Beagle (Darwin), 《"小猎犬号"

航海记》(达尔文),99

Waddington, C. H., C. H. 沃丁顿,259
Wagner, Gunter,冈特·瓦格纳,241
Wallace, Alfred Russel,阿尔弗雷德·拉塞尔·华莱士,99,105,122—123,154,157,252,284
Warfare,战争,189,204,206—207,257
Watson, James,詹姆斯·沃森,174
Wedgwood, Josiah,约书亚·韦奇伍德,91—92,96,124
Weldon, Raphael,拉斐尔·韦尔登,157
Wells, H. G., H. G. 威尔斯,133
Wesley, John,约翰·卫斯理,72
Whewell, William,威廉·惠威尔,75—77,80,81,82,87,95,119,283,301,307;基本观点,78—79;关于世界的多样性,83—87;达尔文与之相关,93,99,102,113;宗教思想,110;关于适应性,113;目的论思想,126

White, Gilbert,吉尔伯特·怀特,198,335
Wilberforce, Samuel,塞缪尔·威尔伯福斯,293,333
Willard, Dan,丹·威拉德,191,192
Williams, George,乔治·威廉姆斯,180,212,231,259,275
Wilson, Edward O.,爱德华·O. 威尔逊,189,207,211,217;关于伦理学和生物学,238,239
Woodpeckers,啄木鸟,119,147
Wright, Chauncey,钱斯·赖特,143,163,168,244
Wright, Larry,拉里·赖特,260,262—263
Wright, Sewall,休厄尔·赖特,163—165,166,199,200,252,254
Wynne-Edwards, Vero,维罗·韦恩-爱德华兹,180

Zoonomia (E. Darwin),《动物学》(伊拉斯谟斯·达尔文),57,93

图书在版编目（CIP）数据

达尔文与设计：演化有目的吗？/（加）迈克尔·鲁斯著；张刘灯译. -- 北京：商务印书馆，2025.（社会思想丛书）. -- ISBN 978-7-100-23643-0

Ⅰ.N02；Q111.2

中国国家版本馆CIP数据核字第2024X2K831号

权利保留，侵权必究。

社会思想丛书
达尔文与设计：演化有目的吗？
〔加〕迈克尔·鲁斯　著
张刘灯　译

商务印书馆出版
（北京王府井大街36号　邮政编码100710）
商务印书馆发行
北京盛通印刷股份有限公司印刷
ISBN 978-7-100-23643-0

2025年4月第1版　开本 880×1240 1/32
2025年4月第1次印刷　印张 12⅜

定价：108.00元